上海市健康安全环境(HSE)研究会
上海市律师协会能源资源与环境业务研究委员会
中共上海市金山区委党校　上海市金山区行政学院

基层管理 HSE 法治热点面对面

主　编　孙秀强
副主编　吴荣良　蔡东升

U0295622

上海交通大学出版社

内容提要

本书以 HSE(健康、安全和环境)热点问题为导向,引出包括职业卫生、食品安全、健康城市建设、安全生产、危化品安全、消防安全、公共安全、生态文明建设、环境污染防治、美丽乡村建设、事故与应急管理等法律法规,并结合典型案例,较为系统地向读者介绍了 HSE 以人为本、预防为主的理念和有法可依、有法必依的法治思维,是政府、企业、事业单位和社会基层管理人员的重要参考读本。

图书在版编目(CIP)数据

基层管理 HSE 法治热点面对面/孙秀强,吴荣良,蔡东升主编.—上海:上海交通
大学出版社,2016
ISBN 978 - 7 - 313 - 14154 - 5

Ⅰ.①基…　Ⅱ.①孙…②吴…③蔡…　Ⅲ.①石油工业-安全管理-文集②天然
气工业-安全管理-文集　Ⅳ.①TE687 - 53

中国版本图书馆 CIP 数据核字(2015)第 292221 号

基层管理 HSE 法治热点面对面

主　　编:孙秀强　吴荣良　蔡东升
出版发行:上海交通大学出版社　　　　　　　地　　址:上海市番禺路 951 号
邮政编码:200030　　　　　　　　　　　　　　电　　话:021 - 64071208
出 版 人:韩建民
印　　制:上海颛辉印刷厂　　　　　　　　　　经　　销:全国新华书店
开　　本:710mm×1000mm　1/16　　　　　　印　　张:17.5
字　　数:308 千字
版　　次:2016 年 1 月第 1 版　　　　　　　　印　　次:2016 年 1 月第 1 次印刷
书　　号:ISBN 978 - 7 - 313 - 14154 - 5/TE
定　　价:42.00 元

序

这是一本针对政府、企业和社会各类基层人员的书。

健康、安全与环保,对政府而言,事关其存在的理由。人民需要政府。其中一个重要的理由就是委托政府维护公共健康、公共安全和公共环境。像公共健康、公共安全和公共环境这样的公共事务,是任何一个私人或私人实体都无力从事的。它是一种公共服务,必须由政府来提供。政府提供这些方面的公共服务,重点在于预防和执法。这种预防和执法,需要通过政府各类基层人员的具体工作来实现。本书有助于政府各类基层公务人员提高其提供这类公共服务的意识和能力。

对企业而言,健康、安全与环保是其合法经营的底线,不能违反。企业存在的理由是为人们提供有益的产品。如果企业的生产和经营,违反了有关健康、安全与环保的准则,企业就成为社会之恶。因此,遵守有关健康、安全和环保的法律、法规和标准,是与企业存在的根本目的相一致的。本书有助于企业的管理层和基层人员更好地认识自己的社会责任和法律义务。

对于一般市民而言,健康、安全与环保是其重大切身利益所在。通过阅读本书,市民将更好地理解和掌握有关健康、安全与环保的法律常识,从而更好地依法监督政府和企业履行有关健康、安全和环保的法律职责和社会责任。

这本书以案说法,通俗易懂,定会受到上述各类基层人员的欢迎。

王曦

上海交通大学法学院环境资源法研究所教授、所长

上海市人民政府参事

第九至十一届全国政协委员

前　言

HSE，即健康、安全和环境，对许多人而言，并不陌生。HSE 是伴随着工业化而产生和发展起来的，但是又已经远远超出企业的范畴，已经涉及社会的多个方面。食品安全、工伤、职业病、火灾爆炸、公共安全、环境污染等事故和事件，成为人们心中抹不去的伤痛。人们不禁要问：我们需要怎么做，才能最大程度的防范和减少这些事故的发生？

在依法治国理念越来越深入人心的今天，以法治理念和方式解决包括 HSE 在内的问题，已越来越成为全社会的共识。遏制各类事故的频发，必须依靠法治，让全社会掌握 HSE 知识，明了 HSE 法律规范，并转化为积极的行动。为此，需要让 HSE 进基层，进社区，进课堂。

为了帮助基层管理人员，包括政府部门、事业单位、公司企业、社区、学校等的管理人员掌握 HSE 法治理念和知识，在中共上海市金山区委党校（上海市金山区行政学院）、上海市健康安全环境（HSE）研究会、上海市律师协会能源资源与环境业务研究委员会等单位的密切配合下，共同编写了本书。

全书按主题分为四篇共十一章：健康篇，包括职业卫生与健康、食品安全与健康、健康城市建设；安全篇，包括生产安全、危险化学品安全、建筑与消防安全、城市运行安全；环境篇，包括生态文明建设、污染防治、美丽乡村建设；应急篇，包括事故和应急管理。

全书以热点问题为导向，引出相关法律规定，并结合有关案例，力求帮助广大读者了解重要的法律规定和实践，以提升对 HSE 的关注，并付诸于行动，为实现健康、安全和环保的目标一起努力。

由于编者水平有限，时间仓促，书中不足之处甚至错误在所难免，恳请广大读者批评指正。同时也欢迎广大读者将您所关注的 HSE 问题，以及相应的思考和心得，发给我们（Rogers. wu @ jinmao. com. cn），以便我们再版时改进。

本书编委会

二〇一五年十一月六日

目　录

健康篇

第一章　职业卫生与健康 ……………………………………………………… 3

案例一　张海超"开胸验肺"事件 ……………………………………………… 3

案例二　苹果供应商正己烷中毒事件 ………………………………………… 4

1. 关于职业卫生监督管理，各部门分工有何具体规定？ ………………… 5

2. 职业病包括哪些种类？ ……………………………………………………… 6

3. 《职业病防治法》的配套规章分别有哪些规定？ ……………………… 7

4. 用人单位职业病危害防治的"八条规定"具体是指什么？ …………… 8

5. 职业健康监护中的岗前、岗中和离岗体检具体要求是什么？ ………… 9

6. 劳动者如果怀疑自己得了职业病，申请职业病诊断和鉴定的流程是
   怎样的？ …………………………………………………………………… 10

7. 在职业病诊断和鉴定中如果用人单位不配合，相关方该怎么办？ …… 12

8. 高温作业有何特别规定？ ………………………………………………… 12

9. 女职工劳动保护有何特别规定？ ………………………………………… 13

10. 用人单位不为职工缴纳工伤等社会保险费的法律后果是什么？ …… 14

11. 违章作业导致自己受伤，是否可以被认定为工伤？ ………………… 14

第二章　食品安全与健康 …………………………………………………… 16

案例三　三鹿奶粉三聚氰胺事件 …………………………………………… 16

案例四　福喜食品安全事件 ………………………………………………… 17

12. 百姓"舌尖上的安全"如何由法律来保障？ ………………………… 18

13. 食品安全监管中各部门的职责如何分工？ …………………………… 20

14. 食品生产、经营许可证的申请有哪些规定？ ………………………… 21

15. 关于食品摊贩有何法律规定？ ………………………………………… 21

16. 发生食品安全事故,该如何应对和处理? ················· 22

第三章　健康城市建设 ······································· 24
　　案例五　健康城市建设:新观念及实践 ················· 24
　　案例六　上海:让全民健身融入每一天 ··············· 25
17. 我国健康城市建设的法治基础是什么? ··············· 27
18. 健康服务业发展面临哪些机遇? ····················· 28
19. 关于全民健身,有哪些法规支持? ··················· 29
20. 关于公共场所控烟,有哪些相关规定? ··············· 31

安全篇

第四章　生产安全 ··· 37
　　案例七　昆山"8·2"特别重大粉尘爆炸事故 ·········· 37
　　案例八　吉林"6·3"禽业公司特别重大火灾爆炸事故 ···· 38
21. 如何理解"党政同责、一岗双责、齐抓共管"的安全生产责任体系? ··· 39
22. 安全生产监管仅仅是安监局一家的事吗? ············· 41
23. 安全问题"老大难","老大"真正重视就不难,为什么? ···· 44
24. 安全生产投入的资金,有什么具体标准? ············· 45
25. 安全生产管理人员在安全生产工作中有哪些法定职责和要求? ··· 46
26. 工会组织在安全生产管理工作中发挥什么作用? ······· 47
27. 生产经营单位从业人员在安全生产方面的基本权利和义务
　　是什么? ··· 48
28. 生产经营单位对从业人员的安全生产教育和培训有哪些规定? ··· 49
29. 生产经营单位隐患排查制度有哪些规定? ············· 50
30. 进行安全生产监管时,应重点关注什么? ············· 51
31. "前仆后继"盲目施救导致伤亡扩大的悲剧如何防止接二连三发生? ··· 52
32. 关于劳动密集型加工企业安全生产有什么规定? ······· 53
33. 企业安全生产风险告知有什么规定? ················· 54
34. 严防企业粉尘爆炸有什么规定? ····················· 54
35. 化工(危险化学品)企业保证生产安全有什么规定? ···· 54

第五章　危险化学品安全 ····································· 56
　　案例九　天津港"8·12"瑞海公司危险品仓库特别重大火灾爆炸事故 ···· 56

案例十　青岛"11·22"中石化输油管道泄漏爆炸特别重大事故 ………… 57

36. 危险物品、危险品、危险化学品、危险货物这些称呼有哪些区别？ …… 58

37. 危险化学品的安全监管分工是怎样的？ …………………………… 59

38. 对危险化学品生产许可及建设项目有哪些监管规定？ …………… 61

39. 危险化学品日常生产、存储有什么特别要求？ …………………… 62

40. 危险化学品经营监管有哪些要点？ ………………………………… 63

41. 危险化学品使用监管的要点？ ……………………………………… 63

42. 危险化学品运输监管有哪些规定？ ………………………………… 64

43. 化学品的"有毒"、"高毒"、"剧毒"如何区分及管理上有何
   特别要求？ …………………………………………………………… 65

44. 易制爆化学品的安全管理有哪些规定？ …………………………… 67

45. 易制毒化学品的安全管理有哪些规定？ …………………………… 67

46. 化学品"一书一签"具体指什么？ ………………………………… 69

47. 危险化学品"两重点一重大"具体有哪些要求？ ………………… 70

第六章　建筑与消防安全 ………………………………………………… 71

案例十一　上海莲花河畔倒楼案 ………………………………………… 71

案例十二　深圳"9·20"舞王俱乐部特别重大火灾事故 ……………… 72

48. 建设工程中建设、勘察、设计、工程监理单位的安全责任分别
   是什么？ ……………………………………………………………… 73

49. 建设工程中施工单位的安全责任是什么？ ………………………… 74

50. 各级政府和消防监督管理机构在消防工作方面有哪些职责？ …… 75

51. 消防安全教育需要哪些部门通力协作？ …………………………… 76

52. 机关、团体、企业、事业单位的消防职责是什么？ ……………… 78

53. 重点消防单位的消防职责是什么？ ………………………………… 79

54. 容易引起群死群伤的公共场所、人员密集场所的消防安全有何
   特别规定？ …………………………………………………………… 80

55. 消防设施的设置和维护管理有哪些具体规定？ …………………… 81

56. 消防监督检查有何具体规定？ ……………………………………… 82

57. 灭火救援有什么具体规定？ ………………………………………… 84

58. 河南平顶山市"5·25"老年公寓特大火灾事故的教训是什么？ … 85

第七章　城市运行安全 …………………………………………………… 87

案例十三　南京"7·28"地下丙烯管道泄漏爆燃事故 ……………… 87

案例十四　韩国大邱地铁火灾案 ·································· 88

59. 湖北荆州商场电梯事故致人死亡谁之过? ·············· 89

60. 锅炉、压力容器等特种设备安全如何保障? ·············· 91

61. 公共场所人群聚集安全管理有何具体规定? ·············· 92

62. 乘坐地铁需要遵守哪些安全规定? ···················· 94

63. 公交失火,如何自救互救? ·························· 95

64. 城市燃气的使用,有哪些具体规定? ·················· 97

环境篇

第八章　生态文明建设 ································· 101

案例十五　海南立足环境优势挖掘发展优势,建设生态省 ·· 101

案例十六　为何说包括金山廊下在内的郊野公园建设是上海推进生态
　　　　　文明建设的大手笔? ·························· 102

65. 《关于加快推进生态文明建设的意见》的主要内容是什么? ··· 103

66. 《生态文明体制改革总体方案》提出了哪些理念、原则和制度? ··· 105

67. 气候变化问题离我们还远吗? ························ 106

68. 从市长被约谈看政府在环境保护中的职责是什么? ········ 107

69. 生态文明建设指标包含哪些内容? ···················· 108

70. 节能减排为什么成为各级政府的重要考核指标? ·········· 111

71. 如何推进海绵城市建设破解"城中看海"? ·············· 113

72. 循环经济的原则和要求是什么? ······················ 114

73. 清洁生产审核是怎么回事? ·························· 115

第九章　环境污染防治 ································· 117

案例十七　福建紫金矿业重大环境污染事故案 ············ 117

案例十八　泰州"天价环境公益诉讼案" ················ 118

74. "双晒"为何晒出了公众的满意度? ·················· 119

75. 环境信息公开,何必那么羞羞答答? ·················· 120

76. 公众如何依法有序参与环境保护工作? ················ 121

77. 环保局为什么会输掉这场行政诉讼官司? ·············· 123

78. "罚款事小,兹事体大":"未批先建"有什么法律后果? ··· 124

79. 环保"三同时"制度为什么往往会变成"三不同时"? ····· 125

80. 砷超标 247 倍的全国最大环境污染入刑案是如何发生的? ·· 126

81. 他们为什么会被公安机关处以行政拘留？ …………………… 127

82. 为什么 4.2 万的罚款"涨到"了 117.6 万？ ………………… 129

83. 沙漠为何成了逃避监管的"天堂"？ ……………………… 130

84. 广场舞和酒吧噪声扰民，真的投诉无门吗？ ……………… 132

第十章　美丽乡村建设中的环境管理 …………………………… 134

案例十九　青山绿水就是金山银山—浙江安吉县的绿色发展之路 …… 134

案例二十　原水工程让"谈水色变"永远成为金山人的过去式 …… 135

85. 他们为什么在睡梦中被熏醒？ …………………………… 136

86. 农村成固体废物非法倾倒地：为什么受伤的总是我？ …… 137

87. 证照齐全的养殖场为何被拆除？ ………………………… 140

88. 禁止秸秆露天焚烧基层政府该如何作为？ ……………… 141

89. 新建高档住宅为什么会存在严重土壤污染问题？ ……… 142

90. 万头死猪怎么会漂浮到黄浦江上？ ……………………… 143

91. 为什么崇明生态岛建设被联合国环境规划署编入联合国绿色
经济教材？ ………………………………………………… 144

应急篇

第十一章　事故与应急 …………………………………………… 149

案例二十一　中石油吉林"11·13"爆炸事故及松花江水污染事件 … 149

案例二十二　上海快速处置"9·27"地铁追尾事故 ……………… 150

92. 突发事件应急预案分类及管理规定是什么？ …………… 152

93. 突发事件的监测与预警有何具体要求？ ………………… 153

94. 发生突发事件后，如何进行应急处置与救援？ ………… 154

95. 突发事件的事后恢复与重建有何要求？ ………………… 155

96. 违反突发事件相关规定的法律责任是什么？ …………… 156

97. 生产安全事故报告有何具体要求？ ……………………… 157

98. 企业安全生产应急管理有什么规定？ …………………… 158

99. 生产安全事故分类及调查和处理有哪些规定？ ………… 158

100. 如何应对环境突发事件？ ………………………………… 160

附录　重要 HSE 法律法规 …………………………………… 163

中华人民共和国食品安全法 ……………………………………… 165

中华人民共和国职业病防治法 ……………………………… 194

中华人民共和国安全生产法 ………………………………… 209

中华人民共和国环境保护法 ………………………………… 225

中华人民共和国突发事件应对法 …………………………… 234

危险化学品安全管理条例 …………………………………… 245

后记 ………………………………………………………… 265

健康篇

健康于个人、于家庭、于社会,是多么重要,无需多言。

然而,当健康与眼前利益关联或者冲突时,如何取舍就会成为一个问题。对于企业,关注员工健康、降低职业病风险和工伤事故率,意味着需要有人财物的投入作为保障,可能会损失眼前的利益。因此有时候有的企业和单位就会无视国家法律法规,忽视对人的健康的关注。同样的,在利益的驱动下,"舌尖上的安全"是否能达到保障,成为人们普遍担忧的一个问题。这些方面,作为基层的管理人员,特别是政府监管部门和基层组织,应该并且完全能够有所作为。

于个人而言,工作事业的压力,频繁的娱乐应酬,不规律的作息,都在吞噬着人的健康。而"忙忙忙"、"没有时间"普遍成为年轻人乃至中年人不锻炼的理由。而到年老时,方知健康是多么重要。于是,不得不陷入"年轻时以健康换金钱,年老时以金钱换健康"悲哀。

我们,为了我们自己,也为了这个社会,必须多做些什么,从现在开始。

第一章 职业卫生与健康

案例一 张海超"开胸验肺"事件

2009 年的"开胸验肺"事件,无疑是一个令人关注的事件①。张海超,河南农民工,2004 年 8 月至 2007 年 10 月在郑州某公司打工,做过杂工、破碎工,其间接触到大量粉尘。2007 年 8 月,他感觉身体不适,还有咳嗽、胸闷症状,一直以感冒治疗但未见好转。2007 年 10 月,张海超从该公司离职不久,又到郑州市第六人民医院、郑州大学第一附属医院检查,医生排除了肺癌和肺结核,怀疑是职业病——尘肺。张海超随后拿着片子先后到北京协和医院、中国煤炭总医院、首都医科大学朝阳医院、北京大学第三附属医院等 6 家医院确诊,专家们一看片子,都说他患的是职业病——尘肺。张海超回到郑州,向郑州市职业病防治所申请职业病诊断。由于用人单位拒绝提供有关资料,诊断一波三折,后经新密市委书记接访,郑州市职业病防治所于 2009 年 5 月 25 日出具了诊断证明,诊断结果为"无尘肺 0 期(医学观察)合并肺结核"。也就是说,诊断结果认为张海超患的是"肺结核",而不是尘肺病。

2009 年 6 月初,张海超向郑州市卫生局提出职业病鉴定申请,由于职业病诊断鉴定委员会办公室的设置与原诊断机构说不清的关系,张海超对鉴定前景不抱乐观。于是到郑州大学第一附属医院要求"开胸验肺"。郑州大学第一附属医院开具的出院诊断中载明"尘肺合并感染",医嘱第 1 条是:"职业病防治所进一步治疗。"

"开胸验肺"事件经河南媒体率先披露后,中央电视台等媒体迅速跟进,受到社会的广泛关注。2009 年 7 月 15 日,全国总工会派来工作人员对此

---

① 《张海超"开胸验肺"事件的前前后后》,来源:新浪网,2009 年 9 月 21 日,网址:http://news. sina. com. cn/c/2009-09-21/142918694913. shtml

事进行了调查。河南省委、省政府主要领导均做出重要批示,要求组织联合调查组认真调查、严肃处理。7月24日,卫生部派出督导组赶赴河南,督导该事件尽快解决。7月26日,在卫生部专家的督导之下,郑州市职业病防治所再次组织省、市专家对张海超职业病问题进行了会诊,明确诊断为"尘肺病Ⅲ期"。7月28日,郑州有关部门对相关机构、用人单位及相关人员作出处理。张海超随后获得了相应的赔偿。

张海超"开胸验肺"事件引起社会各界的广泛关注。随后,相关部门加速《职业病防治法》的修改,特别对职业病诊断、鉴定和待遇等进行了完善。2011年12月31日全国人大常委会通过了《关于修改〈中华人民共和国职业病防治法〉的决定》。修改后的《职业病防治法》完善了职业病的诊断与鉴定的相关规定,对维护劳动者的合法权益提供了有力的法律保障。

案例二 苹果供应商正己烷中毒事件

2010年2月21日,中央电视台《焦点访谈》晚间播出节目"无尘车间的怪病",曝光了苹果供应商苏州某科技有限公司员工正己烷中毒事件。[①]

据央视报道,造成员工中毒的原因是该公司违规违法使用名为"正己烷"的有毒溶剂取代酒精,让员工们用其擦拭手机显示屏。据调查,2008年10月至2009年7月,该公司在作业场所开始使用价钱更便宜、使用效果更好的"正己烷"替代酒精等清洗剂进行擦拭显示屏作业。由于公司没有对正己烷使用的职业危害影响进行申报评估、检测,没有告知员工,也没有改造相应的通风设施,导致作业现场空气中的正己烷含量严重超标,部分员工出现头晕、手脚麻木等正己烷中毒症状。

事件发生后,苏州工业园区有关部门立即介入,督促指导企业整改职业危害隐患,开展员工体检、康复、诊断、工伤鉴定等工作,并依法对企业实施行政处罚。据该公司有关人员介绍,公司于2009年7月28日停止使用正己烷,同时为员工配备了防护有机溶剂危害的个人用品,加强整体通风和增加新风量,对擦拭岗位加装了局部通风装置。此外,当时的驻厂最高主管也因"没有告知员工,没有完善工厂工作环境,违法使用正己烷"等原因被集团公司撤换。

---

① 《央视曝光苹果供应商违规生产致员工中毒》,来源:新浪网,2010年2月22日,网址:http://tech. sina. com. cn/it/2010-02-22/02413867982. shtml

苹果公司在发布的《苹果供应商社会责任：2011 进展报告》中[①]，首度承认其在华供应商某科技公司 137 名工人因暴露于正己烷环境，健康遭受不利影响。苹果公司在报告中进一步指出，已经要求联建科技与咨询公司合作一起改进健康、安全和环保的流程和管理系统。

1. 关于职业卫生监督管理，各部门分工有何具体规定？

《职业病防治法》第九条规定，国家实行职业卫生监督制度。国务院安全生产监督管理部门、卫生行政部门、劳动保障行政部门依照本法和国务院确定的职责，负责全国职业病防治的监督管理工作。国务院有关部门在各自的职责范围内负责职业病防治的有关监督管理工作。

中央机构编制委员会办公室于 2010 年 10 月 8 日发布《关于职业卫生监管部门职责分工的通知》（中央编办发〔2010〕104 号）。根据该通知，职业卫生监管部门职责分工如下：

一、卫生部（现国家卫生和计划生育委员会）

（一）负责会同安监总局、人社部等有关部门拟订职业病防治法律法规、职业病防治规划，组织制定发布国家职业卫生标准。

（二）负责监督管理职业病诊断与鉴定工作。

（三）组织开展重点职业病监测和专项调查，开展职业健康风险评估，研究提出职业病防治对策。

（四）负责化学品毒性鉴定、个人剂量监测、放射防护器材和含放射性产品检测等技术服务机构的资质认定和监督管理；审批承担职业健康检查、职业病诊断的医疗卫生机构并进行监督管理，规范职业病的检查和救治；会同相关部门加强职业病防治机构建设。

（五）负责医疗机构放射性危害控制的监督管理。

（六）负责职业病报告的管理和发布，组织开展职业病防治科学研究。

（七）组织开展职业病防治法律法规和防治知识的宣传教育，开展职业人群健康促进工作。

二、安全生产监管总局

（一）起草职业卫生监管有关法规，制定用人单位职业卫生监管相关规章。组织拟订国家职业卫生标准中的用人单位职业危害因素工程控制、职业防护设

[①]《苹果供应商社会责任：2011 进展报告》，来源：苹果公司官方网站，网址：http://www.apple.com/cn/supplier-responsibility/progress-t/

施、个体职业防护等相关标准。

（二）负责用人单位职业卫生监督检查工作，依法监督用人单位贯彻执行国家有关职业病防治法律法规和标准情况。组织查处职业危害事故和违法违规行为。

（三）负责新建、改建、扩建工程项目和技术改造、技术引进项目的职业卫生"三同时"审查及监督检查。负责监督管理用人单位职业危害项目申报工作。

（四）负责依法管理职业卫生安全许可证的颁发工作。负责职业卫生检测、评价技术服务机构的资质认定和监督管理工作。组织指导并监督检查有关职业卫生培训工作。

（五）负责监督检查和督促用人单位依法建立职业危害因素检测、评价、劳动者职业健康监护、相关职业卫生检查等管理制度；监督检查和督促用人单位提供劳动者健康损害与职业史、职业危害接触关系等相关证明材料。

（六）负责汇总、分析职业危害因素检测、评价、劳动者职业健康监护等信息，向相关部门和机构提供职业卫生监督检查情况。

三、人力资源和社会保障部

（一）负责劳动合同实施情况监管工作，督促用人单位依法签订劳动合同。

（二）依据职业病诊断结果，做好职业病人的社会保障工作。

四、全国总工会

依法参与职业危害事故调查处理，反映劳动者职业健康方面的诉求，提出意见和建议，维护劳动者合法权益。

因此，分别由安监总局、卫计委和人社部负责职业病的"防"（预防）"治"（职业病诊断和治疗）"保"（职业病人的保障）工作。

2. 职业病包括哪些种类？

职业病有广义和狭义之分。《职业病防治法》所称的职业病，是狭义的职业病，又称法定职业病。该法第二条指出，职业病是指企业、事业单位和个体经济组织等用人单位的劳动者在职业活动中，因接触粉尘、放射性物质和其他有毒、有害因素而引起的疾病。

2013 年 12 月 23 日，国家卫生计生委、人力资源和社会保障部、安全监管总局、全国总工会联合颁布了《职业病的分类和目录》，列出了十大类共 132 种职业病。这十大类分别是：

（一）职业性尘肺病及其他呼吸系统疾病；

（二）职业性皮肤病；

（三）职业性眼病；

（四）职业性耳鼻喉口腔疾病；

（五）职业性化学中毒；

（六）物理因素所致职业病；

（七）职业性放射性疾病；

（八）职业性传染病；

（九）职业性肿瘤；

（十）其他职业病。

3.《职业病防治法》的配套规章分别有哪些规定？

为配合 2011 年 12 月 31 日修正的《职业病防治法》的实施，国家安全生产监督管理总局随后发布配套的职业卫生规章，包括《工作场所职业卫生监督管理规定》《职业病危害项目申报办法》《用人单位职业健康监护监督管理办法》《职业卫生技术服务机构监督管理暂行办法》《建设项目职业卫生"三同时"监督管理暂行办法》等。这些规章对用人单位的职业卫生管理，提出了明确而具体的要求，主要包括①：

一、明确用人单位的职业卫生职责

《工作场所职业卫生监督管理规定》第二章《用人单位的职责》第八条到第三十八条，对用人单位的职责做了详尽的规定，包括用人单位职业卫生管理机构设置、职业卫生人员配备、职业卫生培训、职业卫生管理制度、工作场所基本要求、职业病危害告知、劳动防护用品管理、职业病防护设备、危害因素检测与评价、职业卫生档案、职业病事故等各个方面做了明确的规定。

二、完善职业卫生警示告知制度

规章对职业卫生警示和告知提出了明确的要求。例如：产生职业病危害的用人单位，应当在醒目位置设置公告栏，公布有关职业病防治的规章制度、操作规程、职业病危害事故应急救援措施和工作场所职业病危害因素检测结果；存在或者产生职业病危害的工作场所、作业岗位、设备、设施，应当按照《工作场所职业病危害警示标识》（GBZ158）的规定，在醒目位置设置图形、警示线、警示语句等警示标识和中文警示说明；存在或产生高毒物品的作业岗位，应当按照《高毒物品作业岗位职业病危害告知规范》（GBZ/T203）的规定，在醒目位置设置高毒物品告知卡，告知卡应当载明高毒物品的名称、理化特性、健康危害、防护措施及应急处理等告知内容与警示标识；用人单位与劳动者订立劳动合同时，应当将工

---

① 吴荣良:《预防为主,强化落实,提升企业职业卫生管理水平——〈职业病防治法〉配套规章解读》。《职业卫生与应急救援》,2012 年,第 4 期。

作过程中可能产生的职业病危害及其后果、职业病防护措施和待遇等如实告知劳动者,并在劳动合同中写明,不得隐瞒或者欺骗。

三、突出前期预防,严格落实建设项目职业卫生"三同时"制度

《建设项目职业卫生"三同时"监督管理暂行办法》根据建设项目可能产生职业病危害的风险程度,实行分类监督管理,对不同风险类型的建设项目职业病危害预评价、职业病防护设施设计、职业病危害控制效果评价和职业病防护设施竣工等提出了不同的要求。

四、改进职业病危害因素申报

要求用人单位申报职业病危害项目时,提交《职业病危害项目申报表》和相关文件、资料:用人单位的基本情况;工作场所职业病危害因素种类、分布情况以及接触人数;法律、法规和规章规定的其他文件、资料。

五、强化用人单位的职业健康监护责任

《用人单位职业健康监护监管管理办法》根据《职业病防治法》的规定,本着强化用人单位主体责任、细化法律规定、增加可操作性的原则,对用人单位的职业健康监护职责做出了具体规定。规定了不同时段的职业健康检查:上岗前的职业健康检查(拟从事接触职业病危害作业的新录用劳动者,包括转岗到该作业岗位的劳动者;拟从事有特殊健康要求作业的劳动者)、在岗期间的职业健康检查和离岗时的职业健康检查。

该规章并要求根据职业健康检查报告,用人单位应当采取下列措施:对有职业禁忌的劳动者,调离或者暂时脱离原工作岗位;对健康损害可能与所从事的职业相关的劳动者,进行妥善安置;对需要复查的劳动者,按照职业健康检查机构要求的时间安排复查和医学观察;对疑似职业病病人,按照职业健康检查机构的建议安排其进行医学观察或者职业病诊断;对存在职业病危害的岗位,立即改善劳动条件,完善职业病防护设施,为劳动者配备符合国家标准的职业病危害防护用品。

该规章对职业用人单位应当为劳动者个人建立职业健康监护档案,并按照有关规定妥善保存。劳动者职业健康监护档案包括:劳动者职业史、既往史和职业病危害接触史;相应工作场所职业病危害因素监测结果;职业健康检查结果及处理情况;职业病诊疗等健康资料。

4. 用人单位职业病危害防治的"八条规定"具体是指什么?

国家安全生产监督管理总局于 2015 年 3 月 24 日发布《用人单位职业病危害防治八条规定》(国家安监总局令第 76 号),规定:

(一)必须建立健全职业病危害防治责任制,严禁责任不落实违法违规生产。

（二）必须保证工作场所符合职业卫生要求，严禁在职业病危害超标环境中作业。

（三）必须设置职业病防护设施并保证有效运行，严禁不设置不使用。

（四）必须为劳动者配备符合要求的防护用品，严禁配发假冒伪劣防护用品。

（五）必须在工作场所与作业岗位设置警示标识和告知卡，严禁隐瞒职业病危害。

（六）必须定期进行职业病危害检测，严禁弄虚作假或少检漏检。

（七）必须对劳动者进行职业卫生培训，严禁不培训或培训不合格上岗。

（八）必须组织劳动者职业健康检查并建立监护档案，严禁不体检不建档。

5. 职业健康监护中的岗前、岗中和离岗体检具体要求是什么？

《职业病防治法》第三十六条规定，对从事接触职业病危害的作业的劳动者，用人单位应当按照国务院安全生产监督管理部门、卫生行政部门的规定组织上岗前、在岗期间和离岗时的职业健康检查，并将检查结果书面告知劳动者。职业健康检查费用由用人单位承担。用人单位不得安排未经上岗前职业健康检查的劳动者从事接触职业病危害的作业；不得安排有职业禁忌的劳动者从事其所禁忌的作业；对在职业健康检查中发现有与所从事的职业相关的健康损害的劳动者，应当调离原工作岗位，并妥善安置；对未进行离岗前职业健康检查的劳动者不得解除或者终止与其订立的劳动合同。

《职业病防治法》第十五条规定，对准备脱离所从事的职业病危害作业或者岗位的劳动者，用人单位应当在劳动者离岗前30日内组织劳动者进行离岗时的职业健康检查。劳动者离岗前90日内的在岗期间的职业健康检查可以视为离岗时的职业健康检查。用人单位对未进行离岗时职业健康检查的劳动者，不得解除或者终止与其订立的劳动合同。

《职业病防治法》第十七条规定，用人单位应当根据职业健康检查报告，采取下列措施：

（一）对有职业禁忌的劳动者，调离或者暂时脱离原工作岗位；

（二）对健康损害可能与所从事的职业相关的劳动者，进行妥善安置；

（三）对需要复查的劳动者，按照职业健康检查机构要求的时间安排复查和医学观察；

（四）对疑似职业病病人，按照职业健康检查机构的建议安排其进行医学观察或者职业病诊断；

（五）对存在职业病危害的岗位，立即改善劳动条件，完善职业病防护设施，为劳动者配备符合国家标准的职业病危害防护用品。

6. 劳动者如果怀疑自己得了职业病，申请职业病诊断和鉴定的流程是怎样的？

为保障劳动者的权益，国家职业卫生法律法规对职业病的诊断和鉴定做了具体规定。

一、职业病诊断机构

《职业病防治法》及相关规章规定，劳动者可以在用人单位所在地、本人户籍所在地或者经常居住地依法承担职业病诊断的医疗卫生机构进行职业病诊断。医疗卫生机构承担职业病诊断，应当经省、自治区、直辖市人民政府卫生行政部门批准。职业病诊断机构应当的在批准的职业病诊断项目范围内开展职业病诊断。并且规定，承担职业病诊断的医疗卫生机构不得拒绝劳动者进行职业病诊断的要求。

根据上海市卫生和计划生育委员会公布的信息，上海市职业病诊断机构为以下九家（截至 2015 年 3 月底）。

序号	机构名称	地址	批 准 项 目
1	复旦大学附属金山医院	上海市龙航路 1508 号	尘肺，其他职业病，职业中毒，物理因素所致职业病，职业性皮肤病，职业性眼病，职业性耳鼻喉口腔疾病，职业性肿瘤
2	上海市皮肤病医院	上海市保德路 1278 号	职业性皮肤病
3	上海放射医学专科门诊部	上海市斜土路 2094 号	职业性放射性疾病
4	上海交通大学医学院附属新华医院	上海市控江路 1665 号	其他职业病，职业中毒，物理因素所致职业病，职业性皮肤病，职业性眼病，职业性耳鼻喉口腔疾病，职业性肿瘤
5	上海市第一人民医院分院	上海市四川北路 1878 号	其他职业病，职业中毒，物理因素所致职业病，职业性皮肤病，职业性眼病，职业性耳鼻喉口腔疾病
6	复旦大学附属华山医院	上海市乌鲁木齐中路 12 号	其他职业病，职业中毒，物理因素所致职业病，职业性耳鼻喉口腔疾病，职业性肿瘤

序号	机构名称	地址	批准项目
7	上海市杨浦区中心医院	上海市腾越路450号	尘肺,其他职业病,职业中毒,物理因素所致职业病,生物因素所致职业病,职业性皮肤病,职业性眼病,职业性耳鼻喉口腔疾病,职业性肿瘤
8	上海市化工职业病防治院	上海市成都北路369号	尘肺,其他职业病,职业中毒,物理因素所致职业病,职业性皮肤病,职业性眼病,职业性耳鼻喉口腔疾病,职业性肿瘤
9	上海市肺科医院	上海市政民路507号	尘肺,其他职业病,职业性放射性疾病,职业中毒,物理因素所致职业病,职业性皮肤病,职业性眼病,职业性耳鼻喉口腔疾病,职业性肿瘤

二、职业病诊断所需资料

《职业病诊断与鉴定管理办法》规定,职业病诊断需要以下资料:(一)劳动者职业史和职业病危害接触史(包括在岗时间、工种、岗位、接触的职业病危害因素名称等);(二)劳动者职业健康检查结果;(三)工作场所职业病危害因素检测结果;(四)职业性放射性疾病诊断还需要个人剂量监测档案等资料;(五)与诊断有关的其他资料。并规定,职业病诊断机构进行职业病诊断时,应当书面通知劳动者所在的用人单位提供其掌握的本办法第二十一条规定的职业病诊断资料,用人单位应当在接到通知后的十日内如实提供。

《职业病防治法》第四十七条规定,职业病诊断,应当综合分析下列因素:(一)病人的职业史;(二)职业病危害接触史和工作场所职业病危害因素情况;(三)临床表现以及辅助检查结果等。没有证据否定职业病危害因素与病人临床表现之间的必然联系的,应当诊断为职业病。承担职业病诊断的医疗卫生机构在进行职业病诊断时,应当组织三名以上取得职业病诊断资格的执业医师集体诊断。

三、职业病鉴定与再鉴定

《职业病防治法》及《职业病诊断与鉴定管理办法》规定,当事人对职业病诊断机构作出的职业病诊断结论有异议的,可以在接到职业病诊断证明书之日起30日内,向职业病诊断机构所在地设区的市级卫生行政部门申请鉴定。设区的市级职业病诊断鉴定委员会负责职业病诊断争议的首次鉴定。

当事人对设区的市级职业病鉴定结论不服的,可以在接到鉴定书之日起15

日内,向原鉴定组织所在地省级卫生行政部门申请再鉴定。职业病鉴定实行两级鉴定制,省级职业病鉴定结论为最终鉴定。

7. 在职业病诊断和鉴定中如果用人单位不配合,相关方该怎么办?

《职业病防治法》第四十八条规定,用人单位应当如实提供职业病诊断、鉴定所需的劳动者职业史和职业病危害接触史、工作场所职业病危害因素检测结果等资料;安全生产监督管理部门应当监督检查和督促用人单位提供上述资料;劳动者和有关机构也应当提供与职业病诊断、鉴定有关的资料。职业病诊断、鉴定机构需要了解工作场所职业病危害因素情况时,可以对工作场所进行现场调查,也可以向安全生产监督管理部门提出,安全生产监督管理部门应当在 10 日内组织现场调查。用人单位不得拒绝、阻挠。

《职业病防治法》第四十九条规定,职业病诊断、鉴定过程中,用人单位不提供工作场所职业病危害因素检测结果等资料的,诊断、鉴定机构应当结合劳动者的临床表现、辅助检查结果和劳动者的职业史、职业病危害接触史,并参考劳动者的自述、安全生产监督管理部门提供的日常监督检查信息等,作出职业病诊断、鉴定结论。劳动者对用人单位提供的工作场所职业病危害因素检测结果等资料有异议,或者因劳动者的用人单位解散、破产,无用人单位提供上述资料的,诊断、鉴定机构应当提请安全生产监督管理部门进行调查,安全生产监督管理部门应当自接到申请之日起 30 日内对存在异议的资料或者工作场所职业病危害因素情况作出判定;有关部门应当配合。

《职业病防治法》第五十条规定,职业病诊断、鉴定过程中,在确认劳动者职业史、职业病危害接触史时,当事人对劳动关系、工种、工作岗位或者在岗时间有争议的,可以向当地的劳动人事争议仲裁委员会申请仲裁;接到申请的劳动人事争议仲裁委员会应当受理,并在 30 日内作出裁决。当事人在仲裁过程中对自己提出的主张,有责任提供证据。劳动者无法提供由用人单位掌握管理的与仲裁主张有关的证据的,仲裁庭应当要求用人单位在指定期限内提供;用人单位在指定期限内不提供的,应当承担不利后果。劳动者对仲裁裁决不服的,可以依法向人民法院提起诉讼。用人单位对仲裁裁决不服的,可以在职业病诊断、鉴定程序结束之日起 15 日内依法向人民法院提起诉讼;诉讼期间,劳动者的治疗费用按照职业病待遇规定的途径支付。

8. 高温作业有何特别规定?

2012 年 6 月 19 日,国家安全生产监督管理总局、卫生部、人力资源和社会保障部、中华全国总工会联合颁发了《防暑降温措施暂行办法》,进一步加强了高温作业、高温天气作业劳动保护工作,维护劳动者健康及其相关权益。

该办法第三条指出,高温作业是指有高气温、或有强烈的热辐射、或伴有高气湿(相对湿度≥80%RH)相结合的异常作业条件、湿球黑球温度指数(WBGT指数)超过规定限值的作业。高温天气是指地市级以上气象主管部门所属气象台站向公众发布的日最高气温35℃以上的天气。高温天气作业是指用人单位在高温天气期间安排劳动者在高温自然气象环境下进行的作业。

该办法第四条指出,国务院安全生产监督管理部门、卫生行政部门、人力资源社会保障行政部门依照相关法律、行政法规和国务院确定的职责,负责全国高温作业、高温天气作业劳动保护的监督管理工作。县级以上地方人民政府安全生产监督管理部门、卫生行政部门、人力资源社会保障行政部门依据法律、行政法规和各自职责,负责本行政区域内高温作业、高温天气作业劳动保护的监督管理工作。

该办法第八条指出,在高温天气期间,用人单位应当按照下列规定,根据生产特点和具体条件,采取合理安排工作时间、轮换作业、适当增加高温工作环境下劳动者的休息时间和减轻劳动强度、减少高温时段室外作业等措施。

该办法第十四条到第十九条指出,劳动者出现中暑症状时,用人单位应当立即采取救助措施,使其迅速脱离高温环境,到通风阴凉处休息,供给防暑降温饮料,并采取必要的对症处理措施;病情严重者,用人单位应当及时送医疗卫生机构治疗。劳动者从事高温作业的,依法享受岗位津贴。劳动者因高温作业或者高温天气作业引起中暑,经诊断为职业病的,享受工伤保险待遇。

9. 女职工劳动保护有何特别规定?

2012 年 4 月 28 日,国务院颁发了《女职工劳动保护特别规定》,以进一步减少和解决女职工在劳动中因生理特点造成的特殊困难,保护女职工健康。

该规定第四条指出,用人单位应当遵守女职工禁忌从事的劳动范围的规定。用人单位应当将本单位属于女职工禁忌从事的劳动范围的岗位书面告知女职工。女职工禁忌从事的劳动范围由本规定附录列示。国务院安全生产监督管理部门会同国务院人力资源社会保障行政部门、国务院卫生行政部门根据经济社会发展情况,对女职工禁忌从事的劳动范围进行调整。

该规定第五条指出,用人单位不得因女职工怀孕、生育、哺乳降低其工资、予以辞退、与其解除劳动或者聘用合同。第七条指出,女职工生育享受 98 天产假,其中产前可以休假 15 天;难产的,增加产假 15 天;生育多胞胎的,每多生育 1 个婴儿,增加产假 15 天。女职工怀孕未满 4 个月流产的,享受 15 天产假;怀孕满4 个月流产的,享受 42 天产假。

该规定第八条指出,女职工产假期间的生育津贴,对已经参加生育保险的,按照用人单位上年度职工月平均工资的标准由生育保险基金支付;对未参加生育保险的,按照女职工产假前工资的标准由用人单位支付。女职工生育或者流产的医疗费用,按照生育保险规定的项目和标准,对已经参加生育保险的,由生育保险基金支付;对未参加生育保险的,由用人单位支付。

该规定第十四条和第十五条指出,用人单位违反本规定,侵害女职工合法权益的,女职工可以依法投诉、举报、申诉,依法向劳动人事争议调解仲裁机构申请调解仲裁,对仲裁裁决不服的,依法向人民法院提起诉讼。对造成女职工损害的,依法给予赔偿;用人单位及其直接负责的主管人员和其他直接责任人员构成犯罪的,依法追究刑事责任。

10. 用人单位不为职工缴纳工伤等社会保险费的法律后果是什么?

自 2011 年 7 月 1 日起施行的《中华人民共和国社会保险法》规定,国家建立基本养老保险、基本医疗保险、工伤保险、失业保险、生育保险等社会保险制度,保障公民在年老、疾病、工伤、失业、生育等情况下依法从国家和社会获得物质帮助的权利,并规定依法缴纳社会保险费是用人单位和个人的义务。其中,工伤保险和生育保险费由用人单位缴纳,职工无须缴纳。

《工伤保险条例》规定,中华人民共和国境内的企业、事业单位、社会团体、民办非企业单位、基金会、律师事务所、会计师事务所等组织和有雇工的个体工商户(以下称用人单位)应当依照本条例规定参加工伤保险,为本单位全部职工或者雇工(以下称职工)缴纳工伤保险费。对于缴纳工伤保险费的,在发生工伤(包括职业病)后,职工可以依据规定享有工伤保险待遇,包括医疗费、辅助器具、住院伙食补助费、伤残补助金、工伤医疗补助金、伤残就业补助金等。

《中华人民共和国社会保险法》第八十六条规定,用人单位未按时足额缴纳社会保险费的,由社会保险费征收机构责令限期缴纳或者补足,并自欠缴之日起,按日加收万分之五的滞纳金;逾期仍不缴纳的,由有关行政部门处欠缴数额一倍以上三倍以下的罚款。

《社会保险法》第四十一条进一步规定,职工所在用人单位未依法缴纳工伤保险费,发生工伤事故的,由用人单位支付工伤保险待遇。用人单位不支付的,从工伤保险基金中先行支付。从工伤保险基金中先行支付的工伤保险待遇应当由用人单位偿还。用人单位不偿还的,社会保险经办机构可以依法追偿。

11. 违章作业导致自己受伤,是否可以被认定为工伤?

有这样一个案例:蒋某,某建筑公司职工,2004 年 2 月 17 日下午在一建筑工地施工时,因未戴安全帽被正在施工的大楼上坠落的水泥块击中头部,导致颅骨断裂及脑震荡。治疗两个月后,仍未痊愈,留有后遗症。该建筑公司对蒋某的负伤只报销 800 元医药费,其余 6 000 元不予报销。并称:蒋某身为公司职工,应牢记"进入施工现场戴安全帽"的劳动纪律,而蒋某却违反纪律,不戴安全帽进入现场,导致事故发生。对此,公司认为蒋某之伤不是工伤,不能享受工伤待遇。

对此,法律又有什么规定?

国务院颁布的《工伤保险条例》第一条规定,该条例制定的目的是为了保障因工作遭受事故伤害或者患职业病的职工获得医疗救治和经济补偿,促进工伤预防和职业康复,分散用人单位的工伤风险。第十四条规定了"应当认定为工伤"的 7 种情形:

(一)在工作时间和工作场所内,因工作原因受到事故伤害的;

(二)工作时间前后在工作场所内,从事与工作有关的预备性或者收尾性工作受到事故伤害的;

(三)在工作时间和工作场所内,因履行工作职责受到暴力等意外伤害的;

(四)患职业病的;

(五)因公外出期间,由于工作原因受到伤害或者发生事故下落不明的;

(六)在上下班途中,受到非本人主要责任的交通事故或者城市轨道交通、客运轮渡、火车事故伤害的;

(七)法律、行政法规规定应当认定为工伤的其他情形。

该条例第十五条同时规定了"视同工伤"的 3 种情形:

(一)在工作时间和工作岗位,突发疾病死亡或者在 48 小时之内经抢救无效死亡的;

(二)在抢险救灾等维护国家利益、公共利益活动中受到伤害的;

(三)职工原在军队服役,因战、因公负伤致残,已取得革命伤残军人证,到用人单位后旧伤复发的。

从上述规定可以看出,在工作时间和工作场所内,因工作原因受到事故伤害的,应当认定为工伤,而与职工是否违章作业没有关系。事实上,很多事故时由于人的不安全行为导致的,工伤保险制度的价值就在于分散用人单位的工伤风险,保障劳动者在受到与工作有关的事故伤害的情况下能得到救助和赔偿。

第二章 食品安全与健康

案例三 三鹿奶粉三聚氰胺事件①②

2008年6月28日,位于兰州市的解放军第一医院收治了首例患"肾结石"病症的婴幼儿,据家长反映,孩子从出生起就一直食用河北石家庄三鹿集团所产的三鹿婴幼儿奶粉。7月中旬,甘肃省卫生厅接到医院婴儿泌尿结石病例报告后,随即展开了调查,并报告卫生部。随后短短两个多月,该医院收治的患婴人数就迅速扩大到14名。除甘肃省外,陕西、宁夏、湖南、湖北、山东、安徽、江西、江苏等地都有类似案例发生。

2008年9月11日晚卫生部指出,近期甘肃等地报告多例婴幼儿泌尿系统结石病例,调查发现患儿多有食用三鹿牌婴幼儿配方奶粉的历史。经相关部门调查,高度怀疑石家庄三鹿集团股份有限公司生产的三鹿牌婴幼儿配方奶粉受到三聚氰胺污染。卫生部专家指出,三聚氰胺是一种化工原料,可导致人体泌尿系统产生结石。9月13日,党中央、国务院对严肃处理三鹿牌婴幼儿奶粉事件作出部署,立即启动国家重大食品安全事故Ⅰ级响应(为最高级别),并成立应急处置领导小组。

同日,卫生部宣布"三鹿牌婴幼儿配方奶粉"事故是一起重大的食品安全事故,奶粉中含有的三聚氰胺,是不法分子为增加原料奶或奶粉的蛋白含量而人为加入的。有关部门对三鹿婴幼儿奶粉生产和奶牛养殖、原料奶收

---

① 《三鹿奶粉事件简介》,来源:百度网,2010年12月20日,网址:http://zhidao.baidu.com/link?url=9UiUAkDEF5luGxBAmmP75FdllodjJIjZzzGUIpuAZS6fvwezwsI0DngNKbDbvdssWAnoR1AZxmPaUlrtq-V99q

② 《中国奶制品污染事件》,来源:百度网,登陆日期:2015年10月1日,网址:http://baike.baidu.com/link?url=_ZjKqGqmlZJQWS-20ZqXbdggReuWKyEVfbEOfgeQgQl5LnBGEd7w6mC7DCwdqsbL0AnXcaWoQ-JNPTD4sogQF5AnTrSnJNnJibrFeTK20U8e-usFSZLxe_ZFixGNJ-_ITbJRM0puSvOnDxM2CidNf8uTZ14sczkhndc0FTjokMy

购、乳品加工等各环节开展检查。质检总局将负责会同有关部门对市场上所有婴幼儿奶粉进行了全面检验检查。国家质检总局公布对国内的乳制品厂家生产的婴幼儿奶粉的三聚氰胺检验报告后,事件迅速恶化,包括多家乳制品厂家的多个批次产品中都检出三聚氰胺。该事件亦重创中国制造商品信誉,多个国家禁止了中国乳制品进口。

随后,河北省政府决定对三鹿集团立即停产整顿,并将对有关责任人做出处理。三鹿集团董事长和总经理田文华被免职,后被刑事拘留。而石家庄市分管农业生产的副市长等政府官员、石家庄市委副书记、市长也相继被撤职处理。河北省委也决定免去石家庄市委书记职务。新华社报道,三鹿毒奶粉事件事态扩大的主要原因是三鹿集团公司和石家庄市政府在获悉三鹿奶粉造成婴幼儿患病情况后隐瞒实情、不及时上报所致。

2009 年 1 月 22 日,河北省石家庄市中级人民法院一审宣判,三鹿前董事长田文华被判处无期徒刑,另有三名三鹿集团高层管理人员分别被判有期徒刑 15 年、8 年及 5 年。三鹿集团作为单位被告,犯了生产、销售伪劣产品罪,被判处罚款人民币 4 937 余万元。涉嫌制造和销售含三聚氰胺的 3 位奶农被判处死刑,另有 4 人被判处有期徒刑或无期徒刑。

据中国乳业协会介绍,三鹿婴幼儿奶粉事件发生以后,中国乳协协调有关责任企业出资筹集了总额 11.1 亿元的婴幼儿奶粉事件赔偿金。赔偿金用途有二:一是设立 2 亿元医疗赔偿基金,用于报销患儿急性治疗终结后、年满 18 岁之前可能出现相关疾病发生的医疗费;二是用于发放患儿一次性赔偿金以及支付患儿急性治疗期的医疗费、随诊费,共 9.1 亿元。截至2010 年年底,已有 271 869 名患儿家长领取了一次性赔偿金。按照规定,2013 年 2 月底之前,患儿家长随时可以在当地领取,逾期仍不领取的,剩余赔偿金将用于医疗赔偿基金。

案例四　福喜食品安全事件

2014 年 7 月 20 日,上海媒体揭露出给沪上一众洋快餐供应原料的福喜公司的一系列有关食品安全的黑幕。据报道,上海福喜食品公司,将落地肉直接上生产线,各种过期原料随意添加;次品全部混入生产线,来历不明的牛肉饼就此"洗白";监管形同虚设,冷冻臭肉重新变身"小牛排"。这些都是福喜公司加工车间内的场景,这些产品一直以来都直接供给麦当劳、肯德基等洋快餐。①

据东方卫视报道,记者卧底两个多月发现,上海福喜食品有限公司通过过期食品回锅重做、更改保质期标印等手段加工过期劣质肉类,再将生产的麦乐鸡块、牛排、汉堡肉等售给肯德基、麦当劳、必胜客等大部分快餐连锁店。

"福喜事件"发生之后,上海市委、市政府高度重视,市领导要求彻查严处,依法一追到底,并及时向社会公布情况。7月25日下午,上海市委常委会就此事件进行了讨论研究。

2014年7月28日,福喜全球主席兼首席执行官谢尔顿·拉文向上海市食药监局报告福喜总部对福喜事件采取的整改措施,表示公司将严格遵守中国法律配合调查,全面承担责任。7月30日,上海市食药监局再度约谈福喜集团具体负责中国投资运营的主要负责人、福喜全球高级副总裁兼亚太区总经理艾柏强等,责成福喜总部配合监管部门深入调查,主动配合有关部门推进案件查办工作。

公安局已依法对上海福喜食品有限公司负责人、质量经理等6名涉案人员予以刑事拘留。肯德基、麦当劳等供应商发表声明停止与福喜的合作,福喜在华遭遇滑铁卢。据估计,身陷过期肉事件的福喜中国公司,多家工厂停工至今,已经造成60亿元人民币损失。

为重塑食品安全信誉,该集团正在上海规划建设"亚洲质量控制中心",专门负责对中国的所有工厂进行全方位指导和监督,以确保生产质量和食品安全。同时,还将设立"中国食品安全教育基金",开展食品安全知识的教育和普及推广活动以及建立与中国消费者积极沟通的平台。②

12. 百姓"舌尖上的安全"如何由法律来保障?

2015年4月24日,第十二届全国人大常委会第十四次会议审议通过了新修订的《食品安全法》,国家主席习近平签署第21号主席令予以公布。新修订的《食品安全法》于2015年10月1日起施行。

十八大以来,党中央、国务院就加强食品安全工作提出许多新思想、新论断,要求进一步改革完善我国食品安全监管体制,将食品安全监管纳入公共安全体

---

① 《知名洋快餐供应商被曝用过期劣质肉　各地展开查处行动》,来源:人民网,2014年7—9月,网址:http://society.people.com.cn/GB/369130/387004/
② 《福喜因过期肉风波停工损失达60亿　如何再出发》,来源:腾讯网,2015年7月2日,网址:http://finance.qq.com/a/20150702/044099.htm

系,着力建立覆盖全过程的食品安全监管制度,积极推进食品安全社会共治,用"最严谨的标准、最严格的监管、最严厉的处罚、最严肃的问责",确保人民群众饮食安全。为巩固和深化食品安全监管体制改革成果,以法治方式解决当前食品安全领域存在的突出问题,决定对 2009 年颁布实施的《食品安全法》进行修订。

新修订的《食品安全法》共 154 条,比原来增加 50 条,对原有许多条文进行了实质性修改。主要体现在以下方面[①]:

(一)巩固食品安全监管体制改革成果。明确食品药品监督管理部门负责对食品生产经营活动进行统一监管。同时,明确县级人民政府食品药品监管部门可以在乡镇或者特定区域设立食品药品监管派出机构。

(二)突出食品安全风险治理。进一步完善食品安全风险监测、风险评估、食品安全标准等基础制度;增设食品安全风险交流制度,要求食品药品监督管理部门和其他有关部门、食品安全风险评估专家委员会及其技术机构开展风险交流,防患未然,消除隐患;明确食品安全监管部门要根据食品安全风险监测、风险评估结果和食品安全状况等,确定监督管理的重点、方式和频次,实施风险分级管理。

(三)实施最严格的全程监管。明确食品生产、销售、贮存、运输以及餐饮服务、食用农产品销售等各环节食品安全过程控制的管理制度和要求,增设网络食品交易管理、食品安全全程追溯等制度,进一步强化食品生产经营者的主体责任、地方政府和监管部门的责任。

(四)强化食品安全源头控制。加强农业投入品使用管理,对农药使用实行严格的监管,强调剧毒、高毒农药不得用于瓜果、蔬菜、茶叶、中草药材等国家规定的农作物;将食用农产品的市场销售纳入新《食品安全法》的调整范围,对进入批发市场销售的食用农产品进行抽样检验,食用农产品销售者应当建立食用农产品进货查验记录制度。

(五)突出对特殊食品的严格监管。将保健食品、特殊医学用途配方食品、婴幼儿配方食品和其他专供特定人群的主辅食品确定为特殊食品,并从原料、配方、生产工艺、标签、说明书、广告等方面严格把关,严格准入,严格监管。同时,要求生产特殊食品的企业应当按照良好生产规范的要求建立与所生产的食品相适应的生产质量管理体系。

(六)强化食品安全社会共治。明确消费者协会和其他消费者组织对违反食品安全法规定,侵害消费者合法权益的行为,依法进行社会监督;建立食品安

---

① 《新修订〈食品安全法〉10 月 1 日起实施》,来源:国家食品药品监督管理局网站,2015 年 9 月 30 日,网址:http://www.sda.gov.cn/WS01/CL0050/130920.html

全贡献褒奖制度,对在食品安全工作中做出突出贡献的单位和个人,按照国家有关规定给予表彰、奖励;增加食品安全有奖举报制度,明确对查证属实的举报应当给予举报人奖励;规范食品安全信息发布,鼓励新闻媒体对食品安全违法行为进行舆论监督。

(七)严惩重处违法违规行为。强化食品安全刑事责任追究;提高财产罚额度,罚款最高可达到违法生产经营的食品货值金额 30 倍;强化资格罚力度,因食品安全犯罪被判处有期徒刑以上刑罚的,终身不得从事食品生产经营管理工作,担任食品安全管理人员;强化食品安全连带责任;明确消费者赔偿首负责任制;完善惩罚性的赔偿制度,增设消费者可以要求生产经营者支付损失 3 倍赔偿金的惩罚性赔偿。

13. 食品安全监管中各部门的职责如何分工?

新修订的《食品安全法》第五条、第六条规定:

(一)国务院设立食品安全委员会,其职责由国务院规定。2010 年国务院决定根据原《食品安全法》的规定设立国务院食品安全委员会,作为国务院食品安全工作的高层次议事协调机构,主要职责是:分析食品安全形势,研究部署、统筹指导食品安全工作;提出食品安全监管的重大政策措施;督促落实食品安全监管责任。同时,设立国务院食品安全委员会办公室,具体承担委员会的日常工作。

(二)国务院食品药品监督管理部门依照本法和国务院规定的职责,对食品生产经营活动实施监督管理。

(三)国务院卫生行政部门依照本法和国务院规定的职责,组织开展食品安全风险监测和风险评估,会同国务院食品药品监督管理部门制定并公布食品安全国家标准。

(四)国务院其他有关部门依照本法和国务院规定的职责,承担有关食品安全工作。

(五)县级以上地方人民政府对本行政区域的食品安全监督管理工作负责,统一领导、组织、协调本行政区域的食品安全监督管理工作以及食品安全突发事件应对工作,建立健全食品安全全程监督管理工作机制和信息共享机制。

(六)县级以上地方人民政府依照本法和国务院的规定,确定本级食品药品监督管理、卫生行政部门和其他有关部门的职责。有关部门在各自职责范围内负责本行政区域的食品安全监督管理工作。县级人民政府食品药品监督管理部门可以在乡镇或者特定区域设立派出机构。

14. 食品生产、经营许可证的申请有哪些规定?

《食品安全法》第三十五条规定,国家对食品生产经营实行许可制度。从事食品生产、食品销售、餐饮服务,应当依法取得许可。但是,销售食用农产品,不需要取得许可。

《食品安全法》第三十三条规定了申请食品生产、经营许可证应当符合的条件:

(一)具有与生产经营的食品品种、数量相适应的食品原料处理和食品加工、包装、贮存等场所,保持该场所环境整洁,并与有毒、有害场所以及其他污染源保持规定的距离;

(二)具有与生产经营的食品品种、数量相适应的生产经营设备或者设施,有相应的消毒、更衣、盥洗、采光、照明、通风、防腐、防尘、防蝇、防鼠、防虫、洗涤以及处理废水、存放垃圾和废弃物的设备或者设施;

(三)有专职或者兼职的食品安全专业技术人员、食品安全管理人员和保证食品安全的规章制度;

(四)具有合理的设备布局和工艺流程,防止待加工食品与直接入口食品、原料与成品交叉污染,避免食品接触有毒物、不洁物,等。

《食品安全法》第一百二十二条规定,未取得食品生产经营许可从事食品生产经营活动,或者未取得食品添加剂生产许可从事食品添加剂生产活动的,由县级以上人民政府食品药品监督管理部门没收违法所得和违法生产经营的食品、食品添加剂以及用于违法生产经营的工具、设备、原料等物品;违法生产经营的食品、食品添加剂货值金额不足 1 万元的,并处 5 万元以上 10 万元以下罚款;货值金额 1 万元以上的,并处货值金额 10 倍以上 20 倍以下罚款。对明知从事前款规定的违法行为,仍为其提供生产经营场所或者其他条件的,由县级以上人民政府食品药品监督管理部门责令停止违法行为,没收违法所得,并处 5 万元以上 10 万元以下罚款;使消费者的合法权益受到损害的,应当与食品、食品添加剂生产经营者承担连带责任。

15. 关于食品摊贩有何法律规定?

《食品安全法》第三十六条规定,食品生产加工小作坊和食品摊贩等从事食品生产经营活动,应当符合本法规定的与其生产经营规模、条件相适应的食品安全要求,保证所生产经营的食品卫生、无毒、无害,食品药品监督管理部门应当对其加强监督管理。并进一步规定,县级以上地方人民政府应当对食品生产加工小作坊、食品摊贩等进行综合治理,加强服务和统一规划,改善其生产经营环境,鼓励和支持其改进生产经营条件,进入集中交易市场、店铺等固定场所经营,或者在指定的临时经营区域、时段经营。食品生产加工小作坊和食品摊贩等的具体管理办法由省、自治区、直辖市制定。

以上海市为例,2015年1月16日,上海市人民政府办公厅发布《关于转发市食品安全委员会办公室、市食品药品监管局制订的〈上海市食品摊贩经营管理办法〉的通知》。该管理办法指出,

(一)区(县)人民政府应当按照"方便群众、合理布局"的原则和"总量控制、疏堵结合、稳步推进、属地管理、有序监管"的要求,明确所在地相应的食品摊贩固定经营场所,并可采取措施,鼓励食品摊贩集中配送、规范经营,引导食品摊贩进入集中交易市场、店铺等固定场所经营。

(二)根据区域的实际情况,区(县)人民政府可以会同有关乡、镇人民政府和街道办事处依法划定临时区域(点)和固定时段供食品摊贩经营,并向社会公布。划定的临时区域(点)为便民临时性公益场地,不得扰民及影响安全、交通、市容环境等。

(三)食品药品监督管理部门(市场监督管理部门)负责对划定临时区域(点)和固定时段内的食品摊贩的经营活动实施指导和监督管理。

(四)城市管理行政执法部门负责对划定区域(点)和固定时段以外,占用道路及其他公共场所设摊经营食品、影响市容环境卫生的行为依法查处。

(五)绿化和市容管理、城市管理行政执法部门负责对食品摊贩临时经营区域(点)的餐厨废弃油脂和餐厨垃圾收运、处置以及市容环境卫生实施监督管理。

(六)乡、镇人民政府和街道办事处负责本辖区食品摊贩的信息登记和管理、公示卡的发放工作,将食品摊贩的登记信息通报所在地的区(县)食品药品监督管理、城市管理行政执法、绿化市容管理等部门。

(七)乡、镇人民政府和街道办事处应当组织、协调辖区内相关部门具体实施对食品摊贩经营的联合执法和从业人员的免费教育培训。同时加强食品摊贩临时区域(点)的巡查管理,充分发挥社会监督作用。

(八)乡、镇人民政府和街道办事处应在划定的食品摊贩经营场所设置标志牌,明确食品摊贩规范经营的管理制度,加强对经营品种和经营方式的管理,满足市民要求,接受社会监督。

(九)鼓励乡、镇人民政府和街道办事处为划定的食品摊贩临时区域(点)提供与经营业态相适应的必要基础设施和配套设施。

16. 发生食品安全事故,该如何应对和处理?

《食品安全法》第七章对食品安全事故处置做了专门规定:

（一）县级以上地方人民政府应当根据有关法律、法规的规定和上级人民政府的食品安全事故应急预案以及本行政区域的实际情况,制定本行政区域的食品安全事故应急预案,并报上一级人民政府备案。

（二）食品生产经营企业应当制定食品安全事故处置方案,定期检查本企业各项食品安全防范措施的落实情况,及时消除事故隐患。

（三）发生食品安全事故的单位应当立即采取措施,防止事故扩大。事故单位和接收病人进行治疗的单位应当及时向事故发生地县级人民政府食品药品监督管理、卫生行政部门报告。

（四）任何单位和个人不得对食品安全事故隐瞒、谎报、缓报,不得隐匿、伪造、毁灭有关证据。

（五）发生食品安全事故,接到报告的县级人民政府食品药品监督管理部门应当按照应急预案的规定向本级人民政府和上级人民政府食品药品监督管理部门报告。县级人民政府和上级人民政府食品药品监督管理部门应当按照应急预案的规定上报。

（六）医疗机构发现其接收的病人属于食源性疾病病人或者疑似病人的,应当按照规定及时将相关信息向所在地县级人民政府卫生行政部门报告。县级人民政府卫生行政部门认为与食品安全有关的,应当及时通报同级食品药品监督管理部门。

（七）县级以上人民政府食品药品监督管理部门接到食品安全事故的报告后,应当立即会同同级卫生行政、质量监督、农业行政等部门进行调查处理,并采取必要措施,防止或者减轻社会危害,包括开展应急救援工作,封存可能导致食品安全事故的食品及其原料并立即进行检验,封存被污染的食品相关产品,并做好信息发布等工作。

（八）发生食品安全事故,设区的市级以上人民政府食品药品监督管理部门应当立即会同有关部门进行事故责任调查,督促有关部门履行职责,向本级人民政府和上一级人民政府食品药品监督管理部门提出事故责任调查处理报告。

第三章　健康城市建设

案例五　健康城市建设:新观念及实践[①]

　　健康城市这一概念形成于 20 世纪 80 年代,是在"新公共卫生运动"、《渥太华宪章》和"人人享有健康"战略思想的基础上产生的,也是作为世界卫生组织(WHO)为面对 21 世纪城市化给人类健康带来的挑战而倡导的行动战略。1984 年,在加拿大多伦多召开的国际会议上,"健康城市"的理念首次被提出。1986 年,WHO 欧洲区域办公室决定启动城市健康促进计划,实施区域的"健康城市项目"(Healthy Cities Project,HCP)。加拿大多伦多市首先响应,通过制定健康城市规划、制定相应的卫生管理法规、采取反污染措施、组织全体市民参与城市卫生建设等,取得了可喜的成效。随后,活跃的健康城市运动便从加拿大传入美国、欧洲,而后在日本、新加坡、新西兰和澳大利亚等国家掀起了热潮,逐渐形成全球各城市的国际性运动。

　　世界卫生组织(WHO)在 1994 年给健康城市的定义是:健康城市应该是一个不断开发、发展自然和社会环境,并不断扩大社会资源,使人们在享受生命和充分发挥潜能方面能够互相支持的城市。复旦大学公共卫生学院傅华教授等提出了更易被人理解的定义,所谓健康城市是指从城市规划、建设到管理各个方面都以人的健康为中心,保障广大市民健康生活和工作,成为人类社会发展所必需的健康人群、健康环境和健康社会有机结合的发展整体。

　　1996 年世界卫生组织公布了"健康城市 10 条标准",作为建设健康城市的努力方向和衡量指标,包括:

[①]《健康城市》,来源:百度网,登陆日期:2015 年 10 月 2 日,网址:http://baike. baidu. com/link? url=-dS-ytej5x8UQHg2ZB49asAfe8spksVcd8LrMQFrhd1UD4TBDv2QkMSfBQ0m3oCD_ur02bGPIQh-FGa3187FFq

（一）为市民提供清洁安全的环境。

（二）为市民提供可靠和持久的食品、饮水、能源供应,具有有效的清除垃圾系统。

（三）通过富有活力和创造性的各种经济手段,保证市民在营养、饮水、住房、收入、安全和工作方面的基本要求。

（四）拥有一个强有力的相互帮助的市民群体,其中各种不同的组织能够为了改善城市健康而协调工作。

（五）能使其市民一道参与制定涉及他们日常生活、特别是健康和福利的各种政策。

（六）提供各种娱乐和休闲活动场所,以方便市民之间的沟通和联系。

（七）保护文化遗产并尊重所有居民(不分种族或宗教信仰)的各种文化和生活特征。

（八）把保护健康视为公众决策的组成部分,赋予市民选择有利于健康行为的权力。

（九）改善健康服务质量,并能使更多市民享受健康服务。

（十）能使人们更健康长久地生活和少患疾病。

案例六 上海:让全民健身融入每一天[①]

2014年8月7日,在全国第6个全民健身日之际,上海的两项对比耐人寻味:这是中国老龄化程度最高的城市之一,然而却已跨越10年、连续2次蝉联国民体质全国第一;上海中心城区可谓"寸土寸金",然而无论是30分钟体育圈的建设,还是百姓健身房的布局,都让生活在这里的人们可以方便地找到运动健身之地。

上海市体育局官员表示,8月8日,既是每年一度的全民健身日,也是体育工作者的"考核日"——"过去这一年有没有为市民新增哪些运动场所,细化哪些运动健身的服务细节,更重要的是,有没有让运动健身的理念,融入百姓生活的每一天。"

政府购买 写字楼里建起百姓健身房

上海黄浦区南京东路,高档写字楼鳞次栉比。正是在这"高大上"的商

———————

① 《上海:让全民健身融入每一天》,来源:新华网,2014年8月7日,网址:http://news. xinhuanet. com/sports/2014-08/07/c_126845229. htm

务楼宇中,以百姓健身房为基础的白领健康俱乐部里正热气腾腾。

在近 300 平方米的场地中,包括有氧设备、力量设备、乒乓球、九球桌等在内的锻炼设施一应俱全。不但硬件上佳,"软件"服务也非常到位:俱乐部聘请了专业的教练对健身者进行指导和体能测试服务。每周二、四中午,还有女性白领钟爱的团体舞和瑜伽课程。

"我们提供这样一个场地,每年损失租金十几万元,但我们愿意这么做,因为这使租用我们商务区的企业员工有了更好的生活方式和环境。"上海科技京城管理发展有限公司顾问说,"政府通过购买服务的方式,给我们提供了运动器械;我们则聘请健身俱乐部来管理,因为是公益性质,费用很低,单年卡 360 元一张,对公司白领和周边居民都开放,现在已有 350 多名固定会员以及 500 多位常客。"

项先生是商业区里一家公司的员工,他告诉记者:"以前觉得健身很不方便,附近的商业健身会所不仅离得远,而且价格很贵。我以前办的一家运动会所的半年卡要 1 700 元,现在办年卡,一天只要一元钱,既便宜又方便,我和同事每周都来锻炼两三次。"

转变思路　场馆多更要服务佳

南京路上的百姓健身房只是一个缩影。2013 年,上海新建了 71 条健身步道,28 个百姓健身房,超额完成了上海市政府实事项目计划的建设要求;并且新建了 8 家百姓游泳池和 5 个区级体质监测中心,进一步完善了公共体育设施的布局。2014 年,上海还将新建 60 条百姓健身步道、20 个百姓健身房和 4 个区级市民体质监测中心。

"走出家门走 500 米就有健身房,出行 15 分钟有公共运动场,出行 30至 60 分钟有大型体育公园。"这些"十二五"期间上海全民健身的蓝图,大部分已经变成老百姓身边实实在在的福利,更折射了沪上体育人思路的转变。"以前是竞技体育为重,多数人围着少数人(运动队)服务;现在我们要把全面健身、群众体育工作摆到重要位置,要让多数人为多数人(老百姓)服务。"上海体育局官员说。

自 2013 年 5 月开始推广"社区健身指导员"模式以来,四平路社区共在辖区内 23 个居委会设立了 52 个试点,邀请了 100 余位社会体育指导员或体育教练担任家庭健康指导员,他们已经成为全民健身的宣传者、健康生活方式的引领者。

运动健身　不仅融入更伴终生

目前,上海有这样的社区体育健身指导员 4 万多名,数量已基本到位,如何提升质量,是未来的工作重点。据悉,未来上海的全民健身将把科学检测和科学指导结合起来,给不同年龄段的人开"运动处方",给出专业性、科学化的运动建议。

"由于现在都是商品住房,邻居之间并不认识,平时很少走动。后来,我们进行了规范化操作,给每个指导员配备了身份卡和指导手册,这样,我们的家庭健身指导员就慢慢走进居民的家中了。"四平社区体育俱乐部负责人说,"通过我们一年多的推广,社区的体育氛围得到了很大提升,不管什么季节,社区的体育器材总会爆满。尤其是我们社区有很多新上海人、租房务工人员,他们起初都不知道去哪里健身,现在通过指导员的宣传,都把社区内的健身设施利用起来了,这对他们融入上海的城市生活很重要。"

17. 我国健康城市建设的法治基础是什么?

在中国,始于 1989 年的国家卫生城市的创建活动为建设健康城市奠定了基础,创造了条件。建设健康城市所提出的理念和方法,不仅能够巩固和提高创建国家卫生城市工作成果,也丰富和深化了爱国卫生运动的内涵。

1993 年以前,中国健康城市项目的发展主要是处于一种探索和试点阶段,包括引入健康城市的概念,与 WHO 合作开展相关的培训等。1994 年初,WHO 官员对中国进行了考察,认为中国完全有必要也有条件开展健康城市规划运动。于是,WHO 与中国卫生部合作,从 1994 年 8 月开始,在中国北京市东城区、上海市嘉定区启动健康城市项目试点工作。这标志着中国正式加入到世界性的健康城市规划运动中。

2003 年以后,中国健康城市建设进入全面发展阶段。在中国卫生部的鼓励和倡导下,许多城市为了进一步改善城市环境、提高市民健康和生活质量,纷纷自觉自愿地开展健康城市的创建。其中苏州市和上海市的工作颇具典型。

苏州市从 20 世纪 90 年代末积极引入健康城市的概念。2001 年 6 月 12 日,全国爱国卫生运动委员会办公室(爱卫办)将苏州作为中国第一个"健康城市"项目试点城市向 WHO 正式申报。同年 8 月,中国共产党苏州市第九次代表大会确定了用 5～10 年时间把苏州建成健康城市的目标。2003 年 9 月,苏州市召开"非典"防治工作暨建设健康城市动员大会,印发了健康城市的系列文件,包括健康城市建设的决定、行动计划和职责分工等,系统启动了健康城市建设工作。

上海市政府于 2003 年底下发了《上海市建设健康城市三年行动计划(2003—2005年)》,确定了 8 个项目:营造健康环境、提供健康食品、追求健康生活、倡导健康婚育、普及健康锻炼、建设健康校园、发展健康社区、创建精神文明,涵盖 104 项指标。作为中国第一个开展建设健康城市的特大型城市,上海将为中国其他特大型、大型城市的项目开展提供经验和实践基础。而后上海市每三年发布一个三年行动计划。2014 年 11 月，上海市政府印发了《上海市建设健康城市 2015—2017 行动计划》，布置了"科学健身"、"控制烟害"、"食品安全"、"正确就医"和"清洁环境"4 项市民行动，并落实牵头职能部门和配合职能部门，提出"开发与推行健康传播项目"、"营造与维护健康支持系统"、"推行与促进人群健康管理"等 3 方面具体举措。

2007 年底，爱卫办在全国范围内正式启动了建设健康城市、区（镇）活动，并确定上海市、杭州市、苏州市、大连市、克拉玛依市、张家港市、北京市东城区、北京市西城区、上海市闵行区七宝镇、上海市金山区张堰镇 10 个市（区、镇）为全国第一批建设健康城市试点，拉开了中国建设健康城市的新篇章。

由中国政府首次倡导并获第 68 届联合国大会决议通过，自 2014 年起，每年的 10 月 31 日被定为"世界城市日"，以引发、提升全人类对自己所生活城市的转型与发展关注度、参与感的积极呼吁。

18. 健康服务业发展面临哪些机遇？

在世界一些发达国家和地区，健康服务业已经成为现代服务业中的重要组成部分，产生了巨大的社会效益和经济效益，例如美国健康服务业规模相对于其国内生产总值比例超过 17％，其他 OECD 国家一般达到 10％左右，比较而言，我国还有很大的发展潜力和空间。

2013 年 10 月，国务院印发了《关于促进健康服务业发展的若干意见》（以下简称《意见》），这是新一届政府大力巩固和扩大医药卫生体制改革成效，统筹稳增长、调结构、促改革，保障和改善民生的又一重大举措，对于满足人民群众多层次、多样化的健康服务需求，提升全民健康素质，提高服务业水平，有效扩大就业，促进经济转型升级和形成新的增长点，具有重要意义。

《意见》提出，到 2020 年，基本建立覆盖全生命周期、内涵丰富、结构合理的健康服务业体系，打造一批知名品牌和良性循环的健康服务产业集群，并形成一定的国际竞争力，基本满足广大人民群众的健康服务需求。健康服务业总规模达到 8 万亿元以上，成为推动经济社会持续发展的重要力量，医疗服务能力大幅提升，健康管理与促进服务水平明显提高，健康保险服务进一步完善，健康服务相关支撑产业规模显著扩大，健康服务业发展环境不断优化，健康服务业政策和法规体系建立健全，行业规范、标准更加科学完善，行业管理和监督更加有效，人民群众健康意识和素养明显提高，形成全社会参与、支持健康服务业发展的良好环境。

《意见》提出 8 项主要任务，包括：

（一）大力发展医疗服务。加快形成多元办医格局,优化医疗服务资源配置,推动发展专业、规范的护理服务。加大政策支持力度,鼓励发展康复护理、老年护理、家庭护理等适应不同人群需要的护理服务,提高规范化服务水平。

（二）加快发展健康养老服务。推进医疗机构与养老机构等加强合作,在养老服务中充分融入健康理念,合理布局养老机构与老年病医院、老年护理院、康复疗养机构等,形成规模适宜、功能互补、安全便捷的健康养老服务网络,发展社区健康养老服务。

（三）积极发展健康保险。丰富商业健康保险产品,发展多样化健康保险服务。建立商业保险公司与医疗、体检、护理等机构合作的机制,为参保人提供健康风险评估、健康风险干预等服务,并在此基础上探索健康管理组织等新型组织形式。

（四）全面发展中医药医疗保健服务。提升中医健康服务能力,推广科学规范的中医保健知识及产品。

（五）支持发展多样化健康服务。发展健康体检、咨询等健康服务,大力开展健康咨询和疾病预防,促进以治疗为主转向预防为主。发展全民体育健身。发展健康文化和旅游。

（六）培育健康服务业相关支撑产业。支持自主知识产权药品、医疗器械和其他相关健康产品的研发制造和应用。大力发展第三方服务,支持发展健康服务产业集群。

（七）健全人力资源保障机制。加大人才培养和职业培训力度,促进人才流动。

（八）夯实健康服务业发展基础。推进健康服务信息化,加强诚信体系建设。

19. 关于全民健身,有哪些法规支持?

积极倡导"体育生活化"理念,广泛普及科学健身常识,大力开展群众性体育活动,是健康城市建设的重要内容。

1995年8月29日,第八届全国人大常委会第十五次全体会议全票通过《中华人民共和国体育法》。《体育法》的颁布,不仅填补了国家立法的一项空白,而且标志着中国体育工作开始进入依法行政、以法治体的新阶段,这是新中国体育事业发展的一座里程碑。

同年国务院颁布《全民健身计划纲要》,正式实施全面健身计划,旨在全面提高国民体质和健康水平的"全民健身计划"以青少年和儿童为重点,倡导全民做到每天参加一次以上的体育健身活动,学会两种以上健身方法,每年进行一次体质测定。

2008 年北京奥运会圆满成功,极大地激发了亿万人民群众的体育热情,增强了全社会的体育意识。2009 年 1 月 7 日,国务院批准,自 2009 年起每年 8 月 8 日定为"全民健身日"。

2011 年 2 月 15 日,国务院印发《全民健身计划(2011—2015 年)》,提出逐步完善符合国情、比较完整、覆盖城乡、可持续的全民健身公共服务体系,保障公民参加体育健身活动的合法权益,形成健康文明的生活方式,提高全民族身体素质、健康水平和生活质量。

(一) 每周参加体育锻炼活动不少于 3 次、每次不少于 30 分钟、锻炼强度中等以上的人数比例达到 32% 以上,比 2007 年提高 3.8 个百分点;其中 16 岁以上(不含在校学生)的城市居民达到 18% 以上,农村居民达到 7% 以上。

(二) 学生在校期间每天至少参加 1 小时的体育锻炼活动。提高老年人、残疾人参加体育锻炼人数比例。

(三) 50% 以上的市(地)、县(区)建有"全民健身活动中心"。50% 以上的街道(乡镇)、社区(行政村)建有便捷、实用的体育健身设施。有条件的公园、绿地、广场建有体育健身设施。

(四) 地方各级人民政府将城市社区体育工作作为社区建设的基本内容,统筹规划,加大投入,以城市街道和居住社区公共体育设施建设为重点,不断改善社区居民体育健身环境和条件,提供基本公共服务。整合街道辖区单位、学校的体育设施、体育人才资源,做到优势互补、资源共享,推动社区体育与单位职工体育、学校体育共同发展。

(五) 地方各级人民政府将发展农村体育纳入当地全面建设小康社会和社会主义新农村建设规划,统筹城乡全民健身事业发展,充分发挥包括乡镇综合文化站在内的社区综合服务设施作用,利用好农村学校、企事业单位的体育设施和体育人才资源。

2014 年 10 月 30 日,中国政府网公布了《国务院关于加快发展体育产业促进体育消费的若干意见》,这是国家第一次从产业角度确认体育产业发展规划。《意见》将"发展体育产业,增加体育产品和服务供给"作为未来中国体育事业发展的目标,提出到 2025 年体育产业总规模超过 5 万亿元,并且把全民健身上升为国家战略,提出要抓好潜力产业,以足球、篮球、排球三大球为切入点,推动产业向纵深发展。在城市社区建设 15 分钟健身圈,新建社区的体育设施覆盖率达到 100%。推进实施农民体育健身工程,在乡镇、行政村实现公共体育健身设施 100% 全覆盖。

20. 关于公共场所控烟，有哪些相关规定？

众多无可辩驳的科学证据表明[①]，吸烟和二手烟严重危害人类健康。世界卫生组织（WHO）的统计数字显示，全世界每年因吸烟死亡的人数高达 600 万，其中吸烟者死亡约 540 万，即平均每 6 秒钟有 1 个吸烟者死亡，现在吸烟者中将来会有一半死于吸烟相关疾病；因二手烟所造成的非吸烟者年死亡人数约为 60 万。如果全球吸烟流行趋势得不到有效控制，到 2030 年每年因吸烟死亡人数将达 800 万，其中 80% 发生在发展中国家。多数发达国家的吸烟率呈下降趋势。发展中国家的总体吸烟率居高不下，且青少年吸烟率呈上升趋势，吸烟流行形势严峻。吸烟者的平均寿命要比不吸烟者缩短 10 年。

一、国际法

2003 年 5 月 21 日，第 56 届世界卫生组织大会 192 个成员国全票通过了《烟草控制框架公约》（下简称《公约》），《公约》对烟草的危害在法律上予以认定，并制定了一系列措施以减少烟草需求和供给。2003 年 11 月，中国常驻联合国代表王光亚在纽约联合国总部代表中国签署了《公约》，中国由此成为该公约的第 77 个签约国。2005 年 8 月，全国人大常委会批准《公约》，2006 年 1 月《公约》在中国正式生效。

二、国家立法

2011 年，原卫生部发布《公共场所卫生管理条例实施细则》，自 2011 年 5 月 1 日起施行。该《细则》第十八条规定，室内公共场所禁止吸烟。公共场所经营者应当设置醒目的禁止吸烟警语和标志。室外公共场所设置的吸烟区不得位于行人必经的通道上。公共场所不得设置自动售烟机。公共场所经营者应当开展吸烟危害健康的宣传，并配备专（兼）职人员对吸烟者进行劝阻。

2013 年底，中共中央办公厅、国务院办公厅印发了《关于领导干部带头在公共场所禁烟有关事项的通知》，规定：

（一）各级领导干部要充分认识带头在公共场所禁烟的重要意义，模范遵守公共场所禁烟规定，以实际行动作出表率，自觉维护法规制度权威，自觉维护党政机关和领导干部形象。

（二）各级领导干部不得在学校、医院、体育场馆、公共文化场馆、公共交通工具等禁止吸烟的公共场所吸烟，在其他有禁止吸烟标识的公共场所要带头不

[①]《关于〈中国吸烟危害健康报告〉的答问》，来源：国家卫生和计划生育委员会网站，2012 年 5 月 30 日，网址：http://www.nhfpc.gov.cn/zhuzhan/zcjd/201304/c69b0309ac414e9cbdc703ed258334da.shtml

吸烟。同时,要积极做好禁烟控烟宣传教育和引导工作,督促公共场所经营者设置醒目的禁止吸烟警语和标志,及时劝阻和制止他人违规在公共场所吸烟。

(三)各级党政机关公务活动中严禁吸烟。公务活动承办单位不得提供烟草制品,公务活动参加人员不得吸烟、敬烟、劝烟。要严格监督管理,严禁使用或变相使用公款支付烟草消费开支。

(四)要把各级党政机关建成无烟机关。机关内部禁止销售或提供烟草制品,禁止烟草广告,公共办公场所禁止吸烟,传达室、会议室、楼道、食堂、洗手间等场所要张贴醒目的禁烟标识。各级党政机关要动员本单位职工控烟,鼓励吸烟职工戒烟。卫生、宣传等有关部门和单位要广泛动员各方力量,深入开展形式多样的禁烟控烟宣传教育活动,在全社会形成禁烟控烟的良好氛围。

(五)各级领导干部要主动接受群众监督和舆论监督。各级党政机关要加强监督检查,对违反规定在公共场所吸烟的领导干部,要给予批评教育,造成恶劣影响的,要依纪依法严肃处理。

三、国内立法最新进展

2014 年 11 月 24 日,国务院法制办发布由卫生计生委起草的《公共场所控制吸烟条例(送审稿)》,向社会公开征求意见。送审稿明确,所有室内公共场所一律禁止吸烟。此外,体育、健身场馆的室外观众座席、赛场区域;公共交通工具的室外等候区域等也全面禁止吸烟。《公共场所控制吸烟条例》主要内容有几个方面:

(一)明确界定禁止吸烟场所的范围。规定室内公共场所全面禁止吸烟,并明确了室外全面禁止吸烟的公共场所。

(二)宣传教育和戒烟服务。其中,特别提出了几类群体要起到示范带头作用,比如国家机关的工作人员、教师和医务人员,要带头控烟;教师不要在学生面前吸烟;医务人员不要在患者面前吸烟等。

(三)预防未成年人吸烟。其中规定了禁止向未成年人销售烟草制品,规定学校有义务对学生进行烟草危害的宣传,预防未成年人吸烟。

四、地方立法

各地陆地出台地方性法规,控制公共场所吸烟。例如:

(一)《上海市公共场所控制吸烟条例》已由上海市第十三届人民代表大会常务委员会第十五次会议于 2009 年 12 月 10 日通过,自 2010 年 3 月 1 日起施行。该条例规定 13 类场所全面禁烟,5 类场所除吸烟区外的其他区域禁止吸烟,以法律形式规定了违法吸烟行为将承担的法律责任。在此基础上,上海建立了由健康促进委员会(爱卫会)牵头,12 个控烟监管执法部门组成的控烟工作组织管理体系,探索建立并不断完善了"场所自律、行政监管、人大督导、社会监督、专业监测和舆情评价"相结合的依法控烟工作机制。

（二）《北京市控制吸烟条例》由北京市第十四届人民代表常务委员会第十五次会议于 2014 年 11 月 28 日通过,于 2015 年 6 月 1 日起正式施行。北京控烟条例规定公共场所、工作场所室内环境、室外排队等场合禁止吸烟,违者将被罚最高 200 元。全市设立统一举报电话 12320。

（三）《深圳经济特区控制吸烟条例》由深圳市五届人大常委会第 25 次会议通过,自 2014 年 3 月 1 日起施行。据悉,违反规定,在禁止吸烟场所吸烟且不听场所经营者、管理者劝阻的,由有关部门按照职责范围责令改正,处以 50 元罚款并当场收缴;拒不改正的,处以 200 元罚款;有阻碍执法等情况的,处以 500 元罚款。禁止吸烟场所经营者或管理者未履行该条例有关规定的,逾期不改正的,处以 3 万元罚款。该条例还禁止发布或者变相发布烟草广告;以派发、赠予烟草宣传品等直接或间接的手段鼓励、诱导购买烟草制品的单位将会被处以高达 10 万元罚款。

（四）《杭州市公共场所控制吸烟条例》于 2009 年 8 月杭州市十一届人大常委会第十七次会议审议通过,2009 年 11 月由浙江省十一届人大常委会第十四次会议批准,2010 年 3 月 1 日正式实施。

安全篇

我们常说安全第一。"安全第一"是对人最基本的情感关怀，是对人生存权利的尊重。人的生命是宝贵的，安全生产工作的开展应将人的安全放在首位。以人文本，首先必须从尊重和保障人的生命不受伤害开始。

在我国，以《安全生产法》为首的法律体系构建成了目前安全生产法规的基本框架。安全生产工作应当以人为本，坚持安全发展，坚持安全第一、预防为主、综合治理的方针，强化和落实生产经营单位的主体责任，建立生产经营单位负责、职工参与、政府监管、行业自律和社会监督的机制。

面对新形势下的安全工作，习近平总书记提出"发展绝不能以牺牲人的生命为代价"，并要求建立健全"党政同责、一岗双责、齐抓共管"的安全生产责任体系。负有安全监管职责的行业主管部门要按照"管行业必须管安全、管业务必须管安全、管生产经营必须管安全"的要求，做到安全生产责任"五落实"：一是落实"党政同责"，部门党政主要负责人对安全生产工作负总责；二是落实领导班子成员"一岗双责"，部门领导班子成员要在各自分管领域各负其责；三是落实行业领域安全生产监督管理责任，健全工作机构、明确工作职责、充实专业力量；四是落实日常监督检查和指导督促职责，加强本行业领域安全生产监管执法，做好有关事故预防控制，发生重特大事故立即派员到现场指导参与抢险救援、事故调查等工作；五是落实安全生产工作考核奖惩、"一票否决"等制度，建立自我约束、持续改进的安全生产长效机制，按照"谁主管、谁负责""谁审批、谁负责"的原则，督促落实企业安全生产主体责任，健全本行业领域安全生产责任体系。

安全生产，这是天大的事，需要我们每个人的努力。

第四章　生产安全

案例七　昆山"8·2"特别重大粉尘爆炸事故[①]

2014年8月2日7时34分,位于江苏昆山经济技术开发区的昆山中荣金属制品有限公司抛光二车间发生特别重大铝粉尘爆炸事故,当天造成75人死亡、185人受伤。依照《生产安全事故报告和调查处理条例》(国务院令第493号)规定的事故发生后30日报告期,共有97人死亡、163人受伤(事故报告期后,截至事故调查报告发布的2014年12月30日,经全力抢救医治无效陆续死亡49人,尚有95名伤员在医院治疗),直接经济损失3.51亿元。

事发当日上7时10分,除尘风机开启,员工开始作业。7时34分,1号除尘器发生爆炸。爆炸冲击波沿除尘管道向车间传播,扬起的除尘系统内和车间集聚的铝粉尘发生系列爆炸。当场造成47人死亡、当天经送医院抢救无效死亡28人,185人受伤,事故车间和车间内的生产设备被损毁。

国务院发布的事故调查报告,认定事故的直接原因是,事故车间除尘系统较长时间未按规定清理,铝粉尘集聚。除尘系统风机开启后,打磨过程产生的高温颗粒在集尘桶上方形成粉尘云。1号除尘器集尘桶锈蚀破损,桶内铝粉受潮,发生氧化放热反应,达到粉尘云的引燃温度,引发除尘系统及车间的系列爆炸。因没有泄爆装置,爆炸产生的高温气体和燃烧物瞬间经除尘管道从各吸尘口喷出,导致全车间所有工位操作人员直接受到爆炸冲击,造成群死群伤。

事故调查报告的认定事故的管理原因是:

[①] 《江苏省苏州昆山市中荣金属制品有限公司"8·2"特别重大爆炸事故调查报告》,来源:国家安全生产监管总局网站,2014年12月30日,网址:http://www. chinasafety. gov. cn/newpage/Contents/Channel_21356/2014/1230/244871/content_244871. htm

（一）中荣公司无视国家法律，违法违规组织项目建设和生产，是事故发生的主要原因（包括厂房设计与生产工艺布局违法违规，除尘系统设计、制造、安装、改造违规，车间铝粉尘集聚严重，安全生产管理混乱，安全防护措施不落实）。

（二）地方和开发区安全生产红线意识不强、对安全生产工作重视不够，是事故发生的重要原因。

（三）负有安全生产监督管理责任的有关部门未认真履行职责，审批把关不严，监督检查不到位，专项治理工作不深入、不落实，是事故发生的重要原因。

（四）第三方服务机构违法违规进行建筑设计、安全评价、粉尘检测、除尘系统改造，对事故发生负有重要责任。

司法机关对包括公司管理层、安监、消防、环保部门在内的 18 人采取强制措施追究刑事责任，并建议对 35 人给予党纪、政纪处分，包括昆山市委书记免职、昆山市长撤职。

案例八　吉林"6·3"禽业公司特别重大火灾爆炸事故

2013 年 6 月 3 日 6 时 10 分许，位于吉林省长春市德惠市的吉林宝源丰禽业有限公司（以下简称宝源丰公司）主厂房发生特别重大火灾爆炸事故，共造成 121 人死亡、76 人受伤，17 234 平方米主厂房及主厂房内生产设备被损毁，直接经济损失 1.82 亿元。国务院公布的事故调查报告显示：

一、发生该事故的直接原因是

（一）宝源丰公司主厂房一车间女更衣室西面和毗连的二车间配电室的上部电气线路短路，引燃周围可燃物。当火势蔓延到氨设备和氨管道区域，燃烧产生的高温导致氨设备和氨管道发生物理爆炸，大量氨气泄漏，介入了燃烧。

（二）造成火势迅速蔓延的主要原因：一是主厂房内大量使用聚氨酯泡沫保温材料和聚苯乙烯夹芯板（聚氨酯泡沫燃点低、燃烧速度极快，聚苯乙烯夹芯板燃烧的滴落物具有引燃性）。二是一车间女更衣室等附属区房间内的衣柜、衣物、办公用具等可燃物较多，且与人员密集的主车间用聚苯乙烯夹芯板分隔。三是吊顶内的空间大部分连通，火灾发生后，火势由南向北迅速蔓延。四是当火势蔓延到氨设备和氨管道区域，燃烧产生的高温导致氨设备和氨管道发生物理爆炸，大量氨气泄漏，介入了燃烧。

（三）造成重大人员伤亡的主要原因：一是起火后，火势从起火部位迅速蔓延，聚氨酯泡沫塑料、聚苯乙烯泡沫塑料等材料大面积燃烧，产生高温有毒烟气，同时伴有泄漏的氨气等毒害物质。二是主厂房内逃生通道复杂，且南部主通道西侧安全出口和二车间西侧直通室外的安全出口被锁闭，火灾发生时人员无法及时逃生。三是主厂房内没有报警装置，部分人员对火灾知情晚，加之最先发现起火的人员没有来得及通知二车间等区域的人员疏散，使一些人丧失了最佳逃生时机。四是宝源丰公司未对员工进行安全培训，未组织应急疏散演练，员工缺乏逃生自救互救知识和能力。

二、发生该事故的间接原因是

（一）宝源丰公司：安全生产主体责任根本不落实。

企业出资人即法定代表人根本没有以人为本、安全第一的意识，严重违反国家的安全生产方针和安全生产法律法规；企业厂房建设过程中未按照原设计施工；企业未组织开展安全宣传教育，未对员工进行安全知识培训，企业管理人员、从业人员缺乏消防安全常识和扑救初期火灾的能力；虽然制定了事故应急预案，但从未组织开展过应急演练；违规将南部主通道西侧的安全出口和二车间西侧外墙设置的直通室外的安全出口锁闭，使火灾发生后大量人员无法逃生；企业没有建立健全、更没有落实安全生产责任制；未逐级明确安全管理责任；企业违规安装布设电气设备及线路；未按照有关规定对重大危险源进行监控。

（二）政府及监管部门：公安消防部门履行消防监督管理职责不力；建设部门在工程项目建设中监管严重缺失；安全监管部门履行安全生产综合监管职责不到位；地方政府安全生产监管职责落实不力。

根据该调查报告，有19人被司法机关追究刑事责任，其中包括宝源丰公司的董事长、总经理，另有2人因在事故中死亡，免于追究刑事责任。有23人被追究党纪、政纪处分。

21. 如何理解"党政同责、一岗双责、齐抓共管"的安全生产责任体系？

党的十八大以来，党中央、国务院高度重视安全生产工作。中央作出的"四个全面"战略布局，对安全生产提出新的更高要求。

2013年"6·3"吉林宝源丰禽业有限公司特别重大火灾爆炸事故发生后，习近平总书记作出重要批示，指出："要始终把人民生命安全放在首位，以对党和人民高度负责的精神，完善制度、强化责任、加强管理、严格监管，把安全生产责任制落到实处。"

2013 年 7 月 18 日,总书记在中央政治局常委会议上强调:"各级党委和政府要增强责任意识,落实安全生产负责制,落实行业主管部门直接监管、安全监管部门综合监管、地方政府属地监管,坚持管行业必须管安全、管业务必须管安全、管生产经营必须管安全,而且要党政同责、一岗双责、齐抓共管。"

2013 年 11 月 24 日,习近平总书记在青岛指导输油管线爆燃事故抢险工作时强调:"要抓紧建立健全党政同责、一岗双责、齐抓共管的安全生产责任体系,建立健全最严格的安全生产制度。""安全生产事关人民利益,事关改革发展稳定,党政一把手必须亲力亲为、亲自动手抓。"

2013 年开始,各地陆续出台关于"党政同责、一岗双责、齐抓共管"的文件。如:2014 年 5 月 17 日,江西省委、省政府印发《江西省安全生产"党政同责、一岗双责"暂行规定》;2014 年 6 月 5 日,湖北省委、省政府印发《湖北省安全生产党政同责暂行办法》;2014 年 7 月 22 日江苏省委、省政府印发《江苏省安全生产"党政同责、一岗双责"暂行规定》;2014 年 8 月 21 日,天津市委、市政府印发《天津市党政领导干部安全生产"党政同责、一岗双责"暂行规定》;2014 年 11 月 29 日四川省委、省政府印发《四川省安全生产"党政同责"暂行规定》;2014 年 12 月 26 日上海市委、市政府印发《上海市建立党政同责一岗双责齐抓共管安全生产责任体系的暂行规定》;2014 年 12 月 30 日北京市委、市政府印发《北京市安全生产"党政同责"规定》等。

以《上海市建立党政同责一岗双责齐抓共管安全生产责任体系的暂行规定》为例,"党政同责、一岗双责、齐抓共管"安全生产责任体系具体包括:

(一)该规定适用于以下本市党政机关及其领导班子成员:①市、区县、乡镇街道、产业园区管理机构的党委(党组);②市、区县、乡镇政府及街道办事处、产业园区管理机构等政府派出机关;③各部门及党委,包括安全生产监管部门和其他负有安全生产监管职责的部门、行业主管部门和主管业务范围与安全生产有关的其他部门,并规定本市国有企业、事业单位参照执行。

(二)党政同责:各级党委、政府共同负有推进安全发展、提升安全生产治理能力、遏制重特大事故发生的责任,把安全生产纳入经济社会发展总体工作目标,同谋划、同部署、同落实、同检查、同考核。

(三)一岗双责:各级党委、政府及其工作部门领导班子成员在履行岗位业务工作职责的同时,按照"谁主管,谁负责"、"管行业必须管安全、管业务必须管安全、管生产经营必须管安全"的要求,履行安全生产工作职责。

(四)齐抓共管:强化安全生产的社会治理,大力发挥社会团体、行业协会、专业技术服务机构、专家和专业人员等社会第三方在安全生产工作中的作用,形成单位负责、职工参与、政府监管、行业自律、社会监督的体系。

（五）党委及负责人：地方各级党委主要负责人对本地区安全生产工作负总责；党委其他负责人按照"一岗双责"要求，负责分管范围内的安全生产工作。

（六）政府及负责人：各级政府主要负责人是本地区安全生产工作第一责任人，对本行政区域安全生产工作全面负责。

（七）部门及负责人：党政机关安全生产相关工作部门按照法律、法规、规章及"三定"方案，根据安全生产委员会成员单位安全生产工作职责规定和"管行业必须管安全、管业务必须管安全、管生产经营必须管安全"等要求，依法履行安全生产工作职责。各部门主要负责人是本部门安全生产工作的第一责任人，对本部门安全生产工作全面负责，其他负责人对分管工作范围内的安全生产工作负有直接领导责任。

（八）签约承诺制度：每年初，各级安全生产委员会与下级政府、同级政府有关部门、有关生产经营单位签订年度安全生产工作责任书，督促各级党政领导干部增强依法履职、积极作为、敢于担当的安全生产责任意识。

（九）年度述职履职报告制度：领导班子成员在进行年度述职报告中，按照"一岗双责"的要求，对职责范围内的安全生产工作进行述职，政府及工作部门主要负责人按照安全生产责任签约承诺的要求，向安委会提交安全生产履职情况报告。

（十）工作情况通报制度、年度考核制度。

（十一）失职追责和尽职免责制度：对"一岗双责"履职不到位，因工作失职、渎职而导致事故发生的，进行责任调查，依法追究有关人员和领导的责任。

（十二）约谈警示制度、一票否决制度。

（十三）并要求各区县党委、政府及其工作部门结合实际，建立健全本地区、本部门"党政同责、一岗双责、齐抓共管"安全生产责任制度。

22. 安全生产监管仅仅是安监局一家的事吗？

《安全生产法》规定，国务院和县级以上地方各级人民政府应当根据国民经济和社会发展规划制定安全生产规划，并组织实施。安全生产规划应当与城乡规划相衔接。国务院和县级以上地方各级人民政府应当加强对安全生产工作的领导，支持、督促各有关部门依法履行安全生产监督管理职责，建立健全安全生产工作协调机制，及时协调、解决安全生产监督管理中存在的重大问题。乡、镇人民政府以及街道办事处、开发区管理机构等地方人民政府的派出机关应当按照职责，加强对本行政区域内生产经营单位安全生产状况的监督检查，协助上级人民政府有关部门依法履行安全生产监督管理职责。

2015 年 8 月 27 日，国务院安全生产委员会发布《关于印发〈国务院安全生产委员会成员单位安全生产工作职责分工〉的通知》。该通知指出,负有安全监管职责的行业主管部门要按照"管行业必须管安全、管业务必须管安全、管生产经营必须管安全"的要求,做到安全生产责任"五落实":

(一)落实"党政同责",部门党政主要负责人对安全生产工作负总责;

(二)落实领导班子成员"一岗双责",部门领导班子成员要在各自分管领域各负其责;

(三)落实行业领域安全生产监督管理责任,健全工作机构、明确工作职责、充实专业力量;

(四)落实日常监督检查和指导督促职责,加强本行业领域安全生产监管执法,做好有关事故预防控制,发生重特大事故立即派员到现场指导参与抢险救援、事故调查等工作;

(五)落实安全生产工作考核奖惩、"一票否决"等制度,建立自我约束、持续改进的安全生产长效机制,按照"谁主管、谁负责"、"谁审批、谁负责"的原则,督促落实企业安全生产主体责任,健全本行业领域安全生产责任体系。

通知并要求其他有关部门要切实履行安全生产相关工作职责,强化安全生产责任落实,为安全生产工作提供支持和保障,并要求进一步完善安全生产工作责任目标考核机制,强化地方各级人民政府和各有关部门安全生产职责落实,大力推进安全生产形势持续稳定好转。

一、总则

坚持以人为本、安全发展的理念,坚持安全第一、预防为主、综合治理的方针,推动建立生产经营单位负责、职工参与、政府监管、行业自律和社会监督的机制,各司其职、各负其责,共同推进安全生产工作。

国务院安全生产监督管理部门依法对全国安全生产工作实施综合监督管理;负有安全生产监督管理职责的国务院有关部门在各自职责范围内,对有关行业领域的安全生产工作实施监督管理;负有行业领域管理职责的国务院有关部门要将安全生产工作作为行业领域管理工作的重要内容,切实承担起指导安全管理的职责,指导督促生产经营单位做好安全生产工作,制定实施有利于安全生产的政策措施,推进产业结构调整升级,严格行业准入条件,提高行业安全生产水平;其他有关部门结合本部门工作职责,为安全生产工作提供支持和保障。

二、安全生产工作职责分工

涉及 37 个部委办局,规定了各自的安全生产工作职责,包括:国家发展改革委、教育部、科技部、工业和信息化部、公安部、监察部、司法部、财政部、人力资源社会保障部、国土资源部、环境保护部、住房城乡建设部、交通运输、水利部、农业部、商务部、文化部、国家卫生计生委、国务院国资委、工商总局、质检总局、新闻出版广电总局、体育总局、国家林业局、国家旅游局、国务院法制办、中国气象局、国家能源局、国家国防科工局、国家海洋局、国家铁路局、中国民航局、国家邮政局、全国总工会、安全监管总局、国家煤矿安监局、中国铁路总公司。以下仅列举若干部门的职责（摘要）：

（一）工业和信息化部： 指导工业加强安全生产管理。负责通信业及通信设施建设和民用飞机、民用船舶制造业安全生产监督管理及民用船舶建造质量安全监管；负责民用爆炸物品生产、销售的安全监督管理；按照职责分工，依法负责危险化学品生产、储存的行业规划和布局等。

（二）公安部： 负责对全国的消防工作实施监督管理；负责全国道路交通安全管理工作，开展道路交通安全宣传教育；指导、协调、监督地方公安机关对民用爆炸物品购买、运输、爆破作业及烟花爆竹运输、燃放环节实施安全监管，监控民用爆炸物品流向；指导、监督地方公安机关依法核发剧毒化学品购买许可证、剧毒化学品道路运输通行证，并负责危险化学品运输车辆的道路交通安全管理；指导、监督地方公安机关依法对相关大型群众性活动实施安全管理等。

（三）人力资源社会保障部： 将安全生产法律、法规及安全生产知识纳入相关行政机关、事业单位工作人员职业教育、继续教育和培训学习计划并组织实施；拟订工伤保险政策、规划和标准，指导和监督落实企业参加工伤保险有关政策措施；依据职业病诊断结果，做好职业病人的社会保障工作；负责劳动合同及工伤保险法律法规实施情况监督检查工作，督促用人单位依法签订劳动合同和参加工伤保险，规范企业劳动用工行为；指导农民工培训教育工作等。

（四）国土资源部： 负责查处重大无证勘查开采、持勘查许可证采矿、超越批准的矿区范围采矿等违法违规行为；负责矿产资源开发的管理等。

（五）环境保护部： 负责核安全和辐射安全的监督管理；依法对废弃危险化学品等危险废物的收集、贮存、处置等进行监督管理。依法组织危险化学品的环境危害性鉴定和环境风险程度评估，确定实施重点环境管理的危险化学品，负责危险化学品环境管理登记和新化学物质环境管理登记；按照职责分工调查相关危险化学品环境污染事故和生态破坏事件，负责危险化学品事故现场的应急环境监测。

（六）住房城乡建设部： 依法对全国的建设工程安全生产实施监督管理（按照国务院规定职责分工的铁路、交通、水利、民航、电力、通信专业建设工程除外），依法查处建筑安全生产违法违规行；负责建筑施工、建筑安装、建筑装饰装修、勘察设计、建设监理等建筑业和房地产开发、物业管理、房屋征收拆迁等房地产业安全生产监督管理工作等。

（七）交通运输部： 负责水上交通安全监督管理；负责道路运输管理工作、负责公路、水路建设工程安全生产监督管理工作、指导危险货物道路运输、水路运输的许可以及运输工具的安全管理和从业人员资格认定等。

（八）**国家卫生计生委**：按照职责分工，负责职业卫生、放射卫生的监督管理工作；负责卫生计生系统安全管理工作；协调指导生产安全事故的医疗卫生救援工作，对重特大生产安全事故组织实施紧急医学救援等。

（九）**质检总局**：负责对全国特种设备安全实施监督管理，承担综合管理特种设备安全监察、监督工作的责任；管理锅炉、压力容器、压力管道、电梯、起重机械、客运索道、大型游乐设施、场（厂）内专用机动车辆等特种设备的安全监察、监督工作监督管理特种设备的生产（包括设计、制造、安装、改造、修理）、经营、使用、检验、检测和进出口。

（十）**安全监管总局**：承担国家安全生产综合监督管理责任，依法行使综合监督管理职权；承担工矿商贸行业安全生产监督管理责任；负责用人单位职业卫生监督检查工作，依法监督用人单位贯彻执行国家有关职业病防治法律法规和标准情况；组织查处职业病危害事故和违法违规行为；负责监督管理用人单位职业病危害项目申报工作；负责职业卫生检测、评价技术服务机构的监督管理工作；监督检查安全生产标准化建设、重大危险源监控和重大事故隐患排查治理工作，依法查处不具备安全生产条件的工矿商贸生产经营单位；负责安全生产应急管理的综合监管，组织指挥和协调安全生产应急救援工作；负责综合监督管理煤矿安全监察工作；指导监督职责范围内建设项目安全设施和职业卫生"三同时"工作；组织指导并监督特种作业人员（煤矿特种作业人员、特种设备作业人员除外）的操作资格考核工作和非煤矿山、危险化学品、烟花爆竹、金属冶炼等生产经营单位主要负责人、安全生产管理人员的安全生产知识和管理能力考核工作；监督检查工矿商贸生产经营单位安全生产培训和用人单位职业卫生培训工作等。

23. 安全问题"老大难"，"老大"真正重视就不难，为什么？

《安全生产法》第五条规定，生产经营单位的主要负责人对本单位的安全生产工作全面负责。第十八条规定，生产经营单位的主要负责人对本单位安全生产工作负有下列职责：

（一）建立、健全本单位安全生产责任制；

（二）组织制定本单位安全生产规章制度和操作规程；

（三）组织制定并实施本单位安全生产教育和培训计划；

（四）保证本单位安全生产投入的有效实施；

（五）督促、检查本单位的安全生产工作，及时消除生产安全事故隐患；

（六）组织制定并实施本单位的生产安全事故应急救援预案；

（七）及时、如实报告生产安全事故。

这是企业"老大"，也就是企业主要负责人的安全方面的法定职责。既然是法定职责，就需要主要负责人不折不扣地履行，否则就会承担法律责任。我国《刑法》第一百三十四条第一款规定，"在生产、作业中违反有关安全管理的规定，因而发生重大伤亡事故或者造成其他严重后果的，处三年以下有期徒刑或者拘役；情节特别恶劣的，处三年以上七年以下有期徒刑"。第一百三十五条第一款规定，"安全生产设施或者安全生产条件不符合国家规定，因而发生重大伤亡事故或者造成其他严重后果的，对直接负责的主管人员和其他直接责任人员，处三年以下有期徒刑或者拘役；情节特别恶劣的，处三年以上七年以下有期徒刑。"

上述刑法规定的即为重大责任事故罪和重大劳动安全事故罪。最高人民法院于2012年1月10日发布《关于进一步加强危害生产安全刑事案件审判工作的意见》，该意见指出，认定相关人员是否违反有关安全管理规定，应当根据相关法律、行政法规，参照地方性法规、规章及国家标准、行业标准，必要时可参考公认的惯例和生产经营单位制定的安全生产规章制度、操作规程。同时规定，一般情况下，对生产、作业负有组织、指挥或者管理职责的负责人、管理人员、实际控制人、投资人，违反有关安全生产管理规定，对重大生产安全事故的发生起决定性、关键性作用的，应当承担主要责任。

上述规定是主要负责人安全生产方面的法定职责，必须严格履行，否则将承担法律责任。无论是昆山"8·2"特大粉尘爆炸事故，还是吉林宝源丰特大火灾爆炸事故，以及诸多其他事故中，主要负责人都没有尽到《安全生产法》等法律法规规定的法定职责，往往表现在生产经营单位的安全生产责任制不健全、不落实，安全生产投入不够，安全生产教育培训不到位，督促检查安全工作不力，或未能及时消除生产安全事故隐患。这些行为及其造成的严重后果已经符合刑法中的重大责任事故罪或重大劳动安全事故罪的构成要件，依法被追究刑事责任也就不难理解。因此，主要负责人必须不折不扣地履行上述法定职责。

24. 安全生产投入的资金，有什么具体标准？

《安全生产法》规定，生产经营单位应当具备的安全生产条件所必须的资金投入，由生产经营单位的决策机构、主要负责人或者个人经营的投资人予以保证，并对由于安全生产所必须的资金投入不足导致的后果承担责任。有关生产经营单位应当按照规定提取和使用安全生产费用，专门用于改善安全生产条件。安全生产费用在成本中据实列支。安全生产费用提取、使用和监督管理的具体办法由国务院财政部门会同国务院安全生产监督管理部门征求国务院有关部门意见后制定。同时，生产经营单位应当安排用于配备劳动防护用品、进行安全生产培训的经费。

2012 年 2 月 14 日国家安全生产监督管理总局联合发布的财企[2012]16 号文件《企业安全生产费用提取和使用管理办法》对企业安全费用的提取标准和安全费用的使用做出规定。该办法第五条到第十三条分别对煤矿、非煤矿山、建设工程施工企业、危险品生产与储存企业、冶金企业、机械制造企业、烟花爆竹生产企业、武器装备研制生产与试验企业等做出了具体规定。

例如,该办法第七条规定,建设工程施工企业以建筑安装工程造价为计提依据。各建设工程类别安全费用提取标准如下:(一)矿山工程为 2.5%;(二)房屋建筑工程、水利水电工程、电力工程、铁路工程、城市轨道交通工程为 2.0%;(三)市政公用工程、冶炼工程、机电安装工程、化工石油工程、港口与航道工程、公路工程、通信工程为 1.5%。建设工程施工企业提取的安全费用列入工程造价,在竞标时,不得删减,列入标外管理。第八条规定,危险品生产与储存企业以上年度实际营业收入为计提依据,采取超额累退方式按照以下标准平均逐月提取:(一)营业收入不超过 1 000 万元的,按照 4% 提取;(二)营业收入超过 1 000 万元至 1 亿元的部分,按照 2% 提取;(三)营业收入超过 1 亿元至 10 亿元的部分,按照 0.5% 提取;(四)营业收入超过 10 亿元的部分,按照 0.2% 提取。

对于处罚,《安全生产法》规定,生产经营单位的决策机构、主要负责人或者个人经营的投资人不依照本法规定保证安全生产所必需的资金投入,致使生产经营单位不具备安全生产条件的,责令限期改正,提供必需的资金;逾期未改正的,责令生产经营单位停产停业整顿。有前款违法行为,导致发生生产安全事故的,对生产经营单位的主要负责人给予撤职处分,对个人经营的投资人处 2 万元以上 20 万元以下的罚款;构成犯罪的,依照刑法有关规定追究刑事责任。

25. 安全生产管理人员在安全生产工作中有哪些法定职责和要求?

《安全生产法》规定,矿山、金属冶炼、建筑施工、道路运输单位和危险物品的生产、经营、储存单位,应当设置安全生产管理机构或者配备专职安全生产管理人员。前款规定以外的其他生产经营单位,从业人员超过一百人的,应当设置安全生产管理机构或者配备专职安全生产管理人员;从业人员在一百人以下的,应当配备专职或者兼职的安全生产管理人员。

生产经营单位的安全生产管理机构以及安全生产管理人员履行下列职责:

(一)组织或者参与拟订本单位安全生产规章制度、操作规程和生产安全事故应急救援预案;

(二)组织或者参与本单位安全生产教育和培训,如实记录安全生产教育和培训情况;

（三）督促落实本单位重大危险源的安全管理措施；

（四）组织或者参与本单位应急救援演练；

（五）检查本单位的安全生产状况，及时排查生产安全事故隐患，提出改进安全生产管理的建议；

（六）制止和纠正违章指挥、强令冒险作业、违反操作规程的行为；

（七）督促落实本单位安全生产整改措施。

同时，对于安全生产管理机构的职责、要求、工作事项等，《安全生产法》还规定了：

（一）生产经营单位的安全生产管理机构以及安全生产管理人员应当恪尽职守，依法履行职责。生产经营单位作出涉及安全生产的经营决策，应当听取安全生产管理机构以及安全生产管理人员的意见。危险物品的生产、储存单位以及矿山、金属冶炼单位的安全生产管理人员的任免，应当告知主管的负有安全生产监督管理职责的部门。生产经营单位不得因安全生产管理人员依法履行职责而降低其工资、福利等待遇或者解除与其订立的劳动合同。

（二）生产经营单位的安全生产管理人员必须具备与本单位所从事的生产经营活动相应的安全生产知识和管理能力。危险物品的生产、经营、储存单位以及矿山、金属冶炼、建筑施工、道路运输单位的安全生产管理人员，应当由主管的负有安全生产监督管理职责的部门对其安全生产知识和管理能力考核合格。

（三）安全生产管理人员应当对安全生产状况进行经常性检查；对检查中发现的安全问题，应当立即处理；不能处理的，应当及时报告本单位有关负责人，有关负责人应当及时处理。检查及处理情况应当如实记录在案。生产经营单位的安全生产管理人员在检查中发现重大事故隐患，依照前款规定向本单位有关负责人报告，有关负责人不及时处理的，安全生产管理人员可以向主管的负有安全生产监督管理职责的部门报告，接到报告的部门应当依法及时处理。

26. 工会组织在安全生产管理工作中发挥什么作用？

维护职工合法权益是工会的基本职责。在安全生产方面，工会的主要职责是对安全生产工作进行监督。《安全生产法》第七条规定，生产经营单位的工会依法组织职工参加本单位安全生产工作的民主管理和民主监督，维护职工在安全生产方面的合法权益。生产经营单位制定或者修改有关安全生产的规章制度，应当听取工会的意见。

《安全生产法》规定第五十七条进一步规定，工会有权对建设项目的安全设施与主体工程同时设计、同时施工、同时投入生产和使用进行监督，提出意见。工会对生产经营单位违反安全生产法律、法规，侵犯从业人员合法权益的行为，有权要求纠正；发现生产经营单位违章指挥、强令冒险作业或者发现事故隐患时，有权提出解决的建议，生产经营单位应当及时研究答复；发现危及从业人员生命安全的情况时，有权向生产经营单位建议组织从业人员撤离危险场所，生产经营单位必须立即作出处理。工会有权依法参加事故调查，向有关部门提出处理意见，并要求追究有关人员的责任。

2007 年 4 月 9 日国务院发布的《生产安全事故报告和调查处理条例》（国务院令第 493 号）规定，事故发生单位应当认真吸取事故教训，落实防范和整改措施，防止事故再次发生。防范和整改措施的落实情况应当接受工会和职工的监督。

地方性法规也对工会在安全生产方面的作用进行了规定。例如，《上海市安全生产条例》第九条规定，各级工会依法组织从业人员参加本单位安全生产工作的民主管理，对本单位执行安全生产法律、法规等情况进行民主监督，依法参加事故调查，维护从业人员在安全生产方面的合法权益。第十六条规定，生产经营单位的安全生产委员会应当由工会代表参加。

27. 生产经营单位从业人员在安全生产方面的基本权利和义务是什么？

《安全生产法》规定，生产经营单位的从业人员有依法获得安全生产保障的权利，并应当依法履行安全生产方面的义务。这是对生产经营单位从业人员在安全生产方面权利与义务的原则规定。

从业人员既是安全生产保护的对象，又是实现安全生产的基本要素。为了实现安全生产，防止和减少生产安全事故，必须保障从业人员依法享有获得安全保护的权利，同时，生产经营单位的从业人员也必须履行安全生产方面的义务。

《安全生产法》第四十九至五十三条规定，生产经营单位从业人员在安全生产方面的权利主要包括：

（一）生产经营单位与从业人员订立的劳动合同，应当载明有关保障从业人员劳动安全、防止职业危害的事项，以及依法为从业人员办理工伤保险的事项。

（二）从业人员有权了解其作业场所和工作岗位存在的危险因素、防范措施及事故应急措施，有权对本单位的安全生产工作提出建议。

（三）从业人员有对安全生产工作中存在的问题提出批评、检举和控告的权利，有权拒绝违章指挥和强令冒险作业。

（四）从业人员发现直接危及人身安全的紧急情况时，有进行紧急避险的权利，即可以停止作业或者在采取可能的应急措施后撤离作业场所。

（五）从业人员在因生产安全事故而受到损害时，除依法享有工伤社会保险外,还有依照民事法律的相关规定,向本单位提出赔偿要求的权利。

《安全生产法》第五十四条至五十六条生产经营单位从业人员在安全生产方面的义务主要包括:

(一)遵守国家有关安全生产的法律、法规和规章。有关安全生产的法律、法规和规章是安全生产的基本要求和保证,每一个从业人员都有义务认真遵守。

(二)从业人员在作业过程中,应当严格遵守本单位的安全生产规章制度和操作规程,服从管理,正确佩戴和使用劳动防护用品。

(三)从业人员应当自觉地接受生产经营单位有关安全生产的教育和培训,掌握所从事工作应当具备的安全知识,提高安全生产技能,增强事故预防和应急处理能力。

(四)从业人员在作业过程中发现事故隐患或者其他不安全因素的,应当立即向现场安全生产管理人员或者本单位的负责人报告。

28. 生产经营单位对从业人员的安全生产教育和培训有哪些规定?

生产经营单位应当对从业人员进行安全生产教育和培训,保证从业人员具备必要的安全生产知识,熟悉有关的安全生产规章制度和安全操作规程,掌握本岗位的安全操作技能,了解事故应急处理措施,知悉自身在安全生产方面的权利和义务。未经安全生产教育和培训合格的从业人员,不得上岗作业。生产经营单位应当建立安全生产教育和培训档案,如实记录安全生产教育和培训的时间、内容、参加人员以及考核结果等情况。

《安全生产法》在修订时,特别增加了对劳动派遣人员和实习人员的安全培训规定,指出生产经营单位使用被派遣劳动者的,应当将被派遣劳动者纳入本单位从业人员统一管理,对被派遣劳动者进行岗位安全操作规程和安全操作技能的教育和培训。劳务派遣单位应当对被派遣劳动者进行必要的安全生产教育和培训。生产经营单位接收中等职业学校、高等学校学生实习的,应当对实习学生进行相应的安全生产教育和培训,提供必要的劳动防护用品。学校应当协助生产经营单位对实习学生进行安全生产教育和培训。

《安全生产法》规定,生产经营单位采用新工艺、新技术、新材料或者使用新设备,必须了解、掌握其安全技术特性,采取有效的安全防护措施,并对从业人员进行专门的安全生产教育和培训。

国家安全生产监督管理总局发布的《生产经营单位安全培训规定》,对主要负责人、安全生产管理人员、特种作业人员和其他从业人员的安全培训的种类、内容、时间做出了规定。

《生产经营单位安全培训规定》还对培训的学时做出了具体的规定。例如,生产经营单位主要负责人和安全生产管理人员初次安全培训时间不得少于 32 学时。每年再培训时间不得少于 12 学时。煤矿、非煤矿山、危险化学品、烟花爆竹等生产经营单位主要负责人和安全生产管理人员安全资格培训时间不得少于 48 学时；每年再培训时间不得少于 16 学时。生产经营单位新上岗的从业人员，岗前培训时间不得少于 24 学时。煤矿、非煤矿山、危险化学品、烟花爆竹等生产经营单位新上岗的从业人员安全培训时间不得少于 72 学时，每年接受再培训的时间不得少于 20 学时。

29. 生产经营单位隐患排查制度有哪些规定？

《安全生产法》规定，生产经营单位应当建立健全生产安全事故隐患排查治理制度，采取技术、管理措施，及时发现并消除事故隐患。事故隐患排查治理情况应当如实记录，并向从业人员通报。县级以上地方各级人民政府负有安全生产监督管理职责的部门应当建立健全重大事故隐患治理督办制度，督促生产经营单位消除重大事故隐患。

2007 年 12 月 28 日国家安全生产监督管理总局发布的《安全生产事故隐患排查治理暂行规定》规定，事故隐患分为一般事故隐患和重大事故隐患。一般事故隐患，是指危害和整改难度较小，发现后能够立即整改排除的隐患。重大事故隐患，是指危害和整改难度较大，应当全部或者局部停产停业，并经过一定时间整改治理方能排除的隐患，或者因外部因素影响致使生产经营单位自身难以排除的隐患。并对生产经营单位在安全生产事故隐患排查工作中的职责做出明确规定。

对于重大事故隐患，生产经营单位除依照前款规定报送外，应当及时向安全监管监察部门和有关部门报告。重大事故隐患报告内容应当包括：（一）隐患的现状及其产生原因；（二）隐患的危害程度和整改难易程度分析；（三）隐患的治理方案。

对于重大事故隐患，由生产经营单位主要负责人组织制定并实施事故隐患治理方案。重大事故隐患治理方案应当包括以下内容：（一）治理的目标和任务；（二）采取的方法和措施；（三）经费和物资的落实；（四）负责治理的机构和人员；（五）治理的时限和要求；（六）安全措施和应急预案。

生产经营单位未进行评估、监控，未建立事故隐患排查治理制度的，责令限期改正，可以处以罚款；逾期未改正的，责令停产停业整顿，并处以罚款；构成犯罪的，依照刑法有关规定追究刑事责任。第九十九条规定，生产经营单位未采取措施消除事故隐患的，责令立即消除或者限期消除；生产经营单位拒不执行的，责令停产停业整顿，并处以罚款。

30. 进行安全生产监管时,应重点关注什么?

《安全生产法》第五十九条规定,县级以上地方各级人民政府应当根据本行政区域内的安全生产状况,组织有关部门按照职责分工,对本行政区域内容易发生重大生产安全事故的生产经营单位进行严格检查。安全生产监督管理部门应当按照分类分级监督管理的要求,制定安全生产年度监督检查计划,并按照年度监督检查计划进行监督检查,发现事故隐患,应当及时处理。

《安全生产法》第六十二条规定,安全生产监督管理部门和其他负有安全生产监督管理职责的部门依法开展安全生产行政执法工作,对生产经营单位执行有关安全生产的法律、法规和国家标准或者行业标准的情况进行监督检查,行使以下职权:

(一)进入生产经营单位进行检查,调阅有关资料,向有关单位和人员了解情况;

(二)对检查中发现的安全生产违法行为,当场予以纠正或者要求限期改正;对依法应当给予行政处罚的行为,依照本法和其他有关法律、行政法规的规定作出行政处罚决定;

(三)对检查中发现的事故隐患,应当责令立即排除;重大事故隐患排除前或者排除过程中无法保证安全的,应当责令从危险区域内撤出作业人员,责令暂时停产停业或者停止使用相关设施、设备;重大事故隐患排除后,经审查同意,方可恢复生产经营和使用;

(四)对有根据认为不符合保障安全生产的国家标准或者行业标准的设施、设备、器材以及违法生产、储存、使用、经营、运输的危险物品予以查封或者扣押,对违法生产、储存、使用、经营危险物品的作业场所予以查封,并依法作出处理决定。

《安全生产法》第六十五条规定,安全生产监督检查人员应当将检查的时间、地点、内容、发现的问题及其处理情况,作出书面记录,并由检查人员和被检查单位的负责人签字;被检查单位的负责人拒绝签字的,检查人员应当将情况记录在案,并向负有安全生产监督管理职责的部门报告。

《安全生产法》第六十七条规定,负有安全生产监督管理职责的部门依法对存在重大事故隐患的生产经营单位作出停产停业、停止施工、停止使用相关设施或者设备的决定,生产经营单位应当依法执行,及时消除事故隐患。生产经营单位拒不执行,有发生生产安全事故的现实危险的,在保证安全的前提下,经本部门主要负责人批准,负有安全生产监督管理职责的部门可以采取通知有关单位停止供电、停止供应民用爆炸物品等措施,强制生产经营单位履行决定。通知应当采用书面形式,有关单位应当予以配合。负有安全生产监督管理职责的部门依照前款规定采取停止供电措施,除有危及生产安全的紧急情形外,应当提前二十四小时通知生产经营单位。生产经营单位依法履行行政决定、采取相应措施消除事故隐患的,负有安全生产监督管理职责的部门应当及时解除前款规定的措施。

31. "前仆后继"盲目施救导致伤亡扩大的悲剧如何防止接二连三发生?

据国家安监总局的数据,2010 至 2013 年,全国工贸行业共发生有限空间(又称密闭空间)作业较大以上事故 67 起、死亡 269 人,分别占工贸行业较大以上事故的 41.1%和 39.9%。2014 年全国工贸企业发生有限空间作业较大事故 12 起、死亡 41 人,分别占工贸行业较大事故总量的 50.0%和 51.8%。2015 年以来又发生有限空间作业较大事故 5 起、死亡 18 人,分别占工贸行业较大事故的 45.5%和 43.9%,工贸企业有限空间作业事故依然多发。经分析,事故主要暴露出 5 个方面问题:

(一) 对有限空间的辨识存在误区。2015 年 3 月 18 日,海南省儋州市某橡胶公司在清洗无盖废水池时发生中毒事故、死亡 3 人,该公司认为这种敞开式的池子不属于有限空间,更不会导致人员中毒。

(二) 涉及硫化氢的有限空间作业风险辨识不到位。2014 年至今,近一半的有限空间作业较大事故都是硫化氢中毒引起的,因搅动造成沉淀物中的硫化氢气体逸出,从而导致中毒事故发生。

(三) 食品加工等行业企业对有限空间作业安全不重视,作业人员安全意识淡薄,腌渍池、污水处理池等各类池、井、地沟、下水道等有限空间事故多发。2014 年 9 月 4 日,陕西省西安市长安区某腌菜厂在腌制池打捞腌制蔬菜过程中发生中毒事故、死亡 4 人。

(四) 作业制度不健全或执行不到位。2015 年 1 月 14 日,云南某糖业公司清洗糖浆箱时发生中毒事故、死亡 4 人,该公司虽然制定了有限空间作业管理制度,但形同虚设,未按要求进行作业审批。

(五) 盲目施救导致人员伤亡扩大问题突出。2015 年有限空间作业发生的 5 起较大事故,因盲目施救导致只有 8 人遇险但死亡人数却扩大到 18 人。5 月 31 日,河南省周口市某皮革制品有限公司在清理淤泥作业过程中 1 人中毒,之后有 12 人相继参与施救,因施救不当导致 4 人死亡、2 人重伤。

为遏制有限空间作业事故的频发,国家安监总局陆续发布了相关规章和通知,要求各级安全监管部门加强监管,例如:

《工贸企业有限空间作业安全管理与监督暂行规定》,安监总局令第 59 号,2013 年 5 月 20 日,自 2013 年 7 月 1 日起施行。

《国家安全监管总局办公厅关于开展工贸企业有限空间作业条件确认工作的通知》,安监总厅管四〔2014〕37 号,2014 年 4 月 11 日。

《国家安全监管总局办公厅关于吸取事故教训加强工贸企业有限空间作业安全监管的通知》,安监总厅管四〔2015〕56 号,2015 年 6 月 10 日。

《有限空间安全作业五条规定》,安监总局令第 69 号,2014 年 9 月 29 日发布并施行,具体内容如下:

（一）必须严格实行作业审批制度,严禁擅自进入有限空间作业。

（二）必须做到"先通风、再检测、后作业",严禁通风、检测不合格作业。

（三）必须配备个人防中毒窒息等防护装备,设置安全警示标识,严禁无防护监护措施作业。

（四）必须对作业人员进行安全培训,严禁教育培训不合格上岗作业。

（五）必须制定应急措施,现场配备应急装备,严禁盲目施救。

32. 关于劳动密集型加工企业安全生产有什么规定?

2015 年 2 月 15 日,国家安监总局发布了《劳动密集型加工企业安全生产八条规定》,规定了:

（一）必须证照齐全,确保厂房符合安全标准和设计规范,严禁违法使用易燃、有毒有害材料。

（二）必须确保生产工艺布局按规范设计,严禁安全通道、安全间距违反标准和设计要求。

（三）必须按标准选用、安装电气设备设施,规范敷设电气线路,严禁私搭乱接、超负荷运行。

（四）必须辨识危险有害因素,规范液氨、燃气、有机溶剂等危险物品使用和管理,严禁泄漏及冒险作业。

（五）必须严格执行动火、临时用电、检维修等危险作业审批监控制度,严禁违章指挥、违规作业。

（六）必须严格落实从业人员安全教育培训,严禁从业人员未经培训合格上岗和需持证人员无证上岗。

（七）必须按规定设置安全警示标识和检测报警等装置,严禁作业场所粉尘、有毒物质等浓度超标。

（八）必须配备必要的应急救援设备设施,严禁堵塞、锁闭和占用疏散通道及事故发生后延误报警。

33. 企业安全生产风险告知有什么规定?

2014 年 12 月 10 日国家安监总局发布了《企业安全生产风险公告六条规定》,规定了:

(一)必须在企业醒目位置设置公告栏,在存在安全生产风险的岗位设置告知卡,分别标明本企业、本岗位主要危险危害因素、后果、事故预防及应急措施、报告电话等内容。

(二)必须在重大危险源、存在严重职业病危害的场所设置明显标志,标明风险内容、危险程度、安全距离、防控办法、应急措施等内容。

(三)必须在有重大事故隐患和较大危险的场所和设施设备上设置明显标志,标明治理责任、期限及应急措施。

(四)必须在工作岗位标明安全操作要点。

(五)必须及时向员工公开安全生产行政处罚决定、执行情况和整改结果。

(六)必须及时更新安全生产风险公告内容,建立档案。

34. 严防企业粉尘爆炸有什么规定?

2014 年 8 月 15 日,国家安监总局发布了《严防企业粉尘爆炸五条规定》,规定了:

(一)必须确保作业场所符合标准规范要求,严禁设置在违规多层房、安全间距不达标厂房和居民区内。

(二)必须按标准规范设计、安装、使用和维护通风除尘系统,每班按规定检测和规范清理粉尘,在除尘系统停运期间和粉尘超标时严禁作业,并停产撤人。

(三)必须按规范使用防爆电气设备,落实防雷、防静电等措施,保证设备设施接地,严禁业场所存在各类明火和违规使用作业工具。

(四)必须配备铝镁等金属粉尘生产、收集、贮存的防水防潮设施,严禁粉尘遇湿自燃。

(五)必须严格执行安全操作规程和劳动防护制。

35. 化工(危险化学品)企业保证生产安全有什么规定?

2013 年 9 月 18 日,国家安监总局发布了《化工(危险化学品)企业保障生产安全十条规定》,规定:

(一)必须依法设立、证照齐全有效。

(二)必须建立健全并严格落实全员安全生产责任制,严格执行领导带班值班制度。

（三）必须确保从业人员符合录用条件并培训合格，依法持证上岗。

（四）必须严格管控重大危险源，严格变更管理，遇险科学施救。

（五）必须按照《危险化学品企业事故隐患排查治理实施导则》要求排查治理隐患。

（六）严禁设备设施带病运行和未经审批停用报警联锁系统。

（七）严禁可燃和有毒气体泄漏等报警系统处于非正常状态。

（八）严禁未经审批进行动火、进入受限空间、高处、吊装、临时用电、动土、检维修、盲板抽堵等作业。

（九）严禁违章指挥和强令他人冒险作业。

（十）严禁违章作业、脱岗和在岗做与工作无关的事。

第五章　危险化学品安全

案例九　天津港"8·12"瑞海公司危险品仓库特别重大火灾爆炸事故[①]

2015年8月12日晚11时30分,天津滨海新区瑞海公司所属危险品仓库发生爆炸。截至9月11日15时,遇难者人数升至165人,其中公安消防人员24人,天津港消防人员75人,民警11人,其他人员55人。失联人员8人,其中天津港消防人员5人,其他人员3人。事故救援指挥部宣布,经多方查证,可以确认已无生存可能。公安部部长宣布这是新中国成立以来消防官兵一次性牺牲最多的特大事故。

关于本次事故发生的原因,政府有关部门仍在调查中,对事故的追责已经启动。根据检察机关公布的信息,包括瑞海公司董事长、总经理、副总经理等在内的11名瑞海公司人员已经以涉嫌重大责任事故罪、非法储存危险物质罪被采取强制措施,一名评价机构的评价师以涉嫌提供虚假证明文件罪被采取强制措施,包括天津交通委主任、天津港集团公司总裁等在内的11人以涉嫌玩忽职守罪或滥用职权罪被采取强制措施。检察机关经调查后发现:

天津市交通运输委员会作为天津港危险化学品经营管理行业主管部门,对危险化学品经营业务负有审批、监管等职责,有关责任人员未认真履行职责,违规发放经营许可证,对瑞海公司违法违规经营活动监管不力。

天津市安全生产监督管理局和滨海新区安全生产监督管理局,作为安全生产的监督管理部门,对辖区内企业特别是危化品经营企业的安全生产负有监管职责,有关责任人员监管不力,对瑞海公司存在的安全隐患和违法违规经营问题未及时检查发现和依法查处。

[①]《天津爆炸事故追责11名官员被抓》,来源:网易新闻网,网址:http://news.163.com/15/0828/16/B24BFTJL00014AED.html

　　滨海新区规划和国土资源管理局作为辖区各类建设项目的规划管理部门,对辖区内企业经营危险化学品仓储业务规划负有审批职责,有关责任人员明知瑞海公司经营危险化学品仓储地点违反安全距离规定,未严格审查把关,违规批准该公司危险化学品仓储业务规划。

　　天津新港海关有关责任人员在危化品进出口监管活动中对工作严重不负责任,对瑞海公司日常监管工作失察,对其违法从事危化品经营活动未及时发现并查处;给不具备资质的瑞海公司开辟绿色进出关通道,放纵瑞海公司从事违法经营活动。

　　天津港(集团)公司作为港区企业管理单位,对辖区内经营企业负有安全生产监管等职责,有关责任人员疏于管理,对瑞海公司存在的安全隐患和违法违规经营问题未有效督促纠正和处置。

案例十　青岛"11·22"中石化输油管道泄漏爆炸特别重大事故①

　　2013年11月22日10时25分,位于山东省青岛经济技术开发区的中国石油化工股份有限公司管道储运分公司东黄输油管道泄漏原油进入市政排水暗渠,在形成密闭空间的暗渠内油气积聚遇火花发生爆炸,造成62人死亡、136人受伤,直接经济损失75 172万元。

　　当天2时12分,输油发现东黄输油管道黄岛油库出站压力下降,两次电话确认黄岛油库无操作因素后,判断管道泄漏,随后关闭相关阀门,并安排人员赴现场抢修。4时左右,青岛站组织开挖泄漏点、抢修管道,安排人员拉运物资清理海上溢油。7时左右,组织泄漏现场抢修,使用挖掘机实施开挖作业;10时25分,现场作业时发生爆炸,排水暗渠和海上泄漏原油燃烧。

　　爆炸造成秦皇岛路桥涵以北至入海口、以南沿斋堂岛街至刘公岛路排水暗渠的预制混凝土盖板大部分被炸开,与刘公岛路排水暗渠西南端相连接的长兴岛街、唐岛路、舟山岛街排水暗渠的现浇混凝土盖板拱起、开裂和局部炸开,全长波及5 000余米。爆炸产生的冲击波及飞溅物造成现场抢修人员、过往行人、周边单位和社区人员,以及青岛丽东化工有限公司厂区

① 《山东省青岛市"11·22"中石化东黄输油管道泄漏爆炸特别重大事故调查报告》,来源:国家安全生产监管总局网站,2014年1月11日,网址:http://www.chinasafety.gov.cn/newpage/Contents/Channel_21356/2014/1230/244871/content_244871.htm

内排水暗渠上方临时工棚及附近作业人员，共 62 人死亡、136 人受伤。爆炸还造成周边多处建筑物不同程度损坏，多台车辆及设备损毁，供水、供电、供暖、供气多条管线受损。泄漏原油通过排水暗渠进入附近海域，造成胶州湾局部污染。

现场指挥部组织 2 000 余名武警及消防官兵、专业救援人员，调集 100 余台（套）大型设备和生命探测仪及搜救犬，紧急开展人员搜救等工作。截至 12 月 2 日，62 名遇难人员身份全部确认并向社会公布。遇难者善后工作基本结束。136 名受伤人员得到妥善救治。

国务院发布的事故调查报告，认定事故发生的直接原因：

输油管道与排水暗渠交汇处管道腐蚀减薄、管道破裂、原油泄漏，流入排水暗渠及反冲到路面。原油泄漏后，现场处置人员采用液压破碎锤在暗渠盖板上打孔破碎，产生撞击火花，引发暗渠内油气爆炸。

国务院发布的事故调查报告，认定事故发生的间接原因：

（一）中石化集团公司及下属企业安全生产主体责任不落实，隐患排查治理不彻底，现场应急处置措施不当。

（二）青岛市人民政府及开发区管委会贯彻落实国家安全生产法律法规不力。

（三）管道保护工作主管部门履行职责不力，安全隐患排查治理不深入。

（四）开发区规划、市政部门履行职责不到位，事故发生地段规划建设混乱。

（五）青岛市及开发区管委会相关部门对事故风险研判失误，导致应急响应不力。

司法机关已经对 15 人采取刑事措施追究刑事责任，调查报告建议对包括中石化董事长、总经理等在内的 47 人进行党纪、政纪处分。

36. 危险物品、危险品、危险化学品、危险货物这些称呼有哪些区别？

日常工作和生活中，我们经常碰到危险物品、危险品、危险化学品、危险货物等不同的词汇和称呼，从以下法律规中，我们可以看出这些称呼区别和使用场合有所不同。

《安全生产法》这一安全生产领域的基本法律，在第七章附则中第一百一十二条规定，"**危险物品，是指易燃易爆物品、危险化学品、放射性物品等能够危及人身安全和财产安全的物品**"。

《危险化学品安全管理条例》第三条规定,"本条例所称**危险化学品**,是指具有毒害、腐蚀、爆炸、燃烧、助燃等性质,对人体、设施、环境具有危害的剧毒化学品和其他化学品。危险化学品目录,由国务院安全生产监督管理部门会同国务院工业和信息化、公安、环境保护、卫生、质量监督检验检疫、交通运输、铁路、民用航空、农业主管部门,根据化学品危险特性的鉴别和分类标准确定、公布,并适时调整。"《危险化学品目录(2015版)》已经于2015年5月1日起施行,共包含2 828种化学品,其中序号2 828是类属条目。为有效实施该目录,2015年8月,由国家安全监管总局发布了《危险化学品目录(2015版)实施指南(试行)》

交通运输部发布的《道路危险货物运输管理规定》第三条指出,"本规定所称**危险货物**,是指具有爆炸、易燃、毒害、感染、腐蚀等危险特性,在生产、经营、运输、储存、使用和处置中,容易造成人身伤亡、财产损毁或者环境污染而需要特别防护的物质和物品。危险货物以列入国家标准《危险货物品名表》(GB12268)的为准,未列入《危险货物品名表》的,以有关法律、行政法规的规定或者国务院有关部门公布的结果为准。"

交通运输部发布的《港口危险货物安全管理规定》第三条指出,"本规定所称'**危险货物**',是指列入国际海事组织制定的《国际海运危险货物规则》和国家标准《危险货物品名表》(GB12268),具有爆炸、易燃、毒害、感染、腐蚀、放射性等特性,容易造成人身伤亡、财产毁损或者对环境造成危害而需要特别防护的货物。

中国民航局发布的《中国民用航空危险品运输管理规定》第四条规定,"'**危险品**'是指列在《技术细则》危险品清单中或者根据该细则归类的能对健康、安全、财产或者环境构成危险的物品或者物质。"中国民用航空局按照《中华人民共和国民用航空法》的要求,依据国际民航组织的相关文件,于2015年3月2日发布了《航空运输危险品目录(2015版)》,自2015年4月1日起施行。

上海市人民政府发布的《上海市轨道交通运营安全管理办法》第十五条规定,"禁止乘客携带易燃、易爆、有毒、有放射性、有腐蚀性以及其他有可能危及人身和财产安全的危险物品进站、乘车。具体**危险物品**目录和样式,由运营单位按照规定,在车站内通过张贴、陈列等方式予以公告。"根据上海市公安局轨交总队联合市交通委发布的通告,禁止携带的**危险物品**目录包括易燃物品类、爆炸物品类、有毒有害、放射、腐蚀性物品、枪支、管制刀具等。《北京市轨道交通禁止携带物品目录》也列明了相应的物品目录。

37. 危险化学品的安全监管分工是怎样的?

根据《危险化学品安全管理条例》,负责危险化学品日常安全监管的部门有八大部门,包括安全生产监督管理部门、公安机关、质量监督检验检疫部门、环境保护主管部门、交通运输主管部门、卫生主管部门、工商行政管理部门、邮政管理部门。其分工如下:

(一)安全生产监督管理部门负责危险化学品安全监督管理综合工作,组织确定、公布、调整危险化学品目录,对新建、改建、扩建生产、储存危险化学品(包括使用长输管道输送危险化学品,下同)的建设项目进行安全条件审查,核发危险化学品安全生产许可证、危险化学品安全使用许可证和危险化学品经营许可证,并负责危险化学品登记工作。

(二)公安机关负责危险化学品的公共安全管理,核发剧毒化学品购买许可证、剧毒化学品道路运输通行证,并负责危险化学品运输车辆的道路交通安全管理。

(三)质量监督检验检疫部门负责核发危险化学品及其包装物、容器(不包括储存危险化学品的固定式大型储罐,下同)生产企业的工业产品生产许可证,并依法对其产品质量实施监督,负责对进出口危险化学品及其包装实施检验。

(四)环境保护主管部门负责废弃危险化学品处置的监督管理,组织危险化学品的环境危害性鉴定和环境风险程度评估,确定实施重点环境管理的危险化学品,负责危险化学品环境管理登记和新化学物质环境管理登记;依照职责分工调查相关危险化学品环境污染事故和生态破坏事件,负责危险化学品事故现场的应急环境监测。

(五)交通运输主管部门负责危险化学品道路运输、水路运输的许可以及运输工具的安全管理,对危险化学品水路运输安全实施监督,负责危险化学品道路运输企业、水路运输企业驾驶人员、船员、装卸管理人员、押运人员、申报人员、集装箱装箱现场检查员的资格认定。铁路监管部门负责危险化学品铁路运输及其运输工具的安全管理。民用航空主管部门负责危险化学品航空运输以及航空运输企业及其运输工具的安全管理。

(六)卫生主管部门负责危险化学品毒性鉴定的管理,负责组织、协调危险化学品事故受伤人员的医疗卫生救援工作。

(七)工商行政管理部门依据有关部门的许可证件,核发危险化学品生产、储存、经营、运输企业营业执照,查处危险化学品经营企业违法采购危险化学品的行为。

(八)邮政管理部门负责依法查处寄递危险化学品的行为。

在依法进行监督检查,监督检查人员不得少于 2 人,并应当出示执法证件,可以采取的监督检查措施如下:(一)进入危险化学品作业场所实施现场检查,向有关单位和人员了解情况,查阅、复制有关文件、资料;(二)发现危险化学品事故隐患,责令立即消除或者限期消除;(三)对不符合法律、行政法规、规章规定或者国家标准、行业标准要求的设施、设备、装置、器材、运输工具,责令立即停止使用;(四)经本部门主要负责人批准,查封违法生产、储存、使用、经营危险化学品的场所,扣押违法生产、储存、使用、经营、运输的危险化学品以及用于违法生产、使用、运输危险化学品的原材料、设备、运输工具;(五)发现影响危险化学品安全的违法行为,当场予以纠正或者责令限期改正。

以上负有危险化学品安全监督管理职责的部门需各司其职,同时相互配合、密切协作,依法加强对危险化学品的安全监督管理。如相关部门的工作人员,在危险化学品安全监督管理工作中滥用职权、玩忽职守、徇私舞弊,构成犯罪的,将被依法追究刑事责任;即使不构成犯罪,也会受到相应处分。

38. 对危险化学品生产许可及建设项目有哪些监管规定?

《危险化学品安全管理条例》明确,企业进行危险化学品生产前,应当依照《安全生产许可证条例》的规定,取得危险化学品安全生产许可证。企业生产列入国家实行生产许可证制度的工业产品目录的危险化学品的,应当依照《中华人民共和国工业产品生产许可证管理条例》的规定,取得工业产品生产许可证。负责颁发危险化学品安全生产许可证、工业产品生产许可证的部门,应当将其颁发许可证的情况及时向同级工业和信息化主管部门、环境保护主管部门和公安机关通报。《危险化学品安全管理条例》还规定,生产、储存危险化学品的单位转产、停产、停业或者解散的,应当采取有效措施,及时、妥善处置其危险化学品生产装置、储存设施以及库存的危险化学品,不得丢弃危险化学品;处置方案应当报所在地县级人民政府安全生产监督管理部门、工业和信息化主管部门、环境保护主管部门和公安机关备案。安全生产监督管理部门应当会同环境保护主管部门和公安机关对处置情况进行监督检查,发现未依照规定处置的,应当责令其立即处置。

对于生产危险化学品的建设项目,如新建、改建、扩建生产、储存危险化学品的建设项目,以及伴有危险化学品产生的化工建设项目(包括危险化学品长输管道建设项目),安全生产监督管理部门应当进行建设项目安全审查,包括建设项目安全条件审查、安全设施的设计审查和竣工验收。具体办法参见国家安全监管总局发布的《危险化学品建设项目安全监督管理办法》《危险化学品建设项目安全设施目录(试行)》和《危险化学品建设项目安全设施设计专篇编制导则(试行)》。

如果是涉及新建、改建、扩建储存、装卸危险化学品的港口建设项目,则由港口行政管理部门按照国务院交通运输主管部门的规定进行安全条件审查。

39. 危险化学品日常生产、存储有什么特别要求？

对生产、储存危险化学品的单位，《危险化学品安全管理条例》在安全距离、储存场所管理、标志等作出了规定：

一、危险化学品生产装置或者储存数量构成重大危险源的危险化学品储存设施（运输工具加油站、加气站除外），与下列场所、设施、区域的距离应当符合国家有关规定：

（一）居住区以及商业中心、公园等人员密集场所；

（二）学校、医院、影剧院、体育场（馆）等公共设施；

（三）饮用水源、水厂以及水源保护区；

（四）车站、码头（依法经许可从事危险化学品装卸作业的除外）、机场以及通信干线、通信枢纽、铁路线路、道路交通干线、水路交通干线、地铁风亭以及地铁站出入口；

（五）基本农田保护区、基本草原、畜禽遗传资源保护区、畜禽规模化养殖场（养殖小区）、渔业水域以及种子、种畜禽、水产苗种生产基地；

（六）河流、湖泊、风景名胜区、自然保护区；

（七）军事禁区、军事管理区；

（八）法律、行政法规规定的其他场所、设施、区域。

对已建的危险化学品生产装置或者储存数量构成重大危险源的危险化学品储存设施不符合规定的，该生产装置或者储存设施所在地设区的市级人民政府安全生产监督管理部门将会同有关部门监督其所属单位在规定期限内进行整改；需要转产、停产、搬迁、关闭的，由本级人民政府决定并组织实施。

二、危险化学品应当储存在专用仓库、专用场地或者专用储存室（以下统称专用仓库）内，并由专人负责管理；剧毒化学品以及储存数量构成重大危险源的其他危险化学品，应当在专用仓库内单独存放，并实行双人收发、双人保管制度。危险化学品的储存方式、方法以及储存数量应当符合国家标准或者国家有关规定。

三、储存危险化学品的单位应当建立危险化学品出入库核查、登记制度。

四、危险化学品专用仓库应当符合国家标准、行业标准的要求，并设置明显的标志。储存剧毒化学品、易制爆危险化学品的专用仓库，应当按照国家有关规定设置相应的技术防范设施。储存危险化学品的单位应当对其危险化学品专用仓库的安全设施、设备定期进行检测、检验。

危险化学品生产装置或者储存单位有铺设危险化学品管道的，应当设置明显标志，并对危险化学品管道定期检查、检测。

40. 危险化学品经营监管有哪些要点？

国家对危险化学品经营（包括仓储经营，下同）实行许可制度。未经许可，任何单位和个人不得经营危险化学品。

一、经营条件

《危险化学品安全管理条例》明确了从事危险化学品经营的企业应当具备的条件：

（一）有符合国家标准、行业标准的经营场所，储存危险化学品的，还应当有符合国家标准、行业标准的储存设施；

（二）从业人员经过专业技术培训并经考核合格；

（三）有健全的安全管理规章制度；

（四）有专职安全管理人员；

（五）有符合国家规定的危险化学品事故应急预案和必要的应急救援器材、设备；

（六）法律、法规规定的其他条件。

该条例第三十五条对从事剧毒化学品、易制爆危险化学品的经营提出了特别的规定，从事这两类危险化学品经营的应当向所在地设区的市级人民政府安全生产监督管理部门提出申请。

二、违法经营的情况

危险化学品经营企业不得向未经许可从事危险化学品生产、经营活动的企业采购危险化学品，不得经营没有化学品安全技术说明书或者化学品安全标签的危险化学品。危险化学品经营企业向未经许可违法从事危险化学品生产、经营活动的企业采购危险化学品的，由工商行政管理部门责令改正，处 10 万元以上 20 万元以下的罚款；拒不改正的，责令停业整顿直至由原发证机关吊销其危险化学品经营许可证，并由工商行政管理部门责令其办理经营范围变更登记或者吊销其营业执照。

伪造、变造或者出租、出借、转让经营许可证，或者使用伪造、变造的经营许可证的，《危险化学品经营许可证管理办法》规定，可处 10 万元以上 20 万元以下的罚款，有违法所得的，没收违法所得；构成违反治安管理行为的，依法给予治安管理处罚；构成犯罪的，依法追究刑事责任。

41. 危险化学品使用监管的要点？

国家安全生产监督管理总局于 2012 年 11 月 16 日发布《危险化学品安全使用许可证实施办法》，对危险化学品安全使用许可证提出了具体的规定。2013

年 2 月 21 日发布《危险化学品安全使用许可适用行业目录(2013 年版)》,规定化学原料和化学制品制造业、医药制造业和化学纤维制造业 3 个大类、25 个小类当使用量达到一定数量的时候需要申请危险化学品安全使用许可证。具体使用量参见国家安全监管总局、公安部和农业部联合发布的《危险化学品使用量的数量标准(2013 年版)》。

《危险化学品安全管理条例》规定,使用危险化学品从事生产并且使用量达到规定数量的化工企业(属于危险化学品生产企业的除外,下同),应当取得危险化学品安全使用许可证。申请危险化学品安全使用许可证的化工企业,除保证其使用条件(包括工艺)符合法律、行政法规的规定和国家标准、行业标准的要求,并根据所使用的危险化学品的种类、危险特性以及使用量和使用方式,建立、健全使用危险化学品的安全管理规章制度和安全操作规程,保证危险化学品的安全使用外,还应当具备下列条件:

(一)有与所使用的危险化学品相适应的专业技术人员;

(二)有安全管理机构和专职安全管理人员;

(三)有符合国家规定的危险化学品事故应急预案和必要的应急救援器材、设备;

(四)依法进行了安全评价。

对化工企业未取得危险化学品安全使用许可证,使用危险化学品从事生产的,由安全生产监督管理部门责令限期改正,处 10 万元以上 20 万元以下的罚款;逾期不改正的,责令停产整顿。

42. 危险化学品运输监管有哪些规定?

一、许可登记手续

依据《危险化学品安全管理条例》规定,从事危险化学品道路运输、水路运输的,应当分别依照有关道路运输、水路运输的法律、行政法规的规定,取得危险货物道路运输许可、危险货物水路运输许可,并向工商行政管理部门办理登记手续。

二、管理人员、从业人员资格要求

危险化学品道路运输企业、水路运输企业应当配备专职安全管理人员。危险化学品道路运输企业、水路运输企业的驾驶人员、船员、装卸管理人员、押运人员、申报人员、集装箱装箱现场检查员应当经交通运输主管部门考核合格,取得从业资格。通过道路运输危险化学品的,应当配备押运人员,并保证所运输的危险化学品处于押运人员的监控之下。

三、管理机构职责

海事管理机构应当根据危险化学品的种类和危险特性,确定船舶运输危险化学品的相关安全运输条件。

四、内河运输危险化学品特别要求

通过内河运输危险化学品,应当由依法取得危险货物水路运输许可的水路运输企业承运,其他单位和个人不得承运。托运人应当委托依法取得危险货物水路运输许可的水路运输企业承运,不得委托其他单位和个人承运。

通过内河运输危险化学品,应当使用依法取得危险货物适装证书的运输船舶。水路运输企业应当针对所运输的危险化学品的危险特性,制定运输船舶危险化学品事故应急救援预案,并为运输船舶配备充足、有效的应急救援器材和设备。

五、其他

通过铁路、航空运输危险化学品的安全管理,依照有关铁路、航空运输的法律、行政法规、规章的规定执行。未依法取得危险货物道路运输许可、危险货物水路运输许可,从事危险化学品道路运输、水路运输的,分别依照有关道路运输、水路运输的法律、行政法规的规定处罚。

43. 化学品的"有毒"、"高毒"、"剧毒"如何区分及管理上有何特别要求?

国务院颁布的《使用有毒物品作业场所劳动保护条例》第三条规定,"按照有毒物品产生的职业中毒危害程度,有毒物品分为一般有毒物品和高毒物品。国家对作业场所使用高毒物品实行特殊管理。一般有毒物品目录、高毒物品目录由国务院卫生行政部门会同有关部门依据国家标准制定、调整并公布。"由于对"有毒"这个概念难以有一致的定义,卫生部门并没有公布一般有毒物品目录。

对于**高毒物品**,原卫生部综合急性毒性、慢性毒性、人群发病情况、致癌性和可能对环境、健康的长远影响以及我国职业病发病情况,于2003年制定并公布了《高毒物品目录》,共包含54种化学品。《使用有毒物品作业场所劳动保护条例》对高毒物品的特殊要求包括:

(一)高毒作业场所设置应急撤离通道和必要的泄险区。

(二)高毒作业场所应当设置红色区域警示线、警示标识和中文警示说明,并设置通信报警设备。

(三)从事使用高毒物品作业的用人单位,应当配备应急救援人员和必要的应急救援器材、设备。

(四)从事使用高毒物品作业的用人单位,应当配备专职的或者兼职的职业卫生医师和护士;不具备配备专职的或者兼职的职业卫生医师和护士条件的,应当与依法取得资质认证的职业卫生技术服务机构签订合同,由其提供职业卫生服务。

（五）需要进入存在高毒物品的设备、容器或者狭窄封闭场所作业时，用人单位应当事先采取包括通风、个人防护、现场监护人员和现场救援设备的配备等措施。

（六）从事使用高毒物品作业的用人单位应当至少每一个月对高毒作业场所进行一次职业中毒危害因素检测；至少每半年进行一次职业中毒危害控制效果评价。

（七）从事使用高毒物品作业的用人单位应当设置淋浴间和更衣室，并设置清洗、存放或者处理从事使用高毒物品作业劳动者的工作服、工作鞋帽等物品的专用间。

（八）用人单位应当按照规定对从事使用高毒物品作业的劳动者进行岗位轮换。用人单位应当为从事使用高毒物品作业的劳动者提供岗位津贴等。

剧毒化学品《危险化学品安全管理条例》是具有剧烈急性毒性危害的化学品，包括人工合成的化学品及其混合物和天然毒素，还包括具有急性毒性易造成公共安全危害的化学品。在国家安监总局等发布的《危险化学品目录（2015版）》中，列出 148 种剧毒化学品。

（一）购买剧毒化学品有严格的限制，根据《危险化学品安全管理条例》，只有依法取得危险化学品安全生产许可证、危险化学品安全使用许可证、危险化学品经营许可证的企业，凭相应的许可证件购才可以买剧毒化学品。除此以外的单位如需要购买剧毒化学品，应当向所在地县级人民政府公安机关申请取得剧毒化学品购买许可证。具体的剧毒化学品购买许可证管理办法参见由公安部制定《剧毒化学品购买和公路运输许可证件管理办法》。除了属于剧毒化学品的农药以外，个人是不允许购买剧毒化学品的。

（二）剧毒化学品的销售监管。危险化学品生产企业、经营企业销售剧毒化学品，应当查验购买单位的危险化学品安全生产许可证、危险化学品安全使用许可证、危险化学品经营许可证的企业或者证明文件。对持剧毒化学品购买许可证购买剧毒化学品的，应当按照许可证载明的品种、数量销售。不得向不具有相关许可证件或者证明文件的单位销售剧毒化学品，禁止向个人销售剧毒化学品（属于剧毒化学品的农药除外）。

（三）剧毒化学品的运输监管。通过道路运输剧毒化学品的，托运人应当向运输始发地或者目的地县级人民政府公安机关申请剧毒化学品道路运输通行证。

（四）对生产、储存、使用剧毒化学品危险化学品的单位不如实记录生产、储存、使用的剧毒化学品的数量、流向的；发现剧毒化学品丢失或者被盗，不立即向公安机关报告的；未将剧毒化学品的储存数量、储存地点以及管理人员的情况报所在地县级人民政府公安机关备案的,将由公安机关责令改正,可以处1万元以下的罚款;拒不改正的,处1万元以上5万元以下的罚款。

44. 易制爆化学品的安全管理有哪些规定?

易制爆化学品是指可以制作成爆炸品的原料或辅料的化学品。具体化学品参见公安部编制的《易制爆危险化学品名录》(2011年版)。

一、购买限制

只有依法取得危险化学品安全生产许可证、危险化学品安全使用许可证、危险化学品经营许可证的企业,可以凭相应的许可证件购买制爆危险化学品。民用爆炸物品生产企业凭民用爆炸物品生产许可证购买易制爆危险化学品。

上述规定以外的单位购买易制爆危险化学品的,应当持本单位出具的合法用途说明。个人不得购买易制爆危险化学品。

二、销售单位的查验义务

危险化学品生产企业、经营企业销售剧毒化学品、易制爆危险化学品,应当查验上述本条例的第三十八条中规定的相关许可证件或者证明文件,不得向不具有相关许可证件或者证明文件的单位销售剧毒化学品、易制爆危险化学品。

三、销售单位的记录义务

危险化学品生产企业、经营企业销售剧毒化学品、易制爆危险化学品,应当如实记录购买单位的名称、地址、经办人的姓名、身份证号码以及所购买的剧毒化学品、易制爆危险化学品的品种、数量、用途。销售记录以及经办人的身份证明复印件、相关许可证件复印件或者证明文件的保存期限不得少于1年。

四、销售单位的备案义务

剧毒化学品、易制爆危险化学品的销售企业、购买单位应当在销售、购买后5日内,将所销售、购买的剧毒化学品、易制爆危险化学品的品种、数量以及流向信息报所在地县级人民政府公安机关备案,并输入计算机系统。

45. 易制毒化学品的安全管理有哪些规定?

易制毒化学品分为三类,第一类是可以用于制毒的主要原料,第二类、第三类是可以用于制毒的化学配剂。《易制毒化学品管理条例》的附表规定了易制毒化学品的分类和品种目录。其中第一类包括:1-苯基-2-丙酮、3,4-亚甲基二氧苯基-2-丙酮、胡椒醛、黄樟素、黄樟油、异黄樟素、N-乙酰邻氨基苯酸、邻氨基苯甲酸、麦角酸、麦角胺、麦角新碱、麻黄素、伪麻黄素、消旋麻黄素、去甲麻黄素、甲基麻黄素、麻黄浸膏、麻黄浸膏粉等麻黄素类物质;第二类包括:苯乙酸、醋酸酐、三氯甲烷、乙醚、哌啶;第三类包括:甲苯、丙酮、甲基乙基酮、高锰酸钾、硫酸、盐酸。

一、易制毒化学品的生产

《易制毒化学品管理条例》规定，申请生产第一类中的药品类易制毒化学品的，由国务院食品药品监督管理部门审批；申请生产第一类中的非药品类易制毒化学品的，由省、自治区、直辖市人民政府安全生产监督管理部门审批。生产第二类、第三类易制毒化学品的，应当自生产之日起 30 日内，将生产的品种、数量等情况，向所在地的设区的市级人民政府安全生产监督管理部门备案。

二、易制毒化学品的经营

《易制毒化学品管理条例》规定，申请经营第一类中的药品类易制毒化学品的，由国务院食品药品监督管理部门审批；申请经营第一类中的非药品类易制毒化学品的，由省、自治区、直辖市人民政府安全生产监督管理部门审批。经营第二类易制毒化学品的，应当自经营之日起 30 日内，将经营的品种、数量、主要流向等情况，向所在地的设区的市级人民政府安全生产监督管理部门备案；经营第三类易制毒化学品的，应当自经营之日起 30 日内，将经营的品种、数量、主要流向等情况，向所在地的县级人民政府安全生产监督管理部门备案。

三、易制毒化学品的购买

申请购买第一类中的药品类易制毒化学品的，由所在地的省、自治区、直辖市人民政府食品药品监督管理部门审批；申请购买第一类中的非药品类易制毒化学品的，由所在地的省、自治区、直辖市人民政府公安机关审批。购买第二类、第三类易制毒化学品的，应当在购买前将所需购买的品种、数量，向所在地的县级人民政府公安机关备案。个人自用购买少量高锰酸钾的，无须备案。个人不得购买第一类、第二类易制毒化学品。

四、易制毒化学品的运输

跨设区的市级行政区域(直辖市为跨市界)或者在国务院公安部门确定的禁毒形势严峻的重点地区跨县级行政区域运输第一类易制毒化学品的，由运出地的设区的市级人民政府公安机关审批；运输第二类易制毒化学品的，由运出地的县级人民政府公安机关审批。经审批取得易制毒化学品运输许可证后，方可运输。运输第三类易制毒化学品的，应当在运输前向运出地的县级人民政府公安机关备案。公安机关应当于收到备案材料的当日发给备案证明。

五、易制毒化学品的进出口

申请进口或者出口易制毒化学品，应当提交下列材料，经国务院商务主管部门或者其委托的省、自治区、直辖市人民政府商务主管部门审批，取得进口或者出口许可证后，方可从事进口、出口活动：

(一) 对外贸易经营者备案登记证明(外商投资企业联合年检合格证书)复

印件;

（二）营业执照副本;

（三）易制毒化学品生产、经营、购买许可证或者备案证明;

（四）进口或者出口合同（协议）副本;

（五）经办人的身份证明。

申请易制毒化学品出口许可的,还应当提交进口方政府主管部门出具的合法使用易制毒化学品的证明或者进口方合法使用的保证文件。

生产、经营、购买、运输或者进口、出口易制毒化学品的单位或者个人拒不接受有关行政主管部门监督检查的,由负有监督管理职责的行政主管部门责令改正,对直接负责的主管人员以及其他直接责任人员给予警告;情节严重的,对单位处 1 万元以上 5 万元以下的罚款,对直接负责的主管人员以及其他直接责任人员处 1 000 元以上 5 000 元以下的罚款;有违反治安管理行为的,依法给予治安管理处罚;构成犯罪的,依法追究刑事责任。

易制毒化学品行政主管部门工作人员在管理工作中有应当许可而不许可、不应当许可而滥许可,不依法受理备案,以及其他滥用职权、玩忽职守、徇私舞弊行为的,依法给予行政处分;构成犯罪的,依法追究刑事责任。

46. 化学品"一书一签"具体指什么?

化学品"一书一签"指的是化学品安全技术说明书和化学品安全标签,这是接触化学品的人员获取化学品信息的重要来源。

《危险化学品安全管理条例》规定,危险化学品生产企业应当提供与其生产的危险化学品相符的化学品安全技术说明书,并在危险化学品包装（包括外包装件）上粘贴或者拴挂与包装内危险化学品相符的化学品安全标签,不得经营没有化学品安全技术说明书或者化学品安全标签的危险化学品。

化学品安全技术说明书和化学品安全标签所载明的内容应当符合国家标准的要求。危险化学品生产企业发现其生产的危险化学品有新的危险特性的,应当立即公告,并及时修订其化学品安全技术说明书和化学品安全标签。对危险化学品生产企业未提供化学品安全技术说明书,未在包装（包括外包装件）上粘贴、拴挂化学品安全标签的或者危险化学品经营企业经营没有化学品安全技术说明书和化学品安全标签的危险化学品的,规定由安全生产监督管理部门责令改正,可以处 5 万元以下的罚款;拒不改正的,处 5 万元以上 10 万元以下的罚款;情节严重的,责令停产停业整顿。

化学品安全说明书的具体要求参见《化学品安全技术说明书编写规定》（GB/T16483）,化学品安全标签的具体要求参见《化学品安全标签编写规定》

（GB15258）和《基于 GHS 的化学品标签规范》（GB/T22234）。

47. 危险化学品"两重点一重大"具体有哪些要求？

"两重点一重大"是指政府安监部门重点监管的危险化工工艺、重点监管的危险化学品和重大危险源。依据《危险化学品安全管理条例》《危险化学品重大危险源监督管理暂行规定》，重大危险源是指生产、储存、使用或者搬运危险化学品，且危险化学品的数量等于或者超过临界量的单元（包括场所和设施）。具体辨识危险化学品重大危险源的依据和方法参见《危险化学品重大危险源辨识》（GB18218）。重大危险源根据其危险程度，分为一级、二级、三级和四级，一级为最高级别。

《安全生产法》规定，生产经营单位对重大危险源应当登记建档，进行定期检测、评估、监控，并制定应急预案，告知从业人员和相关人员在紧急情况下应当采取的应急措施。生产经营单位应当按照国家有关规定将本单位重大危险源及有关安全措施、应急措施报有关地方人民政府安全生产监督管理部门和有关部门备案。生产经营单位对重大危险源未登记建档，责令限期改正，可以处 10 万元以下的罚款；逾期未改正的，责令停产停业整顿，并处 10 万元以上 20 万元以下的罚款，对其直接负责的主管人员和其他直接责任人员处 2 万元以上 5 万元以下的罚款；构成犯罪的，依照刑法有关规定追究刑事责任。

为强化危险化学品的管理，国家安全总局先后颁发了《首批重点监管的危险化工工艺目录》《首批重点监管的危险化工工艺安全控制要求、重点监控参数及推荐的控制方案》《首批重点监管的危险化学品名录》《首批重点监管的危险化学品安全措施和应急处置原则》《第二批重点监管的危险化工工艺目录》《第二批重点监管的危险化工工艺安全控制要求、重点监控参数及推荐的控制方案》《第二批重点监管的危险化学品名录》《第二批重点监管的危险化学品安全措施和应急处置原则》《危险化学品重大危险源监督管理暂行规定》。县级人民政府安全生产监督管理部门应当建立健全危险化学品重大危险源管理制度，明确责任人员，加强资料归档。

县级以上地方各级人民政府安全生产监督管理部门应当加强对存在重大危险源的危险化学品单位的监督检查，督促危险化学品单位做好重大危险源的辨识、安全评估及分级、登记建档、备案、监测监控、事故应急预案编制、核销和安全管理工作。安全生产监督管理部门在监督检查中发现重大危险源存在事故隐患的，应当责令立即排除；重大事故隐患排除前或者排除过程中无法保证安全的，应当责令从危险区域内撤出作业人员，责令暂时停产停业或者停止使用；重大事故隐患排除后，经安全生产监督管理部门审查同意，方可恢复生产经营和使用。

第六章 建筑与消防安全

案例十一 上海莲花河畔倒楼案

2009年6月27日5点35分,上海闵行区莲花南路,在建的莲花河畔景苑楼盘中,一幢13层居民楼从根部断开,直挺挺地整体倾覆在地,楼身却几近完好。事故造成一名作业人员逃生不及,被压身亡。

造成这一倒塌的原因,仅仅是一个简单到不能再简单的常识性错误:施工方在大楼一侧无防护性开挖地下车库,又在相对一侧堆积9米堆土。大楼地基土体在合力的作用下整体平移,如剪刀一般剪断了楼房的基桩。

2010年2月11日,上海市闵行区人民法院对"莲花河畔景苑"倒楼案作出一审宣判,6名事故责任人均构成重大责任事故罪,涉案开发商、建筑商和监理方的相关负责人[①]。

法院经审理查明,在"莲花河畔景苑"项目工程作业中,被告人秦某作为建设方梅都公司的现场负责人,秉承张某的指令将属于施工方总包范围的地下车库开挖工程,直接交予没有公司机构且不具备资质的被告人张某组织施工,并违规指令施工人员开挖堆土,对本案倒楼事故的发生负有现场管理责任。

被告人张某身为施工方主要负责人,违规使用他人专业资质证书投标承接工程,致使工程项目的专业管理缺位,且放任建设单位违规分包土方工程给其没有专业资质的亲属,对本案倒楼事故的发生负有领导和管理责任。

被告人夏某作为施工方的现场负责人,施工现场的安全管理是其应负的职责,但其任由工程施工在没有项目经理实施专业管理的状态下进行,且放任建设方违规分包土方工程、违规堆土,致使工程管理脱节,对倒楼事故

---

① 《沪倒楼案一审宣判:6被告均构成重大责任事故罪》,来源:东方网,2010年2月11日,网址:http://sh.eastday.com/qtmt/20100211/u1a695181.html

的发生也负有现场管理责任。

被告人陆某虽然挂名担任工程项目经理,实际未从事相应管理工作,但其任由施工方在工程招投标及施工管理中以其名义充任项目经理,默许甚至配合施工方以此应付监管部门的监督管理和检查,致使工程施工脱离专业管理,由此造成施工隐患难以通过监管被发现、制止,因而对本案倒楼事故的发生仍负有不可推卸的责任。

被告人张某某没有专业施工单位违规承接工程项目,并盲从建设方指令违反工程安全管理规范进行土方开挖和堆土施工,最终导致倒楼事故发生,系本案事故发生的直接责任人员。

被告人乔某作为监理方总监理,对工程项目经理名实不符的违规情况审查不严,对建设方违规发包土方工程疏于审查,在对违规开挖、堆土提出异议未果后,未能有效制止,对本案倒楼事故发生负有未尽监理职责的责任。

法院认为,作为工程建设方、施工单位、监理方的工作人员以及土方施工的具体实施者,6 名被告人在"莲花河畔景苑"工程项目的不同岗位和环节中,本应上下衔接、互相制约,却违反安全管理规定,不履行、不能正确履行或者消极履行各自的职责、义务,最终导致"莲花河畔景苑"7 号楼整体倾倒、1 人被压死亡和经济损失 1 900 余万元的重大事故的发生。据此,法院认为 6 名被告人均已构成重大责任事故罪,且属情节特别恶劣。鉴于 6 名被告人均具有自首情节,依法判处 3 年到 5 年的有期徒刑。

案例十二　深圳"9·20"舞王俱乐部特别重大火灾事故①

2008 年 9 月 20 日 22 时 49 分,位于广东省深圳市龙岗区龙岗街道龙东社区的舞王俱乐部发生火灾事故,事故造成 44 人死亡、59 多人住院治疗、6 人留院察看。起火建筑为一栋四层半综合楼,该楼房一层为旧货市场,二层为茶馆,三层为该俱乐部,四层及楼顶半层为办公室及员工宿舍。该俱乐部于 2007 年 9 月 8 日擅自开业,无营业执照,无文化经营许可证,未经公安消防部门验收。事发时在场人员约 300 余人。经公安消防部门勘察分析,

---

① 《国务院安委会关于深圳"9·20"特别重大火灾事故的通报》,来源:国家安监总局,2008 年 9 月 23 日,网址:http://www. chinasafety. gov. cn/newpage/Contents/Channel_4977/2008/0923/36637/content_36637.htm

事故的直接原因为该俱乐部演职人员使用自制礼花弹手枪发射礼花弹,引燃天花板的聚氨酯泡沫所致。

事故发生在人员密集的公共场所,伤亡惨重,影响恶劣,教训深刻。暴露出的主要问题:一是有关单位对违法违规经营行为查处不力,监督管理工作存在漏洞;二是该场所的消防安全设施和消防安全管理存在严重隐患;三是从业人员和公众缺乏基本的安全意识和必要的自救能力,生产经营单位应急处置不力。

事故发生后,包括龙岗区副区长在内的3名公职人员被免职。包括龙岗公安分局副局长在内等7人因玩忽职守等犯罪被追究刑事责任。舞王俱乐部的老板因重大责任事故罪、非法经营罪被判处有期徒刑14年6个月,并被分别没收个人财产人民币450万元和250万元。俱乐部总经理、副总经理、董事长助理、财务人员、节目总监、节目演员以及装修时的工程队负责人、施工监督人等15人分别以重大责任事故罪,非法经营罪,隐匿、故意销毁会计凭证罪被判处5年至1年7个月不等的有期徒刑。

48. 建设工程中建设、勘察、设计、工程监理单位的安全责任分别是什么?

《建筑法》和《建设工程安全生产管理条例》对建设、勘察、设计、工程监理单位的安全责任作了明确规定:

(一)建设单位在建筑工程开工前,应当按照国家有关规定向工程所在地县级以上人民政府建设行政主管部门申请领取施工许可证。不得对勘察、设计、施工、工程监理等单位提出不符合建设工程安全生产法律、法规和强制性标准规定的要求,不得压缩合同约定的工期;建设单位不得明示或者暗示施工单位购买、租赁、使用不符合安全施工要求的安全防护用具、机械设备、施工机具及配件、消防设施和器材等。

(二)勘察单位应当按照法律、法规和工程建设强制性标准进行勘察,提供的勘察文件应当真实、准确,满足建设工程安全生产的需要。勘察单位在勘察作业时,应当严格执行操作规程,采取措施保证各类管线、设施和周边建筑物、构筑物的安全。

(三)设计单位应当按照法律、法规和工程建设强制性标准进行设计,防止因设计不合理导致生产安全事故的发生。设计单位应当考虑施工安全操作和防护的需要,对涉及施工安全的重点部位和环节在设计文件中注明,并对防范生产安全事故提出指导意见。采用新结构、新材料、新工艺的建设工程和特殊结构的建设工程,设计单位应当在设计中提出保障施工作业人员安全和预防生产安全事故的措施建议。设计单位和注册建筑师等注册执业人员应当对其设计负责。

(四)工程监理单位应当审查施工组织设计中的安全技术措施或者专项施工方案是否符合工程建设强制性标准。工程监理单位在实施监理过程中,发现存在安全事故隐患的,应当要求施工单位整改;情况严重的,应当要求施工单位暂时停止施工,并及时报告建设单位。施工单位拒不整改或者不停止施工的,工程监理单位应当及时向有关主管部门报告。工程监理单位和监理工程师应当按照法律、法规和工程建设强制性标准实施监理,并对建设工程安全生产承担监理责任。

49. 建设工程中施工单位的安全责任是什么?

建筑业作为国民经济的支柱产业,对我国的经济发展起着重要作用。但是,建筑业事故频发也给国家和人民带来了巨大的生命及财产损失。据统计,建筑行业安全事故中排在首位的是高处坠落,占到所发生事故的一半以上,其次为坍塌以及物体打击。加强建筑业的安全管理刻不容缓。

《建筑法》规定,承包建筑工程的单位应当持有依法取得的资质证书,并在其资质等级许可的业务范围内承揽工程。禁止建筑施工企业超越本企业资质等级许可的业务范围或者以任何形式用其他建筑施工企业的名义承揽工程。禁止建筑施工企业以任何形式允许其他单位或者个人使用本企业的资质证书、营业执照,以本企业的名义承揽工程。禁止承包单位将其承包的全部建筑工程转包给他人,禁止承包单位将其承包的全部建筑工程肢解以后以分包的名义分别转包给他人。

《建设工程安全生产管理条例》规定,施工单位主要负责人依法对本单位的安全生产工作全面负责。施工单位应当建立健全安全生产责任制度和安全生产教育培训制度,制定安全生产规章制度和操作规程,保证本单位安全生产条件所需资金的投入,对所承担的建设工程进行定期和专项安全检查,并做好安全检查记录。施工单位的项目负责人应当由取得相应执业资格的人员担任,对建设工程项目的安全施工负责,落实安全生产责任制度、安全生产规章制度和操作规程,确保安全生产费用的有效使用,并根据工程的特点组织制定安全施工措施,消除安全事故隐患,及时、如实报告生产安全事故。

该条例规定,工程实行施工总承包的,由总承包单位对施工现场的安全生产负总责。总承包单位应当自行完成建设工程主体结构的施工。总承包单位依法将建设工程分包给其他单位的,分包合同中应当明确各自的安全生产方面的权利、义务。总承包单位和分包单位对分包工程的安全生产承担连带责任。分包单位应当服从总承包单位的安全生产管理,分包单位不服从管理导致生产安全事故的,由分包单位承担主要责任。

该条例同时规定,施工单位应当在施工组织设计中编制安全技术措施和施工现场临时用电方案,对下列达到一定规模的危险性较大的分部分项工程编制专项施工方案,并附具安全验算结果,经施工单位技术负责人、总监理工程师签字后实施,由专职安全生产管理人员进行现场监督:

(一)基坑支护与降水工程;

(二)土方开挖工程;

(三)模板工程;

(四)起重吊装工程;

(五)脚手架工程;

(六)拆除、爆破工程;

(七)国务院建设行政主管部门或者其他有关部门规定的其他危险性较大的工程。

对前款所列工程中涉及深基坑、地下暗挖工程、高大模板工程的专项施工方案,施工单位还应当组织专家进行论证、审查。

50. 各级政府和消防监督管理机构在消防工作方面有哪些职责?

《消防法》规定,各级人民政府应当将消防工作纳入国民经济和社会发展计划,保障消防工作与经济建设和社会发展相适应;根据经济和社会发展的需要,建立多种形式的消防组织,加强消防组织建设,增强扑救火灾的能力。城市人民政府应当将包括消防安全布局、消防站、消防供水、消防通信、消防车通道、消防装备等内容的消防规划纳入城市总体规划,并负责组织有关主管部门实施;按照国家规定的消防站建设标准建立公安消防队、专职消防队,承担火灾扑救工作。乡镇人民政府可以根据当地经济发展和消防工作的需要,建立专职消防队、义务消防队,承担火灾扑救工作。村民委员会、居民委员会应当开展群众性的消防工作,组织制定防火安全公约,进行消防安全检查。乡镇人民政府、城市街道办事处应当予以指导和监督。

在农业收获季节、森林和草原防火期间、重大节假日期间以及火灾多发季节,地方各级人民政府应当组织开展有针对性的消防宣传教育,采取防火措施,进行安全检查。

《消防法》规定,国务院公安部门对全国的消防工作实施监督管理。县级以上地方人民政府公安机关对本行政区域内的消防工作实施监督管理,并由本级人民政府公安机关消防机构负责实施。军事设施的消防工作,由其主管单位监督管理,公安机关消防机构协助;矿井地下部分、核电厂、海上石油天然气设施的消防工作,由其主管单位监督管理。县级以上人民政府其他有关部门在各自的职责范围内,依照本法和其他相关法律、法规的规定做好消防工作。法律、行政法规对森林、草原的消防工作另有规定的,从其规定。

同时规定,公安机关消防机构应当对机关、团体、企业、事业等单位遵守消防法律、法规的情况依法进行监督检查。公安派出所可以负责日常消防监督检查、开展消防宣传教育,具体办法由国务院公安部门规定。

51. 消防安全教育需要哪些部门通力协作?

《消防法》第四条规定,各级人民政府应当组织开展经常性的消防宣传教育,提高公民的消防安全意识。机关、团体、企业、事业等单位,应当加强对本单位人员的消防宣传教育。公安机关及其消防机构应当加强消防法律、法规的宣传,并督促、指导、协助有关单位做好消防宣传教育工作。教育、人力资源行政主管部门和学校、有关职业培训机构应当将消防知识纳入教育、教学、培训的内容。新闻、广播、电视等有关单位,应当有针对性地面向社会进行消防宣传教育。工会、共产主义青年团、妇女联合会等团体应当结合各自工作对象的特点,组织开展消防宣传教育。村民委员会、居民委员会应当协助人民政府以及公安机关等部门,加强消防宣传教育。

2009 年 4 月 13 日公安部、教育部、民政部、人力资源社会保障部、住房城乡建设部、文化部、广电总局、安全监管总局、国家旅游局联合颁发了《社会消防安全教育培训规定》,对消防教育做了进一步的规定。

该规定对上述不同部门应当履行的职责作了详细的阐述。

公安机关应当履行下列职责,并由公安机关消防机构具体实施:

(一)掌握本地区消防安全教育培训工作情况,向本级人民政府及相关部门提出工作建议;

(二)协调有关部门指导和监督社会消防安全教育培训工作;

(三)会同教育行政部门、人力资源和社会保障部门对消防安全专业培训机构实施监督管理;

(四)定期对社区居民委员会、村民委员会的负责人和专(兼)职消防队、志愿消防队的负责人开展消防安全培训。

教育行政部门应当履行下列职责:

(一)将学校消防安全教育培训工作纳入教育培训规划,并进行教育督导和工作考核;

(二)指导和监督学校将消防安全知识纳入教学内容;

（三）将消防安全知识纳入学校管理人员和教师在职培训内容；

（四）依法在职责范围内对消防安全专业培训机构进行审批和监督管理。

民政部门应当履行下列职责：

（一）将消防安全教育培训工作纳入减灾规划并组织实施，结合救灾、扶贫济困和社会优抚安置、慈善等工作开展消防安全教育；

（二）指导社区居民委员会、村民委员会和各类福利机构开展消防安全教育培训工作；

（三）负责消防安全专业培训机构的登记，并实施监督管理。

人力资源和社会保障部门应当履行下列职责：

（一）指导和监督机关、企业和事业单位将消防安全知识纳入干部、职工教育、培训内容；

（二）依法在职责范围内对消防安全专业培训机构进行审批和监督管理。

住房和城乡建设行政部门应当指导和监督勘察设计单位、施工单位、工程监理单位、施工图审查机构、城市燃气企业、物业服务企业、风景名胜区经营管理单位和城市公园绿地管理单位等开展消防安全教育培训工作，将消防法律法规和工程建设消防技术标准纳入建设行业相关执业人员的继续教育和从业人员的岗位培训及考核内容。

文化、文物行政部门应当积极引导创作优秀消防安全文化产品，指导和监督文物保护单位、公共娱乐场所和公共图书馆、博物馆、文化馆、文化站等文化单位开展消防安全教育培训工作。

广播影视行政部门应当指导和协调广播影视制作机构和广播电视播出机构，制作、播出相关消防安全节目，开展公益性消防安全宣传教育，指导和监督电影院开展消防安全教育培训工作。

安全生产监督管理部门应当履行下列职责：

（一）指导、监督矿山、危险化学品、烟花爆竹等生产经营单位开展消防安全教育培训工作；

（二）将消防安全知识纳入安全生产监管监察人员和矿山、危险化学品、烟花爆竹等生产经营单位主要负责人、安全生产管理人员以及特种作业人员培训考核内容；

（三）将消防法律法规和有关消防技术标准纳入注册安全工程师培训及执业资格考试内容。

旅游行政部门应当指导和监督相关旅游企业开展消防安全教育培训工作，督促旅行社加强对游客的消防安全教育，并将消防安全条件纳入旅游饭店、旅游景区等相关行业标准，将消防安全知识纳入旅游从业人员的岗位培训及考核内容。

52. 机关、团体、企业、事业单位的消防职责是什么?

消防法律由法规明确了相关的职责,具体如下:

《消防法》规定,机关、团体、企业、事业等单位应当履行下列消防安全职责:

(一) 落实消防安全责任制,制定本单位的消防安全制度、消防安全操作规程,制定灭火和应急疏散预案;

(二) 按照国家标准、行业标准配置消防设施、器材,设置消防安全标志,并定期组织检验、维修,确保完好有效;

(三) 对建筑消防设施每年至少进行一次全面检测,确保完好有效,检测记录应当完整准确,存档备查;

(四) 保障疏散通道、安全出口、消防车通道畅通,保证防火防烟分区、防火间距符合消防技术标准;

(五) 组织防火检查,及时消除火灾隐患;

(六) 组织进行有针对性的消防演练;

(七) 法律、法规规定的其他消防安全职责。单位的主要负责人是本单位的消防安全责任人。

2001 年 11 月 14 日公安部颁发的《机关、团体、企业、事业单位消防安全管理规定》规定,单位的消防安全责任人应当履行下列消防安全职责:

(一) 贯彻执行消防法规,保障单位消防安全符合规定,掌握本单位的消防安全情况;

(二) 将消防工作与本单位的生产、科研、经营、管理等活动统筹安排,批准实施年度消防工作计划;

(三) 为本单位的消防安全提供必要的经费和组织保障;

(四) 确定逐级消防安全责任,批准实施消防安全制度和保障消防安全的操作规程;

(五) 组织防火检查,督促落实火灾隐患整改,及时处理涉及消防安全的重大问题;

(六) 根据消防法规的规定建立专职消防队、义务消防队;

(七) 组织制定符合本单位实际的灭火和应急疏散预案,并实施演练。

该规定第七条指出,单位可以根据需要确定本单位的消防安全管理人。消防安全管理人对单位的消防安全责任人负责,实施和组织落实下列消防安全管理工作:

(一) 拟订年度消防工作计划,组织实施日常消防安全管理工作;

（二）组织制订消防安全制度和保障消防安全的操作规程并检查督促其落实；

（三）拟订消防安全工作的资金投入和组织保障方案；

（四）组织实施防火检查和火灾隐患整改工作；

（五）组织实施对本单位消防设施、灭火器材和消防安全标志的维护保养，确保其完好有效，确保疏散通道和安全出口畅通；

（六）组织管理专职消防队和义务消防队；

（七）在员工中组织开展消防知识、技能的宣传教育和培训，组织灭火和应急疏散预案的实施和演练；

（八）单位消防安全责任人委托的其他消防安全管理工作。

53. 重点消防单位的消防职责是什么？

《消防法》规定，县级以上地方人民政府公安机关消防机构应当将发生火灾可能性较大以及发生火灾可能造成重大的人身伤亡或者财产损失的单位，确定为本行政区域内的消防安全重点单位，并由公安机关报本级人民政府备案。

应当履行下列消防安全职责：

（一）确定消防安全管理人，组织实施本单位的消防安全管理工作；

（二）建立消防档案，确定消防安全重点部位，设置防火标志，实行严格管理；

（三）实行每日防火巡查，并建立巡查记录；

（四）对职工进行岗前消防安全培训，定期组织消防安全培训和消防演练。

2001年11月14日公安部颁发的《机关、团体、企业、事业单位消防安全管理规定》规定下列范围的单位是消防安全重点单位，应当按照本规定的要求，实行严格管理：

（一）商场（市场）、宾馆（饭店）、体育场（馆）、会堂、公共娱乐场所等公众聚集场所（以下统称公众聚集场所）；

（二）医院、养老院和寄宿制的学校、托儿所、幼儿园；

（三）国家机关；

（四）广播电台、电视台和邮政、通信枢纽；

（五）客运车站、码头、民用机场；

（六）公共图书馆、展览馆、博物馆、档案馆以及具有火灾危险性的文物保护单位；

（七）发电厂（站）和电网经营企业；

（八）易燃易爆化学物品的生产、充装、储存、供应、销售单位；

（九）服装、制鞋等劳动密集型生产、加工企业；

（十）重要的科研单位；

（十一）其他发生火灾可能性较大以及一旦发生火灾可能造成重大人身伤亡或者财产损失的单位。

高层办公楼（写字楼）、高层公寓楼等高层公共建筑，城市地下铁道、地下观光隧道等地下公共建筑和城市重要的交通隧道，粮、棉、木材、百货等物资集中的大型仓库和堆场，国家和省级等重点工程的施工现场，应当按照本规定对消防安全重点单位的要求，实行严格管理。

该规定明确，消防安全重点单位应当设置或者确定消防工作的归口管理职能部门，并确定专职或者兼职的消防管理人员；其他单位应当确定专职或者兼职消防管理人员，可以确定消防工作的归口管理职能部门。归口管理职能部门和专兼职消防管理人员在消防安全责任人或者消防安全管理人的领导下开展消防安全管理工作。

54. 容易引起群死群伤的公共场所、人员密集场所的消防安全有何特别规定？

公众聚集场所，是指宾馆、饭店、商场、集贸市场、客运车站候车室、客运码头候船厅、民用机场航站楼、体育场馆、会堂以及公共娱乐场所等。

人员密集场所，是指公众聚集场所，医院的门诊楼、病房楼，学校的教学楼、图书馆、食堂和集体宿舍，养老院，福利院，托儿所，幼儿园，公共图书馆的阅览室，公共展览馆、博物馆的展示厅，劳动密集型企业的生产加工车间和员工集体宿舍，旅游、宗教活动场所等。

这两类场所，一旦发生火灾，都会引起群死群伤，造成严重后果。例如 2004 年 3 月 15 日发生的吉林中百商厦发生特大火灾，造成 54 人死亡，70 人受伤。1994 年 12 月 8 日发生的克拉玛依友谊馆火灾，8 个疏散门仅有 1 个开启，共致死 325 人，烧伤 130 人，其中重伤 68 人，死伤者中绝大多数为小学生。

《消防法》对公共聚集场所、人员密集场所的消防安全做出了特别规定：

该法规定，公众聚集场所在投入使用、营业前，建设单位或者使用单位应当向场所所在地的县级以上地方人民政府公安机关消防机构申请消防安全检查。未经消防安全检查或者经检查不符合消防安全要求的，不得投入使用、营业。举办大型群众性活动，承办人应当依法向公安机关申请安全许可，制定灭火和应急疏散预案并组织演练，明确消防安全责任分工，确定消防安全管理人员，保持消防设施和消防器材配置齐全、完好有效，保证疏散通道、安全出口、疏散指示标志、应急照明和消防车通道符合消防技术标准和管理规定。

2001 年 11 月 14 日公安部颁发的《机关、团体、企业、事业单位消防安全管理规定》明确指出,举办集会、焰火晚会、灯会等具有火灾危险的大型活动的主办单位、承办单位以及提供场地的单位,应当在订立的合同中明确各方的消防安全责任。

2007 年 12 月 20 日公安部颁发了《加强人员密集场所消防安全管理公告》,具体内容如下:

（一）人员密集场所的业主和经营使用单位必须遵守消防法律法规和技术标准规定,严禁违法使用易燃可燃材料装修、擅自改变建筑结构和用途。

（二）人员密集场所所属单位的法定代表人或主要负责人是本场所的消防安全责任人,对消防安全工作全面负责。

（三）人员密集场所应当建立健全各项消防安全管理制度,落实逐级和岗位消防安全责任,加强消防设施和器材日常管理维护,加强员工岗前和定期消防安全教育培训,组织开展防火检查,消除火灾隐患。

（四）人员密集场所的疏散通道和安全出口必须保持畅通,安全疏散指示标志和火灾应急广播系统必须符合规定,严禁占用和阻塞疏散通道、锁闭和遮挡安全出口。有人员住宿的场所,安全出口必须 24 小时保持畅通。

（五）人员密集场所应当按照有关标准设置火灾自动报警、自动灭火、消火栓等建筑消防设施和灭火器材,任何单位和个人不得擅自停用、挪用、遮挡、损坏、拆除或埋压圈占。

（六）人员密集场所的电气设备安装、电气线路敷设应当符合法律法规和技术标准,严禁擅自拉接临时电线、违规使用明火照明和进行电焊、气焊操作。

（七）人员密集场所严禁违规使用、存放易燃易爆危险物品,严禁非法携带易燃易爆危险物品进入,严禁在建筑内燃放烟花。

（八）人员密集场所严禁超员使用。

（九）人员密集场所应当制定灭火疏散应急预案并组织演练;发生火灾时,必须立即报警并组织人员疏散和扑救初起火灾。

（十）公民应当自觉遵守消防法律法规和公共场所消防安全管理规定;发现违反消防法律法规的行为,积极向公安机关举报。

55. 消防设施的设置和维护管理有哪些具体规定?

《消防法》规定,任何单位、个人不得损坏、挪用或者擅自拆除、停用消防设施、器材,不得埋压、圈占、遮挡消火栓或者占用防火间距,不得占用、堵塞、封闭疏散通道、安全出口、消防车通道。人员密集场所的门窗不得设置影响逃生和灭火救援的障碍物。

同时该法规定,负责公共消防设施维护管理的单位,应当保持消防供水、消防通信、消防车通道等公共消防设施的完好有效。在修建道路以及停电、停水、截断通信线路时有可能影响消防队灭火救援的,有关单位必须事先通知当地公安机关消防机构。

《消防法》第十六条规定,机关,团体,企业,事业等单位应当对建筑消防设施每年至少进行一次全面检测,确保完好有效,检测记录应当完整准确,存档备查。

公安部颁发的《建筑消防设施的维护管理》(GA587—2005)对建筑消防设施的维护管理做了明确的规定,其中重点消防单位的消防设施应当每日巡查,其他单位的消防设施应当每周至少巡查一次。并规定建筑消防设施的单项检查应当每月至少一次,建筑消防设施的联动检查应当每年至少一次。

56. 消防监督检查有何具体规定?

《消防法》规定,地方各级人民政府应当落实消防工作责任制,对本级人民政府有关部门履行消防安全职责的情况进行监督检查。县级以上地方人民政府有关部门应当根据本系统的特点,有针对性地开展消防安全检查,及时督促整改火灾隐患。公安机关消防机构应当对机关、团体、企业、事业等单位遵守消防法律、法规的情况依法进行监督检查。公安派出所可以负责日常消防监督检查、开展消防宣传教育,具体办法由国务院公安部门规定。

公安部于 2009 年 4 月 30 日发布、2012 年 7 月 17 日修订的《消防监督检查规定》消防监督检查作出了明确的规定。

该规定指出,直辖市、市(地区、州、盟)、县(市辖区、县级市、旗)公安机关消防机构具体实施消防监督检查,确定本辖区内的消防安全重点单位并由所属公安机关报本级人民政府备案。公安派出所可以对居民住宅区的物业服务企业、居民委员会、村民委员会履行消防安全职责的情况和上级公安机关确定的单位实施日常消防监督检查。

公安机关消防机构根据本地区火灾规律、特点等消防安全需要组织监督抽查;在火灾多发季节,重大节日、重大活动前或者期间,应当组织监督抽查。消防安全重点单位应当作为监督抽查的重点,非消防安全重点单位必须在监督抽查的单位数量中占有一定比例。对属于人员密集场所的消防安全重点单位每年至少监督检查一次。

对单位履行法定消防安全职责情况的监督抽查,应当根据单位的实际情况检查下列内容:

(一)建筑物或者场所是否依法通过消防验收或者进行竣工验收消防备案,公众聚集场所是否通过投入使用、营业前的消防安全检查;

（二）建筑物或者场所的使用情况是否与消防验收或者进行竣工验收消防备案时确定的使用性质相符；

（三）消防安全制度、灭火和应急疏散预案是否制定；

（四）消防设施、器材和消防安全标志是否定期组织维修保养，是否完好有效；

（五）电器线路、燃气管路是否定期维护保养、检测；

（六）疏散通道、安全出口、消防车通道是否畅通，防火分区是否改变，防火间距是否被占用；

（七）是否组织防火检查、消防演练和员工消防安全教育培训，自动消防系统操作人员是否持证上岗；

（八）生产、储存、经营易燃易爆危险品的场所是否与居住场所设置在同一建筑物内；

（九）生产、储存、经营其他物品的场所与居住场所设置在同一建筑物内的，是否符合消防技术标准；

（十）其他依法需要检查的内容。

对人员密集场所还应当抽查室内装修材料是否符合消防技术标准、外墙门窗上是否设置影响逃生和灭火救援的障碍物。

对消防安全重点单位履行法定消防安全职责情况的监督抽查，除检查本规定第十条规定的内容外，还应当检查下列内容：

（一）是否确定消防安全管理人；

（二）是否开展每日防火巡查并建立巡查记录；

（三）是否定期组织消防安全培训和消防演练；

（四）是否建立消防档案、确定消防安全重点部位。

对属于人员密集场所的消防安全重点单位，还应当检查单位灭火和应急疏散预案中承担灭火和组织疏散任务的人员是否确定。

在大型群众性活动举办前对活动现场进行消防安全检查，应当重点检查下列内容：

（一）室内活动使用的建筑物（场所）是否依法通过消防验收或者进行竣工验收消防备案，公众聚集场所是否通过使用、营业前的消防安全检查；

（二）临时搭建的建筑物是否符合消防安全要求；

（三）是否制定灭火和应急疏散预案并组织演练；

（四）是否明确消防安全责任分工并确定消防安全管理人员；

（五）活动现场消防设施、器材是否配备齐全并完好有效；

（六）活动现场的疏散通道、安全出口和消防车通道是否畅通；

（七）活动现场的疏散指示标志和应急照明是否符合消防技术标准并完好有效。

对大型的人员密集场所和其他特殊建设工程的施工现场进行消防监督检查，应当重点检查施工单位履行下列消防安全职责的情况：

（一）是否明确施工现场消防安全管理人员，是否制定施工现场消防安全制度、灭火和应急疏散预案；

（二）在建工程内是否设置人员住宿、可燃材料及易燃易爆危险品储存等场所；

（三）是否设置临时消防给水系统、临时消防应急照明，是否配备消防器材，并确保完好有效；

（四）是否设有消防车通道并畅通；

（五）是否组织员工消防安全教育培训和消防演练；

（六）施工现场人员宿舍、办公用房的建筑构件燃烧性能、安全疏散是否符合消防技术标准。

57. 灭火救援有什么具体规定？

《消防法》规定，县级以上地方人民政府应当按照国家规定建立公安消防队、专职消防队，并按照国家标准配备消防装备，承担火灾扑救工作。乡镇人民政府应当根据当地经济发展和消防工作的需要，建立专职消防队、志愿消防队，承担火灾扑救工作。

该法规定，下列单位应当建立单位专职消防队，承担本单位的火灾扑救工作：

（一）大型核设施单位、大型发电厂、民用机场、主要港口；

（二）生产、储存易燃易爆危险品的大型企业；

（三）储备可燃的重要物资的大型仓库、基地；

（四）第一项、第二项、第三项规定以外的火灾危险性较大、距离公安消防队较远的其他大型企业；

（五）距离公安消防队较远、被列为全国重点文物保护单位的古建筑群的管理单位。

机关、团体、企业、事业等单位以及村民委员会、居民委员会根据需要，建立志愿消防队等多种形式的消防组织，开展群众性自防自救工作。

《消防法》规定，县级以上地方人民政府应当组织有关部门针对本行政区域内的火灾特点制定应急预案，建立应急反应和处置机制，为火灾扑救和应急救援工作提供人员、装备等保障。

任何人发现火灾都应当立即报警。任何单位、个人都应当无偿为报警提供便利，不得阻拦报警。严禁谎报火警。人员密集场所发生火灾，该场所的现场工作人员应当立即组织、引导在场人员疏散。任何单位发生火灾，必须立即组织力量扑救。邻近单位应当给予支援。消防队接到火警，必须立即赶赴火灾现场，救助遇险人员，排除险情，扑灭火灾。

公安机关消防机构统一组织和指挥火灾现场扑救，应当优先保障遇险人员的生命安全。火灾现场总指挥根据扑救火灾的需要，有权决定下列事项：

（一）使用各种水源；

（二）截断电力、可燃气体和可燃液体的输送，限制用火用电；

（三）划定警戒区，实行局部交通管制；

（四）利用邻近建筑物和有关设施；

（五）为了抢救人员和重要物资，防止火势蔓延，拆除或者破损毗邻火灾现场的建筑物、构筑物或者设施等；

（六）调动供水、供电、供气、通信、医疗救护、交通运输、环境保护等有关单位协助灭火救援。

根据扑救火灾的紧急需要，有关地方人民政府应当组织人员、调集所需物资支援灭火。

58. 河南平顶山市"5·25"老年公寓特大火灾事故的教训是什么？[①]

2015 年 5 月 25 日 19 时 30 分许，河南省平顶山市鲁山县康乐园老年公寓发生特别重大火灾事故，造成 39 人死亡、6 人受伤，过火面积 745.8 平方米，直接经济损失 2 064.5 万元。

2015 年 10 月 14 日公布的事故调查报告显示，这起特大火灾事故的直接原因是：康乐园老年公寓不能自理区电器线路接触不良发热，高温引燃周围的电线绝缘层、聚苯乙烯泡沫、吊顶木龙骨等易燃可燃材料，造成火灾。建筑物大量使用聚苯乙烯夹芯彩钢板（聚苯乙烯夹芯材料燃烧的滴落物具有引燃性），且吊顶空间整体贯通，加剧火势迅速蔓延并猛烈燃烧，导致整体建筑短时间内垮塌损毁；不能自理区老人无自主活动能力，无法及时自救造成重大人员伤亡。

事故调查组调查认定的间接原因是：康乐园老年公寓违规建设运营，管理不规范，安全隐患长期存在；地方民政部门违规审批许可，行业监管不到位；地方公

[①]《国务院批复河南平顶山"5·25"特别重大火灾事故调查报告》，来源：国家安监总局网站，2015年 10 月 14 日，网址：http://www.chinasafety.gov.cn/newpage/Contents/Channel_21356/2015/1014/259088/content_259088.htm

安消防部门落实消防法规政策不到位,消防监管不力;地方国土、规划、建设部门执法监督工作不力,履行职责不到位;地方政府安全生产属地责任落实不到位。其中,(一)鲁山县琴台街道办事处贯彻落实国家有关法规政策不到位,属地监管不力;(二)鲁山县委、县政府贯彻落实国家民政、公安消防等法规政策不到位,履行安全生产属地监管职责不到位;(三)平顶山市政府督促指导下级政府和有关部门贯彻落实国家及河南省民政、公安消防等法规政策不到位,督促指导安全工作不力。对养老机构等安全监督管理工作不重视。

调查报告显示,有 31 人被司法机关采取措施,包括该老年公寓法定代表人、院长、副院长、办公室主任、消防安全主管等,以及包括民政、公安消防、公安派出所、城乡规划、住房和城乡建设局、国土资源局、街道办事处等部门和单位的有关人员,另有 27 人受到党纪、政纪处分。

因此,各单位、各部门都应严格遵守相关法律法规的规定,并落实到行动中,政府部门也必须按照法律规定,严格执法。只有这样长期坚持,社会的法治思维才能真正树立,法律的价值才能得到体现。

第七章 城市运行安全

2010年7月28日上午,位于南京市栖霞区迈皋桥街道的南京塑料四厂地块拆除工地发生地下丙烯管道泄漏爆燃事故,共造成22人死亡(7月29日下午4:30新闻发布会之前发现死亡13人,之后在塑料四厂爆燃点周边的废墟中搜寻出6名死者,重伤住院人员中有3人经抢救无效死亡),120人住院治疗,其中14人重伤(包括抢救无效死亡的3人),爆燃点周边部分建(构)筑物受损,直接经济损失4784万元。

事故调查组调查认为,由于个体拆除施工队擅自组织开挖地下管道、现场盲目指挥并野蛮操作挖掘机挖穿地下管道,导致丙烯大量泄露,迅速扩散后遇点火源引发爆燃,造成重大安全生产事故。栖霞区相关单位及负责人违反国家法律、法规和市、区两级政府相关规定,违规组织实施南京塑料四厂地块拆除工程,且在拆除过程中未履行安全监管工作职责,对野蛮施工未加制止,对事故的发生负有重要的行政责任。

按照有关规定,对18名事故责任人依法依纪进行严肃处理。其中,个体拆除施工队负责人邵某,南京塑料四厂地块拆除工程非法承接人之一董某,无证挖掘机驾驶员方某,区人大、迈皋桥街道工委书记、街道主任、拆迁办主任及科长等7名涉嫌犯罪的事故责任人被移送司法机关处理;另有11人给予党纪政纪处分。

---

① 《江苏通报南京"7·28"事故调查处理结果18名事故责任人被严处》,来源:人民网,2010年12月7日,网址:http://society.people.com.cn/GB/13420928.html

案例十四 韩国大邱地铁火灾案[①]

2003 年 2 月 18 日上午 9 时 55 分左右,韩国东第三大城市大邱市的一辆地铁刚在市中心的中央路车站停住,车厢里一名 56 岁的男子从黑色的手提包里取出一个装满易燃物的绿色塑料罐并点燃。车内起火后,车站的电力系统立刻自动断电,站内一片漆黑,列车门因断电无法打开。车内没有自动灭火装置。正当大火烧起来的时候,刚好驶进站台的对面一趟列车也因停电而无法动弹。大火迅速蔓延过去,两列车的 12 节车厢全被烈火浓烟包围。大火在 3 小时后被扑灭,火灾最终导致 198 名乘客死亡,147 人受伤的重大惨剧。

大邱市地铁全长 28.3 公里,1997 年投入运行,每天运送乘客 14 万多人次。这次火灾发生时两列地铁列车上共有约 600 名乘客,但为什么造成了如此严重的伤亡呢? 韩国专家们认为,是多种原因导致了此次灾难。

首先是设备方面的隐患,车站和车厢内安全装置不足。韩国的地铁车站内虽然安装了火灾自动报警设备、自动淋水灭火装置、除烟设备和紧急照明灯,但是这些安全装置在对付严重火灾时仍明显不足,尤其是自动淋水灭火装置。由于车厢上方是高压线,为了防止触电,车厢内均没有安装这种装置。因此,此次大邱市地铁发生大火时,不可能尽早扑救。车站断电后,四周一片漆黑,紧急照明灯和出口引导灯均没有闪亮。此外,车站内的通风设备容量不大,只能保障平时的空气流通,难以排除大量的浓烟。车厢内的座椅、地板等虽然采用耐燃材料,一旦燃烧起来仍会散发出大量有毒成分。韩国媒介报道说,火灾的死亡者中有许多是在跑出车厢后找不到出口而被含有有毒成分的浓烟窒息而死的。

其次是法律还不健全。韩国专家们特别指出,韩国现行的《消防法》只注重固定的建筑和设备,而飞机、船舶、火车等移动的大众交通工具在《消防法》中是个死角。韩国媒体报道说,大邱市地铁 1997 年开通时采用的有关防火安全的标准,还是 20 世纪 70 年代韩国首次开通地铁时的标准,已经不适合当前的情况。

第三是安全教育流于形式。韩国每年都进行"民防训练",学习在紧急

---

① 《韩国大邱地铁纵火案》,来源:百度网站,2015 年 10 月 5 日登陆,网址:http://baike. baidu. com/link? url=CaZTNbZCCATHHp_Pbd1s90EacsrQuVDBoDd0Cc9JoSKeZwF9GmXaunWyStl76gddazvvcectpMlv-450rMs-h_

情况下逃生和保障安全的知识。韩国媒体和专家指出,这些民防训练"大多流于形式",人们在慌乱时全然不知使用现有的灭火器材进行灭火。

除了上述原因外,韩国专家们还认为,地铁公司平时的麻痹大意、安全意识不强、安全保卫人员不足以及通信联络不完备等等,也是造成此次地铁火灾大批人员伤亡的重要因素。特别是当时车站的中央控制室管理不力,没有及时阻止另一列列车进入已经失火的车站,更造成了伤亡人员增加。韩国警方对大邱地铁纵火事件的调查结果认为,地铁工作人员未能采取适当措施处理紧急情况,是造成大量人员伤亡的主要原因之一。

59. 湖北荆州商场电梯事故致人死亡谁之过?

2015 年 7 月 26 日上午 9 点 57 分,31 岁的向女士带一小孩乘坐位于荆州市沙市区某百货公司扶梯,从 6 楼上升至 7 楼电梯驱动站时,脚踏上紧靠前缘板的盖板上,踏翻盖板,向女士掉进梯级与防护板之间,被卷入运动的梯级中,不幸死亡,小孩被向女士本能举起后获救。

国家质检总局官方网站的信息显示,截至 2014 年底,我国电梯总量已达 360 万台,并以每年 20% 左右的速度增长,电梯保有量、年产量、年增长量均为世界第一,电梯安全事故却时有发生。据质检总局特种设备安全监察局相关部门负责人表示,据统计,2014 年全国共发生 49 起电梯事故,死亡 37 人。

2014 年 1 月 1 日施行的《特种设备安全法》,对电梯的制造、安装、使用和维护做出了具体的规定:

(一)电梯的安装、改造、修理,必须由电梯制造单位或者其委托的依照本法取得相应许可的单位进行。电梯制造单位委托其他单位进行电梯安装、改造、修理的,应当对其安装、改造、修理进行安全指导和监控,并按照安全技术规范的要求进行校验和调试。电梯制造单位对电梯安全性能负责。

(二)电梯、客运索道、大型游乐设施等为公众提供服务的特种设备的运营使用单位,应当对特种设备的使用安全负责,设置特种设备安全管理机构或者配备专职的特种设备安全管理人员;其他特种设备使用单位,应当根据情况设置特种设备安全管理机构或者配备专职、兼职的特种设备安全管理人员。

(三)电梯的维护保养应当由电梯制造单位或者依照本法取得许可的安装、改造、修理单位进行。电梯的维护保养单位应当在维护保养中严格执行安全技术规范的要求,保证其维护保养的电梯的安全性能,并负责落实现场安全防护措施,保证施工安全。电梯的维护保养单位应当对其维护保养的电梯的安全性能负责;接到故障通知后,应当立即赶赴现场,并采取必要的应急救援措施。

（四）电梯投入使用后，电梯制造单位应当对其制造的电梯的安全运行情况进行跟踪调查和了解，对电梯的维护保养单位或者使用单位在维护保养和安全运行方面存在的问题，提出改进建议，并提供必要的技术帮助；发现电梯存在严重事故隐患时，应当及时告知电梯使用单位，并向负责特种设备安全监督管理的部门报告。电梯制造单位对调查和了解的情况，应当作出记录。

2015 年 4 月 1 日修订后的《上海市电梯安全管理办法》对电梯安全管理作出了进一步的规定。该办法第二十三条规定，使用管理单位的安全管理机构或者安全管理人员应当履行下列职责：

（一）巡视电梯运行情况，并做好记录，巡视记录至少保存 5 年；

（二）保管电梯层门钥匙、机房钥匙和安全提示牌；

（三）配合维护保养单位开展工作，签字确认维护保养记录；

（四）电梯安装、改造、修理、检验、检测时，做好现场配合工作，协助施工单位落实安全防护措施；

（五）在需要暂停使用的电梯出入口张贴停用告示，并采取避免电梯乘用的安全措施；

（六）发现违反电梯乘用规范的行为，予以劝阻；

（七）发现电梯存在故障或者其他影响电梯正常运行的情况时，作出停止使用的决定，并及时报告本单位负责人。

该办法第二十四条规定，乘客乘用电梯时，应当遵守安全使用说明和安全注意事项的要求，服从有关工作人员的管理和指挥，不得实施下列行为：

（一）乘用明示处于非安全状态的电梯；

（二）乘用超过额定载荷的电梯；

（三）采用非正常手段开启电梯层门、轿厢门；

（四）破坏电梯安全警示标志、报警装置或者电梯零部件；

（五）其他影响电梯安全运行的行为。

该办法第二十五条规定，住宅小区电梯安全使用管理除执行本办法的其他规定之外，还应当遵守下列规定：

（一）建设单位、业主应当在《临时管理规约》或者《管理规约》中规定电梯日常管理、维护保养、改造、修理、检验、检测、安全评估、更新等费用的筹集和使用规则。

（二）业主委员会与物业服务企业签订物业服务合同时，应当明确约定电梯安全使用管理方面的权利、义务和责任。

（三）物业服务企业应当公开电梯安全管理的相关记录，业主、业主大会、业主委员会有权监督物业服务企业的电梯安全使用管理工作。

（四）电梯发生故障影响正常使用或者经检验存在事故隐患的，物业服务企业应当向业主委员会报告。

该办法二十六条规定，使用管理单位应当确保电梯紧急报警装置有效运行，即时响应乘客被困报警，做好安全指导工作，并在乘客被困报警后 5 分钟内通知维护保养单位采取措施实施救援。电梯出现故障、发生异常情况或者存在事故隐患的，使用管理单位应当做好警戒工作，控制电梯操作区域，严禁无关人员进入，组织对电梯进行全面检查。电梯经排除故障、消除事故隐患后，方可继续使用。需停止电梯运行时间超过 24 小时以上的，使用管理单位应当公告电梯停止运行的原因和修复所需时间。电梯发生事故时，使用管理单位应当组织排险、救援，保护事故现场，并于 1 小时内报告电梯所在地的区县特种设备安全监督管理部门。

该办法第二十七条规定，使用管理单位应当在检验合格有效期届满前 1 个月，按照规定向检验机构申请定期检验。未经定期检验或者检验不合格的电梯，不得继续使用。因建筑物改造、维护等原因，电梯需要停用 1 年以上或者停用期超出下次检验日期的，使用管理单位应当设置警示标志、封存电梯，并自停用之日起 30 日内，向电梯所在地的区县特种设备安全监督管理部门办理停用手续。电梯恢复使用前，使用管理单位应当进行检查，并向检验机构申请定期检验。自监督检验合格之日起使用年限超过 15 年的电梯，应当每 5 年在定期检验时，按照监督检验的要求进行功能性试验和制停距离检查。

60. 锅炉、压力容器等特种设备安全如何保障?

2014 年 1 月 1 日施行的《中华人民共和国特种设备安全法》规定，锅炉、压力容器(含气瓶)、压力管道、电梯、起重机械、客运索道、大型游乐设施、场(厂)内专用机动车辆等属于特种设备，施行特殊的安全管理措施，包括

（一）按照分类监督管理的原则对特种设备生产实行许可制度。特种设备生产单位应当保证特种设备生产符合安全技术规范及相关标准的要求，对其生产的特种设备的安全性能负责。

（二）特种设备销售单位应当建立特种设备检查验收和销售记录制度。

（三）特种设备在出租期间的使用管理和维护保养义务由特种设备出租单位承担，法律另有规定或者当事人另有约定的除外。

（四）特种设备使用单位应当使用取得许可生产并经检验合格的特种设备，并在检验合格有效期届满前 1 个月向特种设备检验机构提出定期检验要求。未经定期检验或者检验不合格的特种设备，不得继续使用。

（五）特种设备使用单位应当在特种设备投入使用前或者投入使用后 30 日

内,向负责特种设备安全监督管理的部门办理使用登记,取得使用登记证书。登记标志应当置于该特种设备的显著位置。

(六)特种设备使用单位应当建立岗位责任、隐患治理、应急救援等安全管理制度,制定操作规程,保证特种设备安全运行。特种设备使用单位应当建立特种设备安全技术档案。

(七)特种设备使用单位应当对其使用的特种设备进行经常性维护保养和定期自行检查,并作出记录。电梯的维护保养应当由电梯制造单位或者依照本法取得许可的安装、改造、修理单位进行。

(八)特种设备使用单位应当制定特种设备事故应急专项预案,并定期进行应急演练。

(九)负责特种设备安全监督管理的部门依照本法规定,对特种设备生产、经营、使用单位和检验、检测机构实施监督检查。

(十)负责特种设备安全监督管理的部门应当对学校、幼儿园以及医院、车站、客运码头、商场、体育场馆、展览馆、公园等公众聚集场所的特种设备,实施重点安全监督检查。

61. 公共场所人群聚集安全管理有何具体规定?

公共场所人群聚集的安全管理近年来越来越受到人们的关注。2014 年 12 月 31 日 23 时 35 分许,正值跨年夜活动,因很多游客市民聚集在上海外滩迎接新年,外滩陈毅广场东南角北侧人行通道阶梯处的单向通行警戒带被冲破,造成人流对冲,致使有人摔倒,发生拥挤踩踏事件,造成 36 人死亡,49 人受伤。

2007 年 9 月 14 日,国务院发布《大型群众性活动安全管理条例》,自 2007 年 10 月 1 日起施行。该条例所称大型群众性活动,是指法人或者其他组织面向社会公众举办的每场次预计参加人数达到 1 000 人以上的下列活动:体育比赛活动;演唱会、音乐会等文艺演出活动;展览、展销等活动;游园、灯会、庙会、花会、焰火晚会等活动;人才招聘会、现场开奖的彩票销售等活动。影剧院、音乐厅、公园、娱乐场所等在其日常业务范围内举办的活动,不适用本条例的规定。

该条例规定:

(一)大型群众性活动的安全管理应当遵循安全第一、预防为主的方针,坚持承办者负责、政府监管的原则。

(二)大型群众性活动的承办者对其承办活动的安全负责,承办者的主要负责人为大型群众性活动的安全责任人。

(三)公安机关对大型群众性活动实行安全许可制度。大型群众性活动的预计参加人数在 1 000 人以上 5 000 人以下的,由活动所在地县级人民政府公安机关实施安全许可;预计参加人数在 5 000 人以上的,由活动所在地设区的市级人民政府公安机关或者直辖市人民政府公安机关实施安全许可。

(四)举办大型群众性活动,承办者应当制订大型群众性活动安全工作方案。大型群众性活动安全工作方案包括下列内容:活动的时间、地点、内容及组织方式;安全工作人员的数量、任务分配和识别标志;活动场所消防安全措施;活动场所可容纳的人员数量以及活动预计参加人数;治安缓冲区域的设定及其标识;入场人员的票证查验和安全检查措施;车辆停放、疏导措施;现场秩序维护、人员疏导措施;应急救援预案。

(五)承办者具体负责下列安全事项:落实大型群众性活动安全工作方案和安全责任制度,明确安全措施、安全工作人员岗位职责,开展大型群众性活动安全宣传教育;保障临时搭建的设施、建筑物的安全,消除安全隐患;按照负责许可的公安机关的要求,配备必要的安全检查设备,对参加大型群众性活动的人员进行安全检查,对拒不接受安全检查的,承办者有权拒绝其进入;按照核准的活动场所容纳人员数量、划定的区域发放或者出售门票;落实医疗救护、灭火、应急疏散等应急救援措施并组织演练;对妨碍大型群众性活动安全的行为及时予以制止,发现违法犯罪行为及时向公安机关报告;配备与大型群众性活动安全工作需要相适应的专业保安人员以及其他安全工作人员;为大型群众性活动的安全工作提供必要的保障。

(六)大型群众性活动的场所管理者具体负责下列安全事项:保障活动场所、设施符合国家安全标准和安全规定;保障疏散通道、安全出口、消防车通道、应急广播、应急照明、疏散指示标志符合法律、法规、技术标准的规定;保障监控设备和消防设施、器材配置齐全、完好有效;提供必要的停车场地,并维护安全秩序。

上海市人民政府于 2015 年 5 月 15 日发布《上海市公共场所人群聚集安全管理办法》,自 2015 年 7 月 1 日起施行。

本《办法》所称人群聚集公共场所,是指下列场所:景区(点)、公园、轨道交通站点、机场航站楼、客运车站、客运码头、展览场馆、体育场馆、文化娱乐场所、商场、集贸市场;医院、学校、宗教活动场所;人群经常聚集的广场、道路等其他公共场所。

本《办法》所称人群聚集活动,是指下列活动:按照《条例》规定,法人或者其他组织面向社会公众举办的每场次预计参加人数 1 000 人以上的大型群众性活动;法人或者其他组织面向社会公众举办的每场次预计参加人数不足 1 000 人的小型群众性活动;人群自发聚集达到一定密度的其他群众性活动。

大型群众性活动的安全责任主体:大型群众性活动的承办者(以下简称承办

者)对其承办活动的安全负责,承办者的主要负责人为大型群众性活动的安全责任人。所称承办者,是指负责筹备、举办大型群众性活动并申请安全许可的法人或者其他组织。

《办法》明确规定了政府的职责:

(一)市和区(县)人民政府应当按照"分级管理、属地为主"的原则,加强对人群聚集公共场所和人群聚集活动的领导,组织、督促相关部门依法履行安全管理职责。

(二)市和区(县)公安部门负责本行政区域内大型群众性活动的安全管理工作,按照职责对人群聚集活动进行应急处置。

(三)安全生产监管、建设、交通、商务、旅游、卫生计生、教育、文广影视、体育、民政、民族宗教、绿化市容、质量技监、食品药品监管等相关部门,按照各自职责负责与人群聚集相关的安全管理工作。

《办法》规定了人群聚集公共场所的经营、管理单位应当履行下列责任:设置应急广播、应急照明等应急救援设施和安全提示设施,并定期维修保养,确保其正常运行;设置必要的监控设施,对场所内人员流动、聚集情况进行监测;显著标明安全撤离的通道、路线,并保证安全通道、出口的畅通;经常性巡查场所,采取相应的安全防范措施;制定应急预案,并结合实际情况开展应急演练。

人群聚集公共场所的经营、管理单位应当预测人数、评估风险,采取相应的安全防范措施,根据需要配备安保人员,制定突发事件应急预案。属于大型群众性活动的,按照国务院发布的《大型群众性活动安全管理条例》和本办法第四章的规定执行。

62. 乘坐地铁需要遵守哪些安全规定?

为缓解城市交通,各地大力发展地铁,据统计,全国已经有 24 个城市开通地铁。目前,上海轨道交通的客流量平均每天 800 万人次,工作日是 900 万人次,节假日突破 1 000 万人次。北京地铁日客运量也多次突破 1 000 万人次。由于地铁的特殊性,轨道交通的安全越来越受到人们的关注。

《上海市轨道交通管理条例》规定:

(一)轨道交通企业是轨道交通运营安全的责任主体,应当按照有关规定设置安全生产管理机构,配备专职安全生产管理人员,建立健全安全生产管理制度和操作规程,维护轨道交通运营安全。

(二)轨道交通企业应当设置报警、灭火、逃生、防汛、防爆、防护监视、紧急疏散照明、救援等器材和设备,定期检查、维护,按期更新,并保持完好。

(三)当发生轨道交通客流量激增而可能危及运营安全等紧急情况时,轨道交通企业应当按照有关规定采取限制客流量的措施,确保运营安全。

(四)禁止乘客携带易燃、易爆、有毒、有放射性、有腐蚀性以及其他有可能危及人身和财产安全的危险物品进站、乘车。

(五)轨道交通企业应当按照有关标准和操作规范,设置安全检查设施,并有权对乘客携带的物品进行安全检查,乘客应当予以配合。对安全检查中发现的携带危险物品的人员,轨道交通企业应当拒绝其进站、乘车;不听劝阻,坚持携带危险物品进站的,轨道交通企业应当立即按照规定采取安全措施,并及时报告公安部门依法处理。

2014年1月1日起施行的《上海市轨道交通乘客守则》规定:

(一)轨道交通企业应当按照有关标准和操作规范,设置安全检查设施,并有权对乘客携带的物品进行安全检查,乘客应当予以配合。对安全检查中发现的携带危险物品的人员,轨道交通企业应当拒绝其进站、乘车;不听劝阻,坚持携带危险物品进站的,轨道交通企业应当立即按照规定采取安全措施,并及时报告公安部门依法处理。乘客须在安全线内候车,乘车时应当先下后上,上、下列车应当注意站台间隙;列车车门蜂鸣器响,车门及屏蔽门、安全门警示灯亮,乘客不得强行上、下车;车门开启、关闭时,不得触摸车门;车到终点,乘客应当全部下车。

(二)禁止携带易燃、易爆、有毒、有放射性、有腐蚀性以及其他有可能危及人身和财产安全的危险物品;禁止携带有严重异味、未经安全包装的易碎、尖锐物品,禁止非紧急状态下动用紧急或者安全装置。

同时,乘车人应当提升消防安全意识,掌握逃生自救知识。在大邱地铁火灾中,有的人能够利用应急装置,手动打开车门,而更多的人恐怕连这些应急装置包括灭火器在哪里都不清楚。有的人虽然从列车中逃了出来,但是没有上到地面就被烟气熏倒,如果这些人能够采用正确的方法,比如:用湿的毛巾或者把衣袖弄湿捂住口鼻,低姿势迅速穿过烟气区,也许多一条鲜活的生命可以获救。

63. 公交失火,如何自救互救?

2014年7月5日下午5时,杭州一辆7路公交车途经东坡路与庆春路交叉口时车内起火燃烧。事故造成30多人受伤,其中重伤15人,无人员死亡。警方从现场取证调查确认这是一起人为纵火案,纵火者被法院判处死刑。

事发现场,市民自发组成救援团在短时间内灭火救人。公羊队队员王磊及市民一起砸开了7路车后车窗;西湖时代广场物业服务中心的6名保安人员及时接通室外消防栓灭火;杭州口腔医院的医护人员拿着急救箱、氧气袋冲下楼,分工进行急救;《今日早报》实习记者陆彬彬放下了采访任务参与救援,将10余个伤员搬离现场⋯⋯"在消防车来到之前,火势基本依靠市民扑灭了,乘客也都被从车里救出来了。"

过往公交纵火案也时有发生,如 2014 年 5 月 12 日在四川宜宾、2014 年 2 月 27 日在贵阳。特别是,2013 年 6 月 7 日 18 时 22 分,厦门 BRT 快 1 线途经金山站往南 500 米处发生公交车起火事故,造成 47 人死亡、34 人受伤。当日正值全国高考,共有 8 名考生遇难。警方调查证实嫌疑人陈某因厌世泄愤纵火,在事故中死亡。

公安部:严打严防地铁公交严重暴力犯罪 强化安防措施 提升应对能力

公安部 2014 年 7 月 16 日下午召开全国公安机关紧急视频会议,部署进一步加强地铁公交安全保卫工作。公安部要求,各地公安机关要认真贯彻落实中央领导同志重要指示精神,把地铁公交安保工作放到更加突出的位置,会同交通运输等部门切实加强地铁公交安全防范,严格落实安保工作责任,深入开展安全隐患排查治理,广泛发动群众群防群治,严打严防地铁公交严重暴力犯罪,确保人民群众生命财产安全。对在地铁公交实施严重暴力犯罪和携带爆炸等危险物品准备实施犯罪的,要采取果断措施,坚决打击、依法严惩,决不手软。

以地铁、公交等为目标,实施暴力恐怖和个人极端等严重暴力犯罪活动,严重危害公共安全。公安部要求,各地公安机关要以最坚决的态度、最有力的措施,迅速形成严打严防严控态势。要全面提升防控等级,坚持重点防控、整体防控,科学调整警务部署,强化武装巡逻,逐车逐站派出着装或便衣警察执勤,重点车站推行民警定点安检盘查、特警武装巡控、武警把口巡逻、民警携犬进站的"四位一体"防控模式,形成强大震慑。要进一步强化重点物品、重点人员管控,严密各类危爆物品购销渠道治安管理,严格督促落实凭证购买、实名登记、收寄验视、可疑情况报告等管理制度,坚决把危险物品和危险人物堵截在车外站外。要全力做好应急处突各项准备,针对可能发生的各种突发情况健全完善应急预案,协调特警、消防、武警等力量,相对固定应急处突力量编成,坚持屯警一线、动中备勤,确保一旦发生突发情况快速反应、高效处置。

公安部要求,各级公安机关要在党委政府的统一领导下,会同交通运输部门督促地铁公交运营单位进一步强化安检措施、落实安防责任。要积极提请党委政府加大投入,在每列地铁列车、每辆公交车上配备安全员,配备必要的防护、防暴设施和器材,推广安装安防新技术、新产品,组织开展培训演练,提高识别违禁物品、发现报告可疑情况、组织应急逃生等基本技能。要认真落实严格的安检制度,强化违禁物品查控措施,进站上车物品必须安检,城市地面公交要加强临检抽检。要深入开展地铁公交安保工作专项检查,全面排查整改安全隐患,对安防制度不健全、设施不齐全、措施不落实、保卫力量不到位的,要督促限期整改;对隐患整改不到位的车辆,要责令停运停用;对突出治安问题和治安乱点,要组织开展集中整治行动。

公安部强调,各地要把地铁公交安保工作作为反恐维稳工作的重要内容,切实加强组织领导和统一协调。要在党委、政府领导下,全面落实地铁公交安全属地管理责任、行业监管责任和运营单位安防主体责任。要积极组织发动人民群众开展群防群治,发挥红袖标作用,协助民警执勤,维护站车秩序,鼓励群众及时发现举报可疑线索,大力表彰群众见义勇为行为,对提供重大线索和有效制止犯罪的给予重奖。

64. 城市燃气的使用,有哪些具体规定?

2014 年据不完全统计,全国共发生燃气爆炸事故 350 余起,事故造成死亡114 人,受伤 670 余人,损失财产达 6 800 万元。

2014 年 7 月 31 日晚至 8 月 1 日凌晨,我国台湾高雄市前镇区发生可燃气体泄漏连环爆炸事故,炸毁数条街,共造成 26 人死亡、至少 284 人受伤、2 人失踪,其中消防人员死亡 4 人,受伤 22 人。这是高雄市近 10 多年来最严重的石化事故。

《城镇燃气管理条例》(国务院令第 583 号)对燃气的经营和使用做出了具体规定,包括:

(一)管道燃气经营者因施工、检修等原因需要临时调整供气量或者暂停供气的,应当将作业时间和影响区域提前 48 小时予以公告或者书面通知燃气用户,并按照有关规定及时恢复正常供气;因突发事件影响供气的,应当采取紧急措施并及时通知燃气用户。

(二)燃气经营者应当对其从事瓶装燃气送气服务的人员和车辆加强管理,并承担相应的责任。从事瓶装燃气充装活动,应当遵守法律、行政法规和国家标准有关气瓶充装的规定。

(三)燃气用户应当遵守安全用气规则,使用合格的燃气燃烧器具和气瓶,及时更换国家明令淘汰或者使用年限已届满的燃气燃烧器具、连接管等,并按照约定期限支付燃气费用。单位燃气用户还应当建立健全安全管理制度,加强对操作维护人员燃气安全知识和操作技能的培训。

(四)安装、改装、拆除户内燃气设施的,应当按照国家有关工程建设标准实施作业。

(五)在燃气设施保护范围内,禁止从事下列危及燃气设施安全的活动:①建设占压地下燃气管线的建筑物、构筑物或者其他设施;②进行爆破、取土等作业或者动用明火;③倾倒、排放腐蚀性物质;④放置易燃易爆危险物品或者种植深根植物;⑤其他危及燃气设施安全的活动。

环境篇

改革开放 30 多年的经济快速增长，导致我国的环境污染问题日益严重。无论是前些年突出的水污染问题，还是这些年的雾霾天、PM2.5 等大气污染问题，以及时不时被曝光的儿童"血铅"超标事件、"镉大米"、"PX"等事件，无不表明，我国在经济快速发展所积累的环境污染和生态破坏的问题正在以环境事件或健康危机的方式集中爆发。而且，气候变化这样的词汇，也正不断出现在新闻报道中，而且必将影响我们的生活。

在党的十八大上，中国共产党新一代领导集体高瞻远瞩地将生态文明纳入了中国特色社会主义事业的"五位一体"的总体部署，并强调树立尊重自然、顺应自然、保护自然的生态文明理念，着手打造美丽中国。2015 年10 月底召开的十八届五中全会通过的《中共中央关于制定国民经济和社会发展第十三个五年规划的建议》提出，绿色是永续发展的必要条件和人民对美好生活追求的重要体现。必须坚持节约资源和保护环境的基本国策，坚持可持续发展，坚定走生产发展、生活富裕、生态良好的文明发展道路，加快建设资源节约型、环境友好型社会，形成人与自然和谐发展现代化建设新格局，推进美丽中国建设，为全球生态安全作出新贡献。

当空气污染问题、垃圾处理问题、绿化问题、噪声污染问题、日照权等与老百姓密切相关的环境污染发生时，更多的人开始意识到保护自己的权益，加入到环保维权的行列当中来。不管是从群众需求的层面，还是从国家管理的层面，治理污染，保护环境，重现碧水蓝天，保障生态安全，已经刻不容缓，需要基层管理者敢作敢为！

第八章　生态文明建设

案例十五　海南立足环境优势挖掘发展优势,建设生态省①

　　"茫茫大海,碧波荡漾;南国宝岛,绿色苍茫。"海南省作为全国第一个生态示范省,随着国际旅游岛建设上升为国家战略,曾被誉为大特区的绿色宝岛迎来了新的发展机遇。其旖旎的自然风光、良好的生态环境为中外游客津津乐道。

　　1998 年,海南省开始谋划生态省建设方略;1999 年,在全国率先拉开了生态省建设的序幕,成为全国第一个开展生态省建设的省份。经过 10 多年努力,海南省生态示范省建设进行了有益探索与实践,在环境保护和生态建设、生态产业发展、人居环境改善和生态文化培育等方面取得了显著成效,全省经济发展与环境保护走出了一条双赢之路。

　　海南在生态省建设中不断优化产业布局,引导发展生态产业,坚定走绿色发展之路。按照"不污染环境、不破坏资源、不搞低水平重复建设"的原则,严把环境准入关。海南省积极实施生态文明系列创建工程,建设城乡生态人居环境,经济建设与开发保护找到了结合点。引导农民大力发展绿色农业、热带高效农业,生产无公害农副产品;大力发展庭院经济,引导农民种植热带果木;大力推广沼气池建设,鼓励农民发展养猪业,通过沼气池建设形成农村生产、生活良性循环的生态链。全省文明生态村建设不仅改变了村容村貌,同时大力发展生态经济,农民切实享受到了改革和发展的成果。

　　海南省政府及主管部门在决策规划、产业发展、项目建设等方面都坚持不以牺牲环境为代价换取一时的发展。海南省坚持对不符合节能环保要求

① 《汇典型案例探先行经验——生态文明建设系列报道　海南立足环境优势挖掘发展优势》,作者:陈祖洪,来源:中国环境报,2011 年 8 月 17 日,网址:http://www.qstheory.cn/st/stwm/201108/t20110824_104557.htm

的固定资产投资项目实行"环保一票否决",不予供应土地。从而使土地资源利用效益最大化,生态环境影响最小化。海南省生态环境不断得到恢复和改善,并积极探索并有效实施生态补偿工程,加大重要生态区保护力度。通过探索生态环境保护新机制,调动群众护林积极性,使中部生态重要区域得到有效保护。

美丽的海南,就像一朵生态奇葩,绽放在祖国的南疆。海南省凭借其生态资源和政策优势,成为远近闻名的国际旅游岛。自建设国际旅游岛上升为国家战略后,海南生态省建设依托国际旅游岛建设政策优势,加强环境保护国际合作与交流,营造生态省建设氛围,积极推进生态文明建设,促进海南社会经济与环境协调、可持续发展。

"碧海连天远,琼崖尽是春"。作为全国最大经济特区的海南省,立足省情、扬长避短、积极探索,坚持"生态立省、环境优先"的可持续发展理念和科学发展观,正稳步走出一条经济、社会与环境、资源协调发展的"多赢"之路。

案例十六　为何说包括金山廊下在内的郊野公园建设是上海推进生态文明建设的大手笔?①

作为上海市首批 6 个试点郊野公园之一,金山廊下郊野公园在 2015 年 10 月底揭开面纱,成为上海市首个对外开放的郊野公园。后续三期工程,也将陆续开工,最终面积达 21.4 平方公里。廊下郊野公园以"生态·生产·生活"为主题,突出"农"字特色。

金山廊下郊野公园围绕"一心两环"展开,建成后将是一个集现代农业科技、科普教育、旅游休闲于一体的"多功能农场"型郊野公园。"一心"指的是郊野公园核心景区,主要将廊下生态园、农村新天地及周边部分区域进行整合,承担园区集散、导游、餐饮、销售、住宿、展示等综合功能。"两环"是指"健身环"和"游览环"。全长 21 公里的沪上首条乡村马拉松赛道,将是廊下郊野公园亮点之一,2015 年 10 月 25 日迎来首届半程马拉松赛。选手途经800 亩桂花林、万亩粮田、特色民居、色叶林、中华村农家乐等景点,一边奔跑在清新的空气中,一边观看着周边的美景。

---

① 《金山廊下郊野公园将开放》,来源:上海热线,2015 年 10 月 22 日,网址:http://hot.online.sh.cn/content/2015—10/22/content_7591060.htm

这 6 个郊野公园是依据《上海市基本生态网络规划》,选择具有优质的农业、生态资源本底的区域规划建设的,是上海推进生态文明建设的重点项目。6 个郊野公园规划总面积约 130 平方公里,其中正在实施的一期面积约 50 平方公里,一期涉及减量化搬迁的企业就达 516 家。

习近平总书记就建设社会主义新农村、建设美丽乡村,提出了很多新理念、新论断、新举措。强调小康不小康,关键看老乡。中国要强,农业必须强;中国要美,农村必须美;中国要富,农民必须富。强调实现城乡一体化,建设美丽乡村,是要给乡亲们造福。美丽乡村,是小康社会在农村的具象化表达。我们要建设的美丽乡村,是农村经济、政治、文化、社会、生态文明建设和党的建设有机结合、协调发展的统一体,是农村精神文明建设的龙头工程。集中体现在五个"美"的建设上:一是环境之美,规划合理、设施配套,村容整洁、绿化美化,公共服务日臻完善、自然生态有效保护,乡村环境宜居、宜业、宜人。二是风尚之美,家庭和睦、民风淳朴,文明有礼、移风易俗,崇德向善、守望相助,形成讲道德、尊道德、守道德的村风民俗。三是人文之美,文化繁荣、底蕴深厚,耕读传家、以文化人,充满乡土气息、富于时代精神,使农民群众享有健康的精神世界、建设农村各具特色的精神家园。四是秩序之美,学法用法、遵纪守法,民主法制、村务公开,风清气正、和谐稳定,社会有效治理,维护公平正义,农村安定祥和、农民安居乐业。五是创业之美,吃苦耐劳、勤劳致富,勇于创新、诚信经营,刻苦钻研技术、推进产业升级,集体经济发展、有钱办事理事,拥有良好的创业创新环境。我们建设美丽乡村的最终目的,就是要让农民群众养成美的德行、得到美的享受、过上美的生活,让城乡之间、乡村之间各美其美、美美与共,用无数的美丽乡村共筑美丽中国。

廊下郊野公园的建成,体现了在寸土寸金的上海,对生态文明建设却"毫不吝啬",大手笔推进生态文明建设的具体行动。也让我们看到了美丽乡村建设的雏形和样板,推动着我们万众一心朝着这个目标去奋斗。

65.《关于加快推进生态文明建设的意见》的主要内容是什么?

2012 年 11 月,党的十八大把生态文明建设纳入中国特色社会主义"五位一体"总体布局,要求树立生态文明理念,把生态文明建设融入经济建设、政治建设、文化建设、社会建设各方面和全过程,努力建设美丽中国,实现中华民族永续发展。

2013 年 11 月,党的十八届三中全会通过的《中共中央关于全面深化改革若干重大问题的决定》提出,要"紧紧围绕建设美丽中国深化生态文明体制改革,加快建立生态文明制度"。

2014 年 10 月,党的十八届四中全会《中共中央关于全面推进依法治国若干重大问题的决定》提出,要"用严格的法律制度保护生态环境"。

2015 年 5 月,中共中央、国务院印发《关于加快推进生态文明建设的意见》。意见是中央就生态文明建设作出全面专题部署的第一个文件,明确了生态文明建设的总体要求、目标愿景、重点任务和制度体系,突出体现了战略性、综合性、系统性和可操作性,是当前和今后一个时期推动我国生态文明建设的纲领性文件。党的十八大和十八届三中、四中全会就生态文明建设作出了顶层设计和总体部署,意见就是落实顶层设计和总体部署的时间表和路线图,措施任务更具体、更明确。

《意见》按照源头预防、过程控制、损害赔偿、责任追究的"16 字"整体思路,提出了严守资源环境生态红线、健全自然资源资产产权和用途管制制度、健全生态保护补偿机制、完善政绩考核和责任追究制度等 10 个方面的重大制度。强调生态文明建设就是既要金山银山、也要绿水青山,而且绿水青山就是金山银山。采取条块结合的构架,包括 9 个部分共 35 条。主要内容概括起来就是"五位一体、五个坚持、四项任务、四项保障机制"。

"五位一体",就是围绕十八大关于"将生态文明建设融入经济、政治、文化、社会建设各方面和全过程"的要求,提出了具体的实现路径和融合方式。

五个坚持,即:

(一)坚持把节约优先、保护优先、自然恢复为主作为基本方针;

(二)坚持把绿色发展、循环发展、低碳发展作为基本途径;

(三)坚持把深化改革和创新驱动作为基本动力;

(四)坚持把培育生态文化作为重要支撑;

(五)坚持把重点突破和整体推进作为工作方式,将中央关于生态文明建设的总体要求明晰细化。

四项任务,即:

(一)明确优化国土空间开发格局;

(二)加快技术创新和结构调整;

(三)促进资源节约循环高效利用;

(四)加大自然生态系统和环境保护力度。

四项保障机制,即:

(一)健全生态文明制度体系;

(二)加强统计监测和执法监督;

（三）加快形成良好社会风尚；

（四）切实加强组织领导。

66.《生态文明体制改革总体方案》提出了哪些理念、原则和制度？

2015年国庆前夕，中共中央、国务院印发了《生态文明体制改革总体方案》，并发出通知，要求各地区各部门结合实际认真贯彻执行。该总体方案旨在加快建立系统完整的生态文明制度体系，加快推进生态文明建设，增强生态文明体制改革的系统性、整体性、协同性。总体方案的主要内容可以用"6＋6＋8"概括：6大理念，6个原则，8个制度。

6大理念是指要树立：

（一）尊重自然、顺应自然、保护自然的理念；

（二）发展和保护相统一的理念；

（三）绿水青山就是金山银山的理念；

（四）自然价值和自然资本的理念；

（五）空间均衡的理念；

（六）山水林田湖是一个生命共同体的理念。

6个原则是指：

（一）推进生态文明体制改革要坚持正确方向；

（二）坚持自然资源资产的公有性质；

（三）坚持城乡环境治理体系统一；

（四）坚持激励和约束并举；

（五）坚持主动作为和国际合作相结合；

（六）坚持鼓励试点先行和整体协调推进相结合。

8个制度是指要建立：

（一）归属清晰、权责明确、监管有效的自然资源资产产权制度；

（二）以空间规划为基础、以用途管制为主要手段的国土空间开发保护制度；

（三）以空间治理和空间结构优化为主要内容，全国统一、相互衔接、分级管理的空间规划体系；

（四）覆盖全面、科学规范、管理严格的资源总量管理和全面节约制度；

（五）反映市场供求和资源稀缺程度，体现自然价值和代际补偿的资源有偿使用和生态补偿制度；

（六）以改善环境质量为导向，监管统一、执法严明、多方参与的环境治理体系；

（七）更多运用经济杠杆进行环境治理和生态保护的市场体系；

（八）充分反映资源消耗、环境损害、生态效益的生态文明绩效评价考核和责任追究制度。

67. 气候变化问题离我们还远吗？

自从工业革命以来，全球经济迅猛发展，大量焚烧化石燃料的工业活动、人口激增，以及森林资源锐减等因素使得大气中温室气体超出自然界本身的平衡能力。全球变暖及由此引起的冰川融化、海平面上升等一系列问题日益成为国际社会关注的焦点。为了有效应对全球气候变化，1992 年 6 月于巴西里约热内卢召开联合国环境与发展会议，签署了《联合国气候变化框架公约》（UNFCCC）。该公约作为世界上第一个应对全球气候变暖给人类经济和社会带来不利影响的国际公约，也是国际社会在应对全球气候变化进行国际合作的一个基本框架[1]。据国际能源署调查显示，从年排放量上看，中国自 2005 年开始超过美国成为世界第一碳排放大国，中美两国温室气体排放量约占世界总量的 40%。因此，我们必须认真对待这个全球关注的议题。

习近平主席于 2015 年 9 月份对美国成功进行了国事访问。访美期间，两国发表《中美元首气候变化联合声明》，这是继 2014 年 11 月中美两国发表《中美气候变化联合声明》后，为应对全球气候变化发表的有一个重要文件，受到国际社会的高度关注和积极评价。

联合声明重申了中美在应对气候变化这一全球性挑战方面具有重要作用，强调气候变化协调与合作在中美关系中的积极作用；体现了双方就联合国气候变化巴黎会议所涉重点问题达成的一系列共识；展示了双方采取的应对气候变化积极行动；梳理了双方气候变化合作进展，明确将共同支持发展中国家向绿色低碳转型并打造适应力。

中国高度重视应对气候变化，把积极应对气候变化作为经济社会发展的重大战略和加快转变经济发展方式的重大机遇。积极应对气候变化既是走可持续发展道路的内在要求，也是对全世界的责任担当。中国下一步将大力推进生态文明建设，采取更有力度的行动，落实国家自主贡献中提出的目标，通过优化产业结构、发展绿色建筑和低碳交通、构建低碳能源体系、建立全国碳排放权交易市场等政策措施，促进发展方式向绿色低碳转变，为应对全球气候变化做出符合发展阶段和国情能力的贡献。

在《中美元首气候变化联合声明》中，我国承诺：

---

① 吴荣良:《碳金融发展的法律思考》。《金茂二十五年》,上海辞书出版社,2013 年。

（一）到 2030 年单位国内生产总值二氧化碳排放将比 2005 年下降 60％～65％，森林蓄积量比 2005 年增加 45 亿立方米左右。

（二）将推动绿色电力调度，优先调用可再生能源发电和高能效、低排放的化石能源发电资源。

（三）计划于 2017 年启动全国碳排放交易体系，将覆盖钢铁、电力、化工、建材、造纸和有色金属等重点工业行业。

（四）承诺将推动低碳建筑和低碳交通，到 2020 年城镇新建建筑中绿色建筑占比达到 50％，大中城市公共交通占机动化出行比例达到 30％。中国将于 2016 年制定完成下一阶段载重汽车整车燃油效率标准，并于 2019 年实施。

（五）将继续支持并加快削减氢氟碳化物行动，包括到 2020 年有效控制三氟甲烷（HFC－23）排放。

（六）将强化绿色低碳政策规定，以严控公共投资流向国内外高污染、高排放项目。

68. 从市长被约谈看政府在环境保护中的职责是什么？

据环保部公布的信息，自 2014 年 5 月到 2015 年 9 月底，来自 16 个省份的 20 多个城市或单位因为环保问题被环保部约谈，其中包括多个省会城市。"环保约谈"机制成为推动地方环保工作的重要举措。

2015 年 1 月 1 日施行的新《环境保护法》第六条规定，地方各级人民政府应当对本行政区域的环境质量负责。2015 年 8 月 29 日修订通过，自 2016 年 1 月 1 日起施行的新《大气污染防治法》第三条也明确规定，县级以上人民政府应当将大气污染防治工作纳入国民经济和社会发展规划，加大对大气污染防治的财政投入。地方各级人民政府应当对本行政区域的大气环境质量负责，制定规划，采取措施，控制或者逐步削减大气污染物的排放量，使大气环境质量达到规定标准并逐步改善。《水污染防治法》第四条也规定，县级以上地方人民政府应当采取防治水污染的对策和措施，对本行政区域的水环境质量负责。因此，政府应当对环境质量负责，这一点已经被相关法律所确定

新《环境保护法》进一步规定：

（一）各级人民政府应当加大保护和改善环境、防治污染和其他公害的财政投入，提高财政资金的使用效益。

（二）各级人民政府应当加强环境保护宣传和普及工作，鼓励基层群众性自治组织、社会组织、环境保护志愿者开展环境保护法律法规和环境保护知识的宣传，营造保护环境的良好风气。

（三）国务院环境保护主管部门，对全国环境保护工作实施统一监督管理；

县级以上地方人民政府环境保护主管部门,对本行政区域环境保护工作实施统一监督管理。县级以上人民政府有关部门和军队环境保护部门,依照有关法律的规定对资源保护和污染防治等环境保护工作实施监督管理。

(四)县级以上人民政府应当将环境保护工作纳入国民经济和社会发展规划。国务院环境保护主管部门会同有关部门,根据国民经济和社会发展规划编制国家环境保护规划,报国务院批准并公布实施。县级以上地方人民政府环境保护主管部门会同有关部门,根据国家环境保护规划的要求,编制本行政区域的环境保护规划,报同级人民政府批准并公布实施。

2015 年 8 月 17 日,中共中央办公厅、国务院办公厅印发了《党政领导干部生态环境损害责任追究办法(试行)》,规定地方各级党委和政府对本地区生态环境和资源保护负总责,党委和政府主要领导成员承担主要责任,其他有关领导成员在职责范围内承担相应责任。中央和国家机关有关工作部门、地方各级党委和政府的有关工作部门及其有关机构领导人员按照职责分别承担相应责任。并规定党政领导干部生态环境损害责任追究,坚持依法依规、客观公正、科学认定、权责一致、终身追究的原则,并在追责情形中着重细化了党委和政府主要领导成员的"责任清单"。该办法共规定了 25 种追责情形,列出了党政主要领导、党政分管领导、政府工作部门领导和其他具有职务影响力的领导干部 4 种类型。责任主体与具体追责情形一一对应。

69. 生态文明建设指标包含哪些内容?

关于生态文明建设考核内容,各方专家、学者提出了自己的意见和建议,各地方也做了不同的尝试。例如 2012 年江苏省制定了《江苏省生态文明建设工程(生态省)考核细则(试行)》,2015 年 5 月深圳市制定了生态文明建设考核制度(试行)。

环保部于 2013 年发布了《国家生态文明建设试点示范区指标(试行)》,其中规定了生态文明试点示范区建设的基本条件,并规定了建设指标,具有重要的参照价值。以下为国家生态文明建设试点示范县的建设指标:

系统		指　　标	单位	指标值	指标属性
生态经济	1	资源产出增加率 重点开发区 优化开发区 限制开发区	%	≥15 ≥18 ≥20	参考性指标

（续表）

系统		指 标	单位	指标值	指标属性
	2	单位工业用地产值 重点开发区 优化开发区 限制开发区	亿元/平方公里	≥65 ≥55 ≥45	约束性指标
	3	再生资源循环利用率 重点开发区 优化开发区 限制开发区	%	≥50 ≥65 ≥80	约束性指标
生态 经济	4	碳排放强度 重点开发区 优化开发区 限制开发区	千克/万元	≤600 ≤450 ≤300	约束性指标
	5	单位 GDP 能耗 重点开发区 优化开发区 限制开发区	吨标煤/万元	≤0.55 ≤0.45 ≤0.35	约束性指标
	6	单位工业增加值新鲜水耗	立方米/万元	≤12	参考性指标
		农业灌溉水有效利用系数	—	≥0.6	
	7	节能环保产业增加值占 GDP 比重	%	≥6	参考性指标
	8	主要农产品中有机、绿色食品种 植面积的比重	%	≥60	约束性指标
生态 环境	9	主要污染物排放强度* 化学需氧量 COD 二氧化硫 SO_2 氨氮 NH_3-N 氮氧化物	吨/平方公里	≤4.5 ≤3.5 ≤0.5 ≤4.0	约束性指标
	10	受保护地占国土面积比例 山区、丘陵区 平原地区	%	≥25 ≥20	约束性指标
	11	林草覆盖率 山区 丘陵区 平原地区	%	≥80 ≥50 ≥20	约束性指标
	12	污染土壤修复率	%	≥80	约束性指标

（续表）

系统		指　标	单位	指标值	指标属性
	13	农业面源污染防治率	%	≥98	约束性指标
	14	生态恢复治理率 　重点开发区 　优化开发区 　限制开发区 　禁止开发区	%	≥54 ≥72 ≥90 100	约束性指标
生态 人居	15	新建绿色建筑比例	%	≥75	参考性指标
	16	农村环境综合整治率 　重点开发区 　优化开发区 　限制开发区 　禁止开发区	%	≥60 ≥80 ≥95 100	约束性指标
	17	生态用地比例 　重点开发区 　优化开发区 　限制开发区 　禁止开发区	%	≥45 ≥55 ≥65 ≥95	约束性指标
	18	公众对环境质量的满意度	%	≥85	约束性指标
	19	生态环保投资占财政收入比例	%	≥15	约束性指标
生态 制度	20	生态文明建设工作占党政实绩考核的比例	%	≥22	参考性指标
	21	政府采购节能环保产品和环境标志产品所占比例	%	100	参考性指标
	22	环境影响评价率及环保竣工验收通过率	%	100	约束性指标
	23	环境信息公开率	%	100	约束性指标
	24	党政干部参加生态文明培训比例	%	100	参考性指标
	25	生态文明知识普及率	%	≥95	参考性指标
生态 文化	26	生态环境教育课时比例	%	≥10	参考性指标
	27	规模以上企业开展环保公益活动支出占公益活动总支出的比例	%	≥7.5	参考性指标

（续表）

系统	指　标	单位	指标值	指标属性
28	公众节能、节水、公共交通出行的比例 　节能电器普及率 　节水器具普及率 　公共交通出行比例	%	≥95 ≥95 ≥70	参考性指标
29	特色指标	自定	参考性指标	

生态文明试点示范市(含地级行政区)建设指标(30 项指标)与示范县的建设指标略有差异,指标值也有所不同。

70. 节能减排为什么成为各级政府的重要考核指标?

党中央、国务院发布的《关于加快推进生态文明建设的意见》指出,节约资源是破解资源瓶颈约束、保护生态环境的首要之策。要深入推进全社会节能减排,在生产、流通、消费各环节大力发展循环经济,实现各类资源节约高效利用。关于推进节能减排,意见特别指出:

发挥节能与减排的协同促进作用,全面推动重点领域节能减排。开展重点用能单位节能低碳行动,实施重点产业能效提升计划。严格执行建筑节能标准,加快推进既有建筑节能和供热计量改造,从标准、设计、建设等方面大力推广可再生能源在建筑上的应用,鼓励建筑工业化等建设模式。优先发展公共交通,优化运输方式,推广节能与新能源交通运输装备,发展甩挂运输。鼓励使用高效节能农业生产设备。开展节约型公共机构示范创建活动。强化结构、工程、管理减排,继续削减主要污染物排放总量。

国务院发布的《节能减排"十二五"规划》中提出,十二五期间的节能减排总体目标:到 2015 年,全国万元国内生产总值能耗下降到 0.869 吨标准煤(按 2005 年价格计算),比 2010 年的 1.034 吨标准煤下降 16%(比 2005 年的 1.276 吨标准煤下降 32%)。"十二五"期间,实现节约能源 6.7 亿吨标准煤。2015 年,全国化学需氧量和二氧化硫排放总量分别控制在 2 347.6 万吨、2 086.4 万吨,比 2010 年的 2 551.7 万吨、2 267.8 万吨各减少 8%,分别新增削减能力 601 万吨、654 万吨;全国氨氮和氮氧化物排放总量分别控制在 238 万吨、2 046.2 万吨,比 2010 年的 264.4 万吨、2 273.6 万吨各减少 10%,分别新增削减能力 69 万吨、794 万吨。这是约束性指标,各地方、各行业必须认真执行。

在法律层面,2008 年修订的《中华人民共和国节约能源法》明确规定,

（一）节约资源是我国的基本国策。国家实施节约与开发并举、把节约放在首位的能源发展战略。

（二）国务院和县级以上地方各级人民政府应当将节能工作纳入国民经济和社会发展规划、年度计划,并组织编制和实施节能中长期专项规划、年度节能计划。国务院和县级以上地方各级人民政府每年向本级人民代表大会或者其常务委员会报告节能工作。国家实行节能目标责任制和节能考核评价制度,将节能目标完成情况作为对地方人民政府及其负责人考核评价的内容。省、自治区、直辖市人民政府每年向国务院报告节能目标责任的履行情况。

（三）国家实行有利于节能和环境保护的产业政策,限制发展高耗能、高污染行业,发展节能环保型产业。

（四）国务院和省、自治区、直辖市人民政府应当加强节能工作,合理调整产业结构、企业结构、产品结构和能源消费结构,推动企业降低单位产值能耗和单位产品能耗,淘汰落后的生产能力,改进能源的开发、加工、转换、输送、储存和供应,提高能源利用效率。

（五）国家鼓励、支持开发和利用新能源、可再生能源。

（六）国家实行固定资产投资项目节能评估和审查制度。不符合强制性节能标准的项目,依法负责项目审批或者核准的机关不得批准或者核准建设;建设单位不得开工建设;已经建成的,不得投入生产、使用。具体办法由国务院管理节能工作的部门会同国务院有关部门制定。

（七）重点用能单位应当每年向管理节能工作的部门报送上年度的能源利用状况报告。能源利用状况包括能源消费情况、能源利用效率、节能目标完成情况和节能效益分析、节能措施等内容。

（八）中央财政和省级地方财政安排节能专项资金,支持节能技术研究开发、节能技术和产品的示范与推广、重点节能工程的实施、节能宣传培训、信息服务和表彰奖励等。

（九）国家实行有利于节约能源资源的税收政策,健全能源矿产资源有偿使用制度,促进能源资源的节约及其开采利用水平的提高。

（十）使用国家明令淘汰的用能设备或者生产工艺的,由管理节能工作的部门责令停止使用,没收国家明令淘汰的用能设备;情节严重的,可以由管理节能工作的部门提出意见,报请本级人民政府按照国务院规定的权限责令停业整顿或者关闭。

各地方陆续出台节能减排的具体实施方案,对节能减排工作的不断推进起到了积极作用。例如上海市地方政府率先落实政府节能减排工作问责制。早在2007年,上海市政府就发布《上海市节能减排工作实施方案》,将节能降耗责任和成效纳入各级政府、各个部门目标责任制和领导干部年度考核体系中。方案明确要建立强有力的节能减排领导协调机制和政府节能减排工作问责制,将节能减排指标完成情况纳入经济社会发展综合评价体系,实行行政问责制和一票否决制。据悉,上海各级区县政府在方案的引导下,纷纷从源头上严格控制高耗能高污染项目,从严控制钢铁、电解铝、铜冶炼、铁合金、电石、焦炭、水泥等高耗能高污染行业的投资项目,建立完善固定资产投资项目节能评估和审查制度,制定实施上海市固定资产投资项目节能评估和审查管理办法。

71. 如何推进海绵城市建设破解"城中看海"?

2015 年 10 月 11 日,国务院办公厅印发《关于推进海绵城市建设的指导意见》(以下简称《指导意见》),部署推进海绵城市建设工作。

海绵城市是指通过加强城市规划建设管理,充分发挥建筑、道路和绿地、水系等生态系统对雨水的吸纳、蓄渗和缓释作用,有效控制雨水径流,实现自然积存、自然渗透、自然净化的城市发展方式。

《指导意见》指出,建设海绵城市,统筹发挥自然生态功能和人工干预功能,有效控制雨水径流,实现自然积存、自然渗透、自然净化的城市发展方式,有利于修复城市水生态、涵养水资源、增强城市防涝能力,扩大公共产品有效投资,提高新型城镇化质量,促进人与自然和谐发展。

《指导意见》明确,通过海绵城市建设,最大限度地减少城市开发建设对生态环境的影响,将 70% 的降雨就地消纳和利用。到 2020 年,城市建成区 20% 以上的面积达到目标要求;到 2030 年,城市建成区 80% 以上的面积达到目标要求。

《指导意见》从加强规划引领、统筹有序建设、完善支持政策、抓好组织落实等 4 个方面,提出了 10 项具体措施。

(一)科学编制规划。将雨水年径流总量控制率作为城市规划的刚性控制指标,建立区域雨水排放管理制度。

(二)严格实施规划。将海绵城市建设要求作为城市规划许可和项目建设的前置条件,在施工图审查、施工许可、竣工验收等环节严格把关。

(三)完善标准规范。抓紧修订完善与海绵城市建设相关的标准规范。

(四)统筹推进新老城区海绵城市建设。从 2015 年起,城市新区要全面落实海绵城市建设要求;老城区要结合棚户区和城乡危房改造、老旧小区有机更新等,以解决城市内涝、雨水收集利用、黑臭水体治理为突破口,推进区域整体治理,逐步实现小雨不积水、大雨不内涝、水体不黑臭、热岛有缓解。建立工程项目储备制度,避免大拆大建。

(五)推进海绵型建筑和相关基础设施建设。推广海绵型建筑与小区、海绵型道路与广场,推进城市排水防涝设施建设和易涝点改造,实施雨污分流,科学布局建设雨水调蓄设施。

(六)推进公园绿地建设和自然生态修复。推广海绵型公园和绿地,消纳自身雨水,并为蓄滞周边区域雨水提供空间。加强对城市坑塘、河湖、湿地等水体的保护与生态修复。

(七)创新建设运营机制。鼓励社会资本参与海绵城市投资建设和运营管理,鼓励技术企业与金融资本结合,采用总承包方式承接相关建设项目,发挥整体效益。

(八)加大政府投入。中央财政要积极引导海绵城市建设,地方各级人民政府要进一步加大资金投入。

(九)完善融资支持。鼓励相关金融机构加大信贷支持力度,将海绵城市建设项目列入专项建设基金支持范围,支持符合条件的企业发行债券等。

(十)抓好组织落实。城市人民政府是海绵城市建设的责任主体,住房城乡建设部会同发展改革委、财政部、水利部等部门指导督促各地做好海绵城市建设相关工作。

72. 循环经济的原则和要求是什么?

关于发展循环经济,党中央、国务院发布的《关于加快推进生态文明建设的意见》指出:按照减量化、再利用、资源化的原则,加快建立循环型工业、农业、服务业体系,提高全社会资源产出率。完善再生资源回收体系,实行垃圾分类回收,开发利用"城市矿产",推进秸秆等农林废弃物以及建筑垃圾、餐厨废弃物资源化利用,发展再制造和再生利用产品,鼓励纺织品、汽车轮胎等废旧物品回收利用。推进煤矸石、矿渣等大宗固体废弃物综合利用。组织开展循环经济示范行动,大力推广循环经济典型模式。推进产业循环式组合,促进生产和生活系统的循环链接,构建覆盖全社会的资源循环利用体系。

循环经济的基本准则为"3R原则",即:

减量化(Reduce)原则:要求用尽可能少的原料和能源来完成既定的生产目标和消费的。这就能在源头上减少资源和能源的消耗,大大改善环境污染状况。例如,我们使产品小型化和轻型化;使包装简单实用而不是豪华浪费;使生产和消费的过程中,废弃物排放量最少。

再使用(Reuse)原则:要求生产的产品和包装物能够被反复使用。生产者在产品设计和生产中,应摒弃一次性使用而追求利润的思维,尽可能使产品经久耐用和反复使用。

再循环(Recycle)原则:要求产品在完成使用功能后能重新变成可以利用的

资源,同时也要求生产过程中所产生的边角料、中间物料和其他一些物料也能返回到生产过程中或是另外加以利用。

2013 年年初国务院发布《循环经济发展战略及近期行动计划》。该计划提出了 4 项重点任务:构建循环型工业体系、构建循环型农业体系、构建循环型服务业体系、推进社会层面循环经济发展。

构建循环型工业体系:全面推行循环型生产方式,实施清洁生产,促进源头减量;推动资源综合开发利用,废物循环利用;推进园区循环化改造,实现能源梯级利用、水资源循环利用、废物交换利用、土地节约集约利用,促进企业循环式生产、园区循环式发展、产业循环式组合,增强产业可持续发展能力。

构建循环型农业体系:加快推动资源利用节约化、生产过程清洁化、产业链接循化、废物处理资源化,形成农林牧渔多业共生的循环型农业生产方式,推进农业现代化,改善农村生态环境,提高农业综合效益,促进农业发展方式转变。

构建循环型服务业体系:推进服务主体绿色化、服务过程清洁化,促进服务业与其他产业融合发展,发挥服务业在引导人们树立绿色循环低碳理念等方面的积极作用。

推进社会层面循环经济发展:完善再生资源和垃圾分类回收体系,推动再生资源利用产业化,发展再制造,推进餐厨废弃物资源化利用,实施绿色建筑行动和绿色交通行动,推行绿色消费,实施大循环战略,加快建设循环型社会。

在法制建设方面,2009 年 1 月 1 日施行的《循环经济促进法》标志着我国循环经济进入法制化管理轨道,并公布实施了《废弃电器电子产品回收处理管理条例》《再生资源回收管理办法》等法规规章,发布了 200 多项循环经济相关国家标准,一些地区制定了地方循环经济促进条例。

73. 清洁生产审核是怎么回事?

《清洁生产促进法》指出,清洁生产,是指不断采取改进设计、使用清洁的能源和原料、采用先进的工艺技术与设备、改善管理、综合利用等措施,从源头削减污染,提高资源利用效率,减少或者避免生产、服务和产品使用过程中污染物的产生和排放,以减轻或者消除对人类健康和环境的危害。该法指出:

(一)国家鼓励和促进清洁生产。国务院和县级以上地方人民政府,应当将清洁生产促进工作纳入国民经济和社会发展规划、年度计划以及环境保护、资源利用、产业发展、区域开发等规划。

(二)国务院清洁生产综合协调部门负责组织、协调全国的清洁生产促进工作。国务院环境保护、工业、科学技术、财政部门和其他有关部门,按照各自的职责,负责有关的清洁生产促进工作。

（三）县级以上地方人民政府负责领导本行政区域内的清洁生产促进工作。县级以上地方人民政府确定的清洁生产综合协调部门负责组织、协调本行政区域内的清洁生产促进工作。县级以上地方人民政府其他有关部门,按照各自的职责,负责有关的清洁生产促进工作。

（四）国务院应当制定有利于实施清洁生产的财政税收政策。国务院及其有关部门和省、自治区、直辖市人民政府,应当制定有利于实施清洁生产的产业政策、技术开发和推广政策。

（五）国务院清洁生产综合协调部门会同国务院环境保护、工业、科学技术、建设、农业等有关部门定期发布清洁生产技术、工艺、设备和产品导向目录。

（六）国家对浪费资源和严重污染环境的落后生产技术、工艺、设备和产品实行限期淘汰制度。国务院有关部门按照职责分工,制定并发布限期淘汰的生产技术、工艺、设备以及产品的名录。

（七）新建、改建和扩建项目应当进行环境影响评价,对原料使用、资源消耗、资源综合利用以及污染物产生与处置等进行分析论证,优先采用资源利用率高以及污染物产生量少的清洁生产技术、工艺和设备。

（八）企业应当对生产和服务过程中的资源消耗以及废物的产生情况进行监测,并根据需要对生产和服务实施清洁生产审核。有下列情形之一的企业,应当实施强制性清洁生产审核:①污染物排放超过国家或者地方规定的排放标准,或者虽未超过国家或者地方规定的排放标准,但超过重点污染物排放总量控制指标的;②超过单位产品能源消耗限额标准构成高耗能的;③使用有毒、有害原料进行生产或者在生产中排放有毒、有害物质的。污染物排放超过国家或者地方规定的排放标准的企业,应当按照环境保护相关法律的规定治理。实施强制性清洁生产审核的企业,应当将审核结果向所在地县级以上地方人民政府负责清洁生产综合协调的部门、环境保护部门报告,并在本地区主要媒体上公布,接受公众监督,但涉及商业秘密的除外。

（九）在依照国家规定设立的中小企业发展基金中,应当根据需要安排适当数额用于支持中小企业实施清洁生产。

（十）并规定了违法的相关法律责任。

第九章　环境污染防治

案例十七　福建紫金矿业重大环境污染事故案[①]

自 2006 年 10 月份以来,被告单位紫金矿业集团股份有限公司紫金山金铜矿(以下简称"紫金山金铜矿")所属的铜矿湿法厂清污分流涵洞存在严重的渗漏问题,虽采取了有关措施,但随着生产规模的扩大,该涵洞渗漏问题日益严重。紫金山金铜矿于 2008 年 3 月在未进行调研认证的情况下,违反规定擅自将 6 号观测井与排洪涵洞打通。在 2009 年 9 月福建省环保厅明确指出问题并要求彻底整改后,仍然没有引起足够重视,整改措施不到位、不彻底,隐患仍然存在。2010 年 6 月中下旬,上杭县降水量达 349.7 毫米。2010 年 7 月 3 日,紫金山金铜矿所属铜矿湿法厂污水池 HDPE 防渗膜破裂造成含铜酸性废水渗漏并流入 6 号观测井,再经 6 号观测井通过人为擅自打通的与排洪涵洞相连的通道进入排洪涵洞,并溢出涵洞内挡水墙后流入汀江,泄漏含铜酸性废水 9 176 m³,造成下游水体污染和养殖鱼类大量死亡的重大环境污染事故,上杭县城区部分自来水厂停止供水 1 天。2010 年 7 月 16 日,用于抢险的 3 号应急中转污水池又发生泄漏,泄漏含铜酸性废水 500 m³,再次对汀江水质造成污染。致使汀江河局部水域受到铜、锌、铁、镉、铅、砷等的污染,造成养殖鱼类死亡达 370.1 万斤,经鉴定鱼类损失价值人民币 2 220.6 万元;同时,为了网箱养殖鱼类的安全,当地政府部门采取破网措施,放生鱼类 3 084.44 万斤。

福建省龙岩市新罗区人民法院一审判决、龙岩市中级人民法院二审裁定认为:被告单位紫金山金铜矿违反国家规定,未采取有效措施解决存在的环保隐患,继而发生了危险废物泄漏至汀江,致使汀江河水域水质受到污

---

① 《紫金矿业集团股份有限公司紫金山金铜矿重大环境污染事故案》,来源:中国法院网,2013 年 6 月 18 日,网址:http://www.chinacourt.org/article/detail/2013/06/id/1014570.shtml

染,后果特别严重。被告人陈某某(2006 年 9 月至 2009 年 12 月任紫金山金铜矿矿长)、黄某某(紫金山金铜矿环保安全处处长)是应对该事故直接负责的主管人员,被告人林某某(紫金山铜矿湿法厂厂长)、王某(紫金山铜矿湿法厂分管环保的副厂长)、刘某某(紫金山铜矿湿法厂环保车间主任)是该事故的直接责任人员,对该事故均负有直接责任,其行为均已构成重大环境污染事故罪。据此,综合考虑被告单位自首、积极赔偿受害渔民损失等情节,以重大环境污染事故罪判处被告单位紫金山金铜矿罚金人民币 3 000 万元;被告人林某某有期徒刑 3 年,并处罚金人民币 30 万元;被告人王某有期徒刑 3 年,并处罚金人民币 30 万元;被告人刘某某有期徒刑 3 年 6 个月,并处罚金人民币 30 万元,对被告人陈某某、黄某某宣告缓刑。

案例十八　泰州"天价环境公益诉讼案"①

2012 年 1 月至 2013 年 2 月间,常隆化工等 6 家企业违反环保法规,将其生产过程所产生的废盐酸、废硫酸等危险废物总计 2.6 万吨,以支付每吨 20 元～100 元不等的价格,交给无危险废物处理资质的中江公司等主体偷排当地河流,导致水体严重污染。

经过媒体曝光和环保部门调查之后,14 名犯罪嫌疑人被抓获,并被以环境污染罪判处 2 至 5 年有期徒刑,并处罚金 16～41 万元。

泰州市环保联合会作为民事公益诉讼原告,泰州市检察院作为支持起诉机关将 6 家公司起诉至泰州市中法院,要求 6 家公司承担环境修复费等民事责任。2014 年 8 月 8 日,泰州中院正式受理该市首起环境民事公益诉讼案件。9 月 10 日,泰州中院行政庭公开开庭审理该案,经过 10 多个小时的庭审,法院当庭判决,这 6 家化工企业赔偿环境修复费用 160 666 745.11 元,用于泰兴地区的环境修复。

部分被告不服一审判决,上诉至江苏省高级人民法院,该院院长亲自担任审判长。2014 年 12 月 4 日、12 月 16 日两次开庭审理。二审法院将争议焦点归纳为 3 个方面,一是一审程序是否合法,包括泰州市环保联合会是否具有本案公益诉讼原告主体资格;二是上诉人和原审被告处置副产盐酸、废酸行为是否与环境污染损害结果之间存在因果关系;三是损害结果如何认

---

① 《环境公益诉讼的成功探索——泰州"天价环境公益诉讼案"始末及评析》,作者:别涛,来源:中国环境报,2015 年 1 月 14 日。网址:http://www.envir.gov.cn/info/2015/1/114288.htm

定,包括是否存在环境损害、一审判决认定数量是否准确,原审对修复费用的计算方法是否适当。

江苏省高级人民法院并基于事实和法律,形成相应判断,并于2014年12月30日作出二审判决,认定一审事实清楚,适用法律基本正确,仅在履行方式和期限上作了创新性的变动,允许企业将用于企业环境污染治理设施的费用在40%额度内抵扣。

中国政法大学环境资源法研究所所长王灿发教授认为,"泰州环境公益诉讼案的判决,必然会成为环境侵权诉讼新常态的先导。社会各界期待着泰州环境公益诉讼案判决的示范效应,盼望我国环境侵权诉讼新常态的尽快呈现。"

74."双晒"为何晒出了公众的满意度?

山东在政府环境信息公布上,运用创新思维,开启"双晒"新模式,收到了较好的效果,也收获了公众较高的满意度。

该省自2014年3月起每月发布17个设区城市落实《山东省区域性大气污染物综合排放标准》执行情况清单,详细罗列了每一家涉气企业的治污设施基本信息、达标排放情况、提标改造计划安排及完成时限,还标注了当地环保部门对超标行为的监管和处理措施等信息。一晒企业治污情况,二晒环保监管情况,谓之"双晒"。"双晒"企业数量亦不断增长,自去年开始的800多家增加到了目前的8 000余家。山东的"双晒"模式,开创了污染源监管信息发布新模式。

《环境保护法》规定:

(一)各级人民政府环境保护主管部门和其他负有环境保护监督管理职责的部门,应当依法公开环境信息、完善公众参与程序,为公民、法人和其他组织参与和监督环境保护提供便利。

(二)国务院环境保护主管部门统一发布国家环境质量、重点污染源监测信息及其他重大环境信息。省级以上人民政府环境保护主管部门定期发布环境状况公报。县级以上人民政府环境保护主管部门和其他负有环境保护监督管理职责的部门,应当依法公开环境质量、环境监测、突发环境事件以及环境行政许可、行政处罚、排污费的征收和使用情况等信息。

(三)县级以上地方人民政府环境保护主管部门和其他负有环境保护监督管理职责的部门,应当将企业事业单位和其他生产经营者的环境违法信息记入社会诚信档案,及时向社会公布违法者名单。

(四)负责审批建设项目环境影响评价文件的部门在收到建设项目环境影

响报告书后,除涉及国家秘密和商业秘密的事项外,应当全文公开;发现建设项目未充分征求公众意见的,应当责成建设单位征求公众意见。

政府的环境信息公开是一切环境管理工作的起点。作为一切环境管理工作和公众参与环境建设的基础环节,政府的环境信息发布制约着整个环境管理和公众参与活动。公众想要参与环境建设和环境监督,获悉完善的环境信息是首要的。查阅近年来各地发生的由于环境恶化而导致的群体事件,一个重要原因,就是政府环境信息不公开、不透明、藏着掖着、遮遮掩掩,等等,这些情况,值得引起我们 HSE 管理者的深思。

75. 环境信息公开,何必那么羞羞答答?

某机构的调查报告,用醒目的标题:《"沉默"的大多数——企业污染物信息公开状况调查》,批评了 18 家中外大型企业违反《环境信息公开办法(试行)》,存在隐瞒污染物信息的违规行为。被调查企业尽管污染物信息公开方面的表现有高低之分,但没有一家能够完全"合格"。同时也折射出当前企业信息公开的现状。

由于一些公司违法排污问题突出,导致突发性环境事件进入高发时期,群体性环境事件呈迅速上升趋势。而公众想了解这些污染严重公司的排污情况,往往被回答说是"商业机密"。同时,一些跨国企业还存在信息公开"中外有别"的现象。调查结果显示,8 家跨国企业在海外工厂公开的污染物排放信息更加详细全面,最多的一家工厂公开了 49 种污染物的排放信息,"尤其是与公众健康和环境密切相关的有毒污染物方面的排放信息。"

该报告称,大量行业领先的公司隐瞒污染物信息,除了企业自身有法不依,地方环保局的执法不严也是原因之一。甚至有地方环保局表示,大型国企的污染物信息的公开要慎重,需要咨询地方的保密部门。另外,如果企业在一家当地电视台半夜时分播放相关信息,似乎符合要求了,但这对公众知情权有多大意义?

企业环境信息公开在美国、日本等国家已经实现了制度化和长效化,公众可以轻松地获取自己周边的企业排污信息,这成功地推动了企业的污染物减排。案例显示美国的 TRI(有毒物质排放清单)系统通过环境信息公开,在 20 年间成功地帮助减少了 61% 的污染物排放。

《环境保护法》第五十五条规定,重点排污单位应当如实向社会公开其主要污染物的名称、排放方式、排放浓度和总量、超标排放情况,以及防治污染设施的建设和运行情况,接受社会监督。

环境保护部于 2014 年 12 月 19 日发布《企业事业单位环境信息公开办法》,

该办法第八条规定,具备下列条件之一的企业事业单位,应当列入重点排污单位名录:

(一)被设区的市级以上人民政府环境保护主管部门确定为重点监控企业的;

(二)具有试验、分析、检测等功能的化学、医药、生物类省级重点以上实验室、二级以上医院、污染物集中处置单位等污染物排放行为引起社会广泛关注的或者可能对环境敏感区造成较大影响的;

(三)3年内发生较大以上突发环境事件或者因环境污染问题造成重大社会影响的;

(四)其他有必要列入的情形。

《环境保护法》第五十六条规定,对依法应当编制环境影响报告书的建设项目,建设单位应当在编制时向可能受影响的公众说明情况,充分征求意见。第六十二条规定,违反本法规定,重点排污单位不公开或者不如实公开环境信息的,由县级以上地方人民政府环境保护主管部门责令公开,处以罚款,并予以公告。

公开企业的环境信息,就是要通过舆论的力量去规范企业环境行为,加强公众对企业的社会监督。企业既是社会财富的创造者,也是环境污染的主要制造者。生态文明建设已成为社会热点,能否实现经济效益、社会效益和环境效益的最大化,随着社会公众环保意识的增强,企业环境信息公开越来越受到政府、企业和公众的重视。相反,如果企业不及时公开完整准确的环境信息,在信息化的时代能否立足尚存疑问。

76. 公众如何依法有序参与环境保护工作?

《环境保护法》第六条规定,一切单位和个人都有保护环境的义务。公民应当增强环境保护意识,采取低碳、节俭的生活方式,自觉履行环境保护义务。在第五章"信息公开和公众参与"中,更明确规定了公民、法人和其他组织依法享有获取环境信息、参与和监督环境保护的权利;对依法应当编制环境影响报告书的建设项目,建设单位应当在编制时向可能受影响的公众说明情况,充分征求意见;公民、法人和其他组织发现任何单位和个人有污染环境和破坏生态行为的,有权向环境保护主管部门或者其他负有环境保护监督管理职责的部门举报;并规定了环境公益诉讼的内容:对污染环境、破坏生态,损害社会公共利益的行为,符合下列条件的社会组织可以向人民法院提起诉讼:(一)依法在设区的市级以上人民政府民政部门登记;(二)专门从事环境保护公益活动连续五年以上且无违法记录。符合前款规定的社会组织向人民法院提起诉讼,人民法院应当依法受理。

为保障公民、法人和其他组织获取环境信息、参与和监督环境保护的权利，畅通参与渠道，促进环境保护公众参与依法有序发展，根据《环境保护法》及有关法律法规，环境保护部于 2015 年 7 月 13 日发布《环境保护公众参与办法》，自 2015 年 9 月 1 日起施行。该办法指出：

（一）环境保护公众参与应当遵循依法、有序、自愿、便利的原则。

（二）环境保护主管部门可以通过征求意见、问卷调查，组织召开座谈会、专家论证会、听证会等方式征求公民、法人和其他组织对环境保护相关事项或者活动的意见和建议。

（三）民、法人和其他组织可以通过电话、信函、传真、网络等方式向环境保护主管部门提出意见和建议。

（四）环境保护主管部门拟组织召开座谈会、专家论证会征求意见的，应当提前将会议的时间、地点、议题、议程等事项通知参会人员，必要时可以通过政府网站、主要媒体等途径予以公告。参加专家论证会的参会人员应当以相关专业领域专家、环保社会组织中的专业人士为主，同时应当邀请可能受相关事项或者活动直接影响的公民、法人和其他组织的代表参加。

（五）法律、法规规定应当听证的事项，环境保护主管部门应当向社会公告，并举行听证。环境保护主管部门组织听证应当遵循公开、公平、公正和便民的原则，充分听取公民、法人和其他组织的意见，并保证其陈述意见、质证和申辩的权利。除涉及国家秘密、商业秘密或者个人隐私外，听证应当公开举行。

（六）公民、法人和其他组织发现任何单位和个人有污染环境和破坏生态行为的，可以通过信函、传真、电子邮件、"12369"环保举报热线、政府网站等途径，向环境保护主管部门举报。

（七）环境保护主管部门可以通过项目资助、购买服务等方式，支持、引导社会组织参与环境保护活动。

讲公众参与的权利并不排除公众参与环境保护的义务和责任。环境污染是由人造成的，每个人对保护环境都有一定的责任。大量的工业污染表面上来自于排污企业，但大家要想到，这些污染的产生也与我们每一个人的生活方式密切相关，比如过度消费、空调温度调得很低、开大排量汽车、开长明灯、不节约用水、垃圾随处乱丢，等等。我们倡导绿色环保的生活方式，比如每周少开一天车、洗菜水用来冲马桶、采用节能灯泡、垃圾分类回收，这些对每个人来说是举手之劳，但大家的力量聚到一起，对我们生活环境的影响是相当大的。

广大人民群众是推动环境保护事业发展非常重要的动力和源泉。地球不能克隆，家园只有一个！大家要携起手来，积极推动和参与环保事业。环保事业是最无私的人所从事的最无私的事业，需要更多无私的人做出更多无私的奉献。

77. 环保局为什么会输掉这场行政诉讼官司？[①]

卢红等 204 人是居住在杭州萧山区风情大道湘湖段"苏黎世小镇"和"奥兰多小镇"两小区的居民。因不服萧山区发展和改革局审批的"风情大道改造及南伸（金城路—湘湖路）工程"可行性研究报告，向杭州市发展和改革委员会提起行政复议。在复议期间，萧山区发展和改革局提供了区环保局的《审查意见函》作为其审批依据。该 204 人认为涉案项目的建设将对两个小区造成不利影响，区环保局的行政许可行为侵害其合法权益，遂以该局为被告提起行政诉讼，请求萧山区法院撤销上述《审查意见函》。

杭州市萧山区人民法院一审认为，根据《浙江省建设项目环境保护管理办法》（以下简称《办法》）第二十二条的规定，环保行政机关受理环境影响报告书审批申请后，除了依法需要保密的建设项目，仍需通过便于公众知晓的方式公开受理信息和环境影响报告书的查询方式以及公众享有的权利等事项，并征求公众意见，征求公众意见的期限不得少于 7 日。本案中，被告区环保局称其 2012 年 4 月 23 日受理第三人城建公司就案涉环评报告书提出的审批申请，而第三人委托评价单位省环保设计院编制的、用于申请被告批准的涉案环评报告书（报批稿）形成于 2013 年 6 月。因此，即使被告确实是 2012 年 4 月 23 日受理了第三人的申请，由于需要审批的环评报告书（报批稿）此时尚未编制完成，被告主张的受理行为亦不合法。被告在《承诺件受理通知书》中明确表示第三人向其申请环评审批的时间是 2012 年 6 月 28 日，而被告于同日即作出被诉《审查意见函》，对案涉环评报告书予以批准，其行为明显违反《办法》第二十二条关于环评审批行政机关在审批环节应进行公示和公众调查的相关规定，严重违反法定程序。据此，判决撤销被告作出《审查意见函》的具体行政行为。一审宣判后，各方当事人均未上诉。

本案典型意义在于：环保机关受理环境影响报告书审批申请的基本前提是该报告书已正式形成，且环保机关受理后应依法履行公开该报告书并征求公众意见的程序后，才可予以审批。人民法院要严格审查行政行为是否履行了法定程序和正当程序，是否充分尊重了当事人的知情权、表达权，如果认为行政行为存在程序违法或明显不当的，有权确认违法或予以撤销。近年来，有的地方政府和行政机关，为了加快城市化建设进程，不惜违反行政程序超常规审批某些建设项目，有的甚至以牺牲人民群众的环境权益为代价，造成不良的社会影响。只有

[①]《人民法院环境保护行政案件十大案例》，来源：最高人民法院网，2015 年 2 月 6 日。网址：http://www.court.gov.cn/zixun-xiangqing-13331.html

严格依法依规,按程序办事,才能真正有利于促进城市环境改善和社会和谐安宁。本案中,区环保局存在明显的程序违法情形,其所主张的受理城投公司提出的环评报告书审批申请的时间,尚未形成正式报批稿;其在环评报告编制过程中所公示的《环保审批公示》,不能替代《办法》所要求环保机关在申请人正式报送环评报告及相关申请材料后对环境影响报告书进行公示和公众调查的程序和义务。法院基于其程序的严重违法,判决撤销了被诉行政行为,对于彰显程序公正和促进行政机关依法行政,具有很好的示范效应。

行政执法,在公众法制意识日益加强的今天,需要我们严格按照法律法规规定的程序,严格依法办事,提高政府部门依法办事的能力,以避免有朝一日成为法庭上的被告。

78. "罚款事小,兹事体大":"未批先建"有什么法律后果?

据报道[①],开工逾两年的中石油云南千万吨炼油项目,因存在未批先建的变动工程,部分工程被环保部叫停,并处以罚款 20 万元。2015 年 8 月 25 日,环境保护部向中石油云南石化有限公司发出了行政处罚决定书。决定书指出,中石油 1 000 万吨/年炼油项目环境影响评价文件,在 2012 年 7 月经环保部批复,2013 年 2 月开工建设。2015 年 4 月,环保部调查发现该项目建设内容发生重大变动,未重新报批环评文件而擅自开工建设。在此次的行政处罚决定书中,环保部要求在该项目变动工程环境影响评价文件经批准后,方可依法恢复建设。

类似这样"未批先建"的案例还有不少。2015 年 3 月,青岛某橡胶有限公司被罚 15 万元,是 17 家企业被罚金额最高的。被罚原因是该企业位于黄岛区临港经济开发区的摩托车外胎制造项目未取得环评审批,就开工建设并投产。还有一个典型案例是,未经环评审批,河南某公司擅自开工建设年产 2×15 万吨富钛料项目受到处罚。2014 年 4 月,该公司收到了河南省环境保护厅《行政处罚决定书》,被罚款 16 万元……

《环境保护法》第六十一条规定,建设单位未依法提交建设项目环境影响评价文件或者环境影响评价文件未经批准,擅自开工建设的,由负有环境保护监督管理职责的部门责令停止建设,处以罚款,并可以责令恢复原状。《环境影响评价法》第三十一条规定,建设单位未依法报批建设项目环境影响评价文件,或者未依照本法第二十四条的规定重新报批或者报请重新审核环境影响评价文件,擅自开工建设的,由有权审批该项目环境影响评价文件的环境保护行政主管部

① 《中石油云南石化未批先建变动工程 部分项目被叫停》,来源:新浪网,2015 年 8 月 31 日。网址:http://finance.sina.com.cn/chanjing/gsnews/20150831/182723129020.shtml

门责令停止建设,限期补办手续;逾期不补办手续的,可以处 5 万元以上 20 万元以下的罚款,对建设单位直接负责的主管人员和其他直接责任人员,依法给予行政处分。建设项目环境影响评价文件未经批准或者未经原审批部门重新审核同意,建设单位擅自开工建设的,由有权审批该项目环境影响评价文件的环境保护行政主管部门责令停止建设,可以处 5 万元以上 20 万元以下的罚款,对建设单位直接负责的主管人员和其他直接责任人员,依法给予行政处分。

但是,"罚款事小,兹事体大"。2015 年 5 月,环保部明确要求各地,加强环境影响评价违法项目责任追究。严格依法对存在"未批先建""擅自实施重大变动"等环评违法行为的建设项目实施行政处罚。其中特别强调加大对国家机关和国有企事业单位违法的责任追究,并且要移送同级纪检监察机关追究建设单位相关人员责任。在责任追究完成前,各级环境保护部门不得通过其环评审批或竣工环境保护验收。

"对于未依法实施行政处罚、未按处罚要求整改到位的环评违法项目,一律不予受理其环评文件、竣工环境保护验收申请。"在作出这样的明确要求的同时,环保部说,对于通过隐瞒环评违法行为进入环评审批或竣工环境保护验收流程的,一经发现,立即终止审批或验收程序,退回环评文件或验收申请,在环保部门网站对建设单位予以曝光。环评违法项目的行政处罚和责任追究结果向社会公开,相关信息适时纳入社会诚信体系。

"移送纪检监察机关","一律不予受理""社会诚信体系"……"兹事体大"就很鲜明的体现在这些方面。我们的基层管理人员在高擎环保法这柄利剑的同时,对"未批先建"又多了几声当头棒喝。

79. 环保"三同时"制度为什么往往会变成"三不同时"?

《环境保护法》第四十一条规定,建设项目中防治污染的设施,应当与主体工程同时设计、同时施工、同时投产使用。《水污染防治法》第十七条、《大气污染防治法》第十一条、《固体废物污染环境防治法》第十四条、《噪声污染防治法》第十四条均对建设项目中污染防治设施提出"三同时"要求,并制定相应处罚措施。

由此可见,"三同时"制度已成为我国一项法律制度。然而,在实际中,往往出现"三不同时的"现象,成了环境管理之痛。如何解决此类"三同时"不同时的问题,《环境保护法》为我们提供了有力的武器。在基层管理的实践中,必须以学习、实施新环保法为契机,坚持严格执法、违法严惩,守住"三同时"执行底线。必须学好用活新环保法执法处罚刚性条款,让"三同时"违法者望而却步。必须用好限产停产条款。这是新环保法授予环保部门直接运用的法律权力。一般来说,"三同时"不同时,污染处理设施排放的污染物就难以达标,环保部门一旦监测到污染物超标排放,就可依法采取限产、停产的处罚措施,给予违反"三同时"企业处罚。必须用好停建、恢复原状条款。对环评不符实际、造假或"三同时"实施过程中擅自改变环评设计的,环保部门不予批准,一旦项目单位擅自开工建设,就可以运用这一条款责令其停建或恢复原状,让项目建设单位付出违法的沉重代价。必须用好拘留条款。新环保法第六十三条规定了4种拘留行为,如环保部门可对"三同时"不同时的企业不予发放排污许可证,一旦企业无证排污,就可责令停建,拒不执行的,就及时立案并移交公安部门,对违法企业主要负责人及直接责任人处以拘留处罚。

要从源头抓起,加强建设项目环评源头监督,杜绝环评随意性和造假行为。加强建设项目施工过程监管,杜绝擅自改变设计、施工环节偷工减料,污染防治设施不到位等现象。加强项目"三同时"验收管理,严格验收标准和条件,不符合验收条件的不能批准投产使用。建立长效管理机制,守土有责、尽职尽责,让违法行为无可乘之机。要推行企业环境信息公开,接受社会监督。开设环境违法投诉热线,建立有奖举报制度,让"三同时"等环境违法行为在社会监督下无处藏身。这样,我们的基层管理工作才能紧紧跟上时代的节奏。

80. 砷超标 247 倍的全国最大环境污染入刑案是如何发生的?①

2014 年 10 月,湖北黄石市阳新县大王镇鹤鸣畈村多名村民出现四肢发麻、无力的症状,其中两位老人甚至有呼吸困难、抽搐、昏迷等危重征象。几位村民自发组织到武汉职业病医院检查,结果显示,病因是砷中毒。

消息一经传开,恐慌情绪很快在村民中蔓延。村民不断开始到武汉进行检查。结果,陆续有人被诊断为尿砷超标,波及大王镇 32 个行政村中的 10 个村。共有 894 人住院,118 人被检出超标,49 名村民中毒。

经调查,6 家企业排放的废气中砷含量严重超标,其中最高的超标 247 倍。针对群众提出的关闭污染企业的诉求,黄石市开发区会同环保部门立即采取行动。一周时间内,所有涉事企业的 12 根烟囱全部被炸毁,其生产设备、厂棚和厂牌全部撤除。

这 6 家企业的 14 名责任人以污染环境罪被追究刑事责任,最高获刑 5 年6 个月。同时,黄石市、黄石开发区以及阳新县两级环保部门相关责任人、大王镇党政部门负责人存在监管失职、玩忽职守、滥用职权和受贿行为,共有包括黄石市环保局副局长在内容的共 7 名政府官员被追究刑事责任。这是两院发布环

---

① 《湖北黄石砷污染案:已有 7 名官员被判刑　环保部门难辞其咎》,来源:人民日报,2014 年 12 月　26 日。网址:http://news.xinhuanet.com/legal/2014-12/26/c_1113782960.htm

境污染入刑司法解释以来我国规模最大的环境污染入刑案。

《环境保护法》第四十四条明确规定,国家实行重点污染物排放总量控制制度。重点污染物排放总量控制指标由国务院下达,省、自治区、直辖市人民政府分解落实。企业事业单位在执行国家和地方污染物排放标准的同时,应当遵守分解落实到本单位的重点污染物排放总量控制指标。对超过国家重点污染物排放总量控制指标或者未完成国家确定的环境质量目标的地区,省级以上人民政府环境保护主管部门应当暂停审批其新增重点污染物排放总量的建设项目环境影响评价文件。

《环境保护法》第六十六条规定,企业事业单位和其他生产经营者超过污染物排放标准或者超过重点污染物排放总量控制指标排放污染物的,县级以上人民政府环境保护主管部门可以责令其采取限制生产、停产整治等措施;情节严重的,报经有批准权的人民政府批准,责令停业、关闭。

当前,一是既要抓重点污染物,也要抓其他污染物。影响大气质量的因素很多,改善大气质量要全防全控。二是既要抓区域总量减排,更要抓点源排放达标。目前企业排放超标相当普遍,强化企业排放必须达标是基本要求,假如企业排放达标而区域环境质量仍然超标,那就应当实行总量控制。三是既要抓固定源,也要抓非固定源,对于机动车船等流动源和农业面源也要严格控制其污染物减排。必须直接回应公众的期待,让环境质量的改善和老百姓的感觉直接挂钩。

现在公众无不怀念"APEC 蓝"与"阅兵蓝",同时也忧虑蓝天易逝,"好景难常"。良好环境质量既要各级政府勇于担当,也要环保部门监管到位;既要企业改变生产方式,守法达标,还要公众转变生活方式,人人参与。同呼吸、共命运,大家一同携手留住美丽蓝天。

81. 他们为什么会被公安机关处以行政拘留?

据环保部统计,自新《环境保护法》2015 年 1 月 1 日开始以来,根据 1 至 7 月调度情况,全国范围内实施查封、扣押案件共 2 065 件;实施限产、停产案件共 1 347 件;移送行政拘留共 927 起,移送涉嫌环境污染犯罪案件共 863 件。

环保部于 2015 年 9 月 18 日通报了 2015 年上半年 21 起典型环境违法案件情况[1],其中有 6 起违法企业在被责令停产、罚款等处罚后,企业相关责任人被公安机关行政拘留,包括:

(一)广东省揭西县某织染厂:现场检查发现,企业通过雨水沟偷排生产废

---

[1]《环保部通报 2015 年上半年典型环境违法案件情况》,来源:环保部网站,2015 年 9 月 18 日。链接:http://www.mep.gov.cn/gkml/hbb/qt/201509/t20150918_309965.htm

水,现场采样监测其外排水 COD 超标 3.57 倍。揭西市环保局对该企业罚款 6 万元,责令立即停止生产、限期拆除;同时由公安部门对该公司法定代表人实施行政拘留。

(二)广东省汕头市潮南区某染整实业有限公司:现场检查发现该企业通过暗管将污水处理站调节池生产废水直接排入厂区北侧的小河。污水处理站调节池外排废水 COD、悬浮物分别超标 3.9 倍和 0.16 倍。企业暗管已被封堵;企业被责令停产,并罚款 10 万元,企业责任人被公安机关拘留。

(三)宁夏平罗县某科技公司:企业废水处理设施长期不正常运行、污泥脱水机长期闲置;将大量清水注入生产废水处理系统,对生产废水采用清水稀释的方式排放。平罗县环保局对企业罚款 34.168 万元。企业环保直接责任人被行政拘留 7 天。

(四)黑龙江齐齐哈尔市某纸业公司:该企业利用地下暗管,将污水处理站沉淀池产生的泥水混合物直接排入厂外冲灰水池,最终排入天然泡泽外。取样监测结果显示,COD 超标 13 倍,氨氮超标 2.75 倍。齐齐哈尔市环保局对该企业罚款 10 万元,责令其立即拆除暗管并停产整治,并将案件移送市公安局,对该公司主管副总经理和污水处理站主任分别依法予以行政拘留 10 天、15 天。

(五)吉林省吉林市某化工公司:该企业私设暗管将约 2 吨废硫酸、盐酸偷排至龙潭区生活垃圾场渗滤液沟内。吉林市龙潭区环保局对该企业罚款 2 万元,移送吉林市龙潭区公安分局对企业负责人行政拘留 5 天。

(六)吉林长岭县某化工公司:未办理排污许可证,私设暗管将高浓度生产废水直接排入厂外沟渠,在沟渠取样监测结果显示,COD 高达 9 228 mg/L。长岭县环保局对该企业罚款 10 万元,责令其立即拆除暗管并停产整治,移送县公安局对该公司 4 名负责人依法予以行政拘留 5 天。

《环境保护法》第六十三条规定,企业事业单位和其他生产经营者有下列行为之一,尚不构成犯罪的,除依照有关法律法规规定予以处罚外,由县级以上人民政府环境保护主管部门或者其他有关部门将案件移送公安机关,对其直接负责的主管人员和其他直接责任人员,处 10 日以上 15 日以下拘留;情节较轻的,处 5 日以上 10 日以下拘留:

(一)建设项目未依法进行环境影响评价,被责令停止建设,拒不执行的;

(二)违反法律规定,未取得排污许可证排放污染物,被责令停止排污,拒不执行的;

(三)通过暗管、渗井、渗坑、灌注或者篡改、伪造监测数据,或者不正常运行防治污染设施等逃避监管的方式违法排放污染物的;

(四)生产、使用国家明令禁止生产、使用的农药,被责令改正,拒不改正的。

　　与之相配套,公安部会同环保部、农业部、工信部、质检总局等部门,制定了《行政主管部门移送适用行政拘留环境违法案件暂行办法》,自 2015 年 1 月 1 日起实施。该《暂行办法》针对《环境保护法》第六十三条适用拘留的四项条款,详细列明了 23 种具体的违法情形。

82. 为什么 4.2 万的罚款"涨到"了 117.6 万?[①]

　　2015 年 1 月 28 日,上海市宝山区环保局执法人员现场检查时发现,上海宝山某水泥有限公司在水泥加工生产过程中未采取有效的粉尘防治措施,无组织排放粉尘现象严重,2 月 16 日向该公司送达《责令改正违法行为决定书》,责令该公司于 3 月 30 日前改正无组织排放粉尘的违法行为。3 月 31 日宝山区环保局执法人员在核查中发现该公司未改正无组织排放粉尘的违法行为,4 月 16 日向该公司送达《责令改正违法行为决定书》,责令该公司改正违法行为,并于 4 月 24 日送达《行政处罚决定书》,处罚款人民币 4.2 万元。5 月 14 日对该公司复查,该公司仍未改正无组织排放粉尘的违法行为。环保部门根据法律法规的规定,6 月 11 日对该公司作出行政处罚决定,自 2015 年 4 月 17 日起至 2015 年 5 月 14 日期间的违法行为按日连续处罚,罚款人民币 117.6 万元。

　　这就是"按日计罚"的威力! 这个制度一改以往"违法成本低"的问题,从经济手段上有力地打击和震慑企业对违法行为拒不改正的问题。

　　《环境保护法》第五十九条规定,企业事业单位和其他生产经营者违法排放污染物,受到罚款处罚,被责令改正,拒不改正的,依法作出处罚决定的行政机关可以自责令改正之日的次日起,按照原处罚数额按日连续处罚。并规定,前款规定的罚款处罚,依照有关法律法规按照防治污染设施的运行成本、违法行为造成的直接损失或者违法所得等因素确定的规定执行。地方性法规可以根据环境保护的实际需要,增加第一款规定的按日连续处罚的违法行为的种类。

　　为使按日计罚更具操作性,环境保护部配套发布了《环境保护主管部门实施按日连续处罚办法》。该办法规定,排污者有下列行为之一,受到罚款处罚,被责令改正,拒不改正的,依法作出罚款处罚决定的环境保护主管部门可以实施按日连续处罚:

　　(一)超过国家或者地方规定的污染物排放标准,或者超过重点污染物排放总量控制指标排放污染物的;

　　(二)通过暗管、渗井、渗坑、灌注或者篡改、伪造监测数据,或者不正常运行

[①]《逾期未改,4.2 万罚金涨到 117.6 万元》,来源:解放日报,2015 年 9 月 11 日。链接:http://www.envir.gov.cn/info/2015/9/911611.htm

防治污染设施等逃避监管的方式排放污染物的;

（三）排放法律、法规规定禁止排放的污染物的;

（四）违法倾倒危险废物的;

（五）其他违法排放污染物行为。

自 2014 年 10 月 1 日起施行的《上海市大气污染防治条例》第一百零一条规定,企事业单位和其他生产经营者违反本条例,除第二十八条、第三十二条、第六十一条规定的情形外,受到罚款处罚,被责令改正,拒不改正的,依法作出处罚决定的行政机关可以自责令改正之日的次日起,按照原处罚数额按日连续处罚。

83. 沙漠为何成了逃避监管的"天堂"?[①]

腾格里沙漠位于宁夏和甘肃交界处,是中国的第四大沙漠,也是中国沙区中治沙科研示范区,"腾格里"的蒙古释义是"天"的意思,形容是沙漠像天一样的浩瀚、无际。腾格里曾被誉为"人类治沙史上的奇迹",曾经被联合国授予"全球环保 500 佳"的荣誉。在沙漠南缘中卫沙坡头一带,已建立中国国家级自然保护区。

2014 年 9 月 6 日,媒体报道,内蒙古自治区腾格里沙漠腹地部分地区出现排污池。当地牧民反映,当地企业将未经处理的废水排入排污池,让其自然蒸发。然后将黏稠的沉淀物,用铲车铲出,直接埋在沙漠里面。专家透露,沙漠地下水一旦被污染后,修复几乎是不可能的。

1999 年成立的腾格里工业园区,曾吸引了数十家东部化工企业来此投资建厂,主要以硫化碱项目为主。这些高污染企业每年生产上万吨的硫化碱、对氨基苯甲醚和邻苯二胺以及硫化染料和硫代硫酸钠等。

"作为招商引资的优惠条件,园区帮助各家企业处理污水废液,这个政策很有竞争力,因为对化工企业来说,排污和污水处理投入很大,如果少了这笔投入,就相当于生产成本大幅降低。"已搬离的一家化工厂负责人说,"蒸发池使用之前,只能向沙漠里直排,不直排也没有地方运。大家都是知道的。"

新中国成立以来几代人辛辛苦苦工作几十年才创造出来的"人类治沙史上的奇迹",输给了地方政府部门 GDP 政绩工程,输给了黑心企业。腾格里沙漠上这种不顾环保、只顾钱包的发展模式。某种意义上说,在腾格里沙漠里排污,属于"享祖宗福、造子孙孽"的愚蠢做法。"沙漠排污"事件只是"污染西迁"的一个缩影。

---

① 《内蒙古腾格里沙漠污染事件处理结果公布》,来源:人民网,2014 年 12 月 23 日。链接:http://env. people. com. cn/n/2014/1223/c1010-26257113. html

　　2014 年 10 月 3 日,习近平总书记等中央领导同志对内蒙古阿拉善盟腾格里工业园区的环境污染问题作出重要批示。10 月 11 日中办、国办发布了《关于腾格里沙漠污染问题处理情况的通报》,并专门成立督察组,敦促整改和责任追究。环保部、最高人民检察院等都介入调查。

　　恶劣的事情在继续发生[1]。据报道,2015 年 3 月 12 日,甘肃武威荣华工贸公司被发现向沙漠排放污水。该公司在未完成污水处理站厌氧系统、未配套建设蓄水池、未按环评及批复要求配套建设事故应急池、未同步安装废水在线监测系统的情况下,擅自投入试生产;私设暗管向沙漠排污,自 2014 年 5 月 28 日至 2015 年 3 月 6 日,该企业在淀粉生产线调试和试生产期间,累计排放污水 271 654 吨(其中 187 939 吨用于浇灌该公司投资建设的荣生沙漠公路旁树木,83 715 吨通过铺设的暗管直接排入沙漠),造成的沙漠污染面积为 265.85 亩,污染土方量 62.51 万立方米。

　　事情发生后,环境保护部门依据相关法律法规,对荣华公司违法行为共处罚款 300.31 万元,追缴排污费 18.06 万元;涉案生产项目已停产,主要生产设备和排污设施已查封;责令承担环境调查和损害评估及相关费用,按期完成被污染沙漠治理和修复,并承担全部费用。荣华公司董事长涉嫌环境污染罪已由公安机关立案调查,污水处理厂厂长、副厂长被行政拘留。同时,对 14 名国家机关工作人员依法依纪追究责任。其中,对武威市委、市政府和省环保厅主要负责人进行诫勉谈话;给予武威市分管副市长、省环保厅分管副厅长行政警告处分;给予凉州区委主要负责人党内严重警告处分;给予凉州区政府分管副区长党内严重警告、行政记大过处分;给予武威市环保局局长和分管副局长撤销党内职务、行政撤职处分;给予武威市环境监察支队支队长党内严重警告、行政记大过处分和免职处理;凉州区环保局局长和分管副局长涉嫌玩忽职守罪被检察机关立案侦查;给予凉州区环境监察大队副大队长留党察看一年、行政撤职处分;给予凉州区环境监测站站长留党察看一年、行政降级处分。

　　环境保护法第四十二条规定:排放污染物的企业事业单位和其他生产经营者,应当采取措施,防治在生产建设或者其他活动中产生的废气、废水、废渣、医疗废物、粉尘、恶臭气体、放射性物质以及噪声、振动、光辐射、电磁辐射等对环境的污染和危害。排放污染物的企业事业单位,应当建立环境保护责任制度,明确单位负责人和相关人员的责任。重点排污单位应当按照国家有关规定和监测规范安装使用监测设备,保证监测设备正常运行,保存原始监测记录。严禁通过暗

---

[1] 《武威荣华公司被处罚款 300.31 万元 14 名国家机关工作人员被追责》,来源:中国甘肃网,登陆时间:2015 年 6 月 6 日。链接:http://news. xinmin. cn/shehui/2015/06/06/27803607. html

管、渗井、渗坑、灌注或者篡改、伪造监测数据，或者不正常运行防治污染设施等逃避监管的方式违法排放污染物。

84. 广场舞和酒吧噪声扰民，真的投诉无门吗?

广场舞噪音扰民，早已不是新鲜话题。在北京，有人因此暴怒放藏獒;在温州，业主们筹款 26 万买来高音炮，对抗广场舞音乐;更夸张的在长沙、武汉，还出现过空中扔下污物，驱散广场舞大妈的情况。酒吧、KTV 等经营场所的噪声扰民，也是一个老大难问题。碰到这样的问题，通常的方法是协商，或者请物业等协调。协调不成，只能向相关部门投诉或举报，环保等政府部门会依法进行查处。

据 2014 年 12 月 9 日最高人民法院召开新闻发布会，公布环境保护行政案件十大案例。其中一则是关于甘肃某酒吧诉地方环境保护局环保行政命令案。

基本案情:甘肃省某地环境保护局，2013 年元旦接到其辖区居民对名为"动感酒吧"的环境噪声污染的投诉，经检测认定该酒吧夜间噪声达 58.9 分贝，超过国家规定的排放标准，其行为违反了《中华人民共和国环境噪声污染防治法》第四十三条第二款规定，并依据该法第五十九条规定，于 2013 年 1 月 18 日对动感酒吧作出责令改正违法行为决定书:责令其立即停止超标排放环境噪声的违法行为，限于 2013 年 2 月 28 日前，采取隔音降噪措施进行整改，并于 2013 年 2 月 28 日前将改正情况书面报告。动感酒吧于 2013 年 2 月 27 日向区环保局提交了防噪音处理报告及申请，证明其已整改，同时申请对整改后的噪音再次测试，区环保局未予答复，也未再组织测试;同年 4 月 17 日，动感酒吧就区环保局于 1 月18 日作出的上述责令改正违法行为决定书向武威市环保局申请复议，复议机关以逾期为由不予受理。遂以区环保局为被告，诉请法院撤销上述责令改正违法行为决定书。

裁判结果:该区人民法院一审认为，被告区环保局执法主体资格、执法程序合法。被告的检测报告所适用的检测标准《社会生活环境噪声排放标准》与原告所述的检测标准《标准声环境质量标准》是法律规定的两个不同的标准，前者是适用于对营业性文化娱乐场所、商业经营活动中使用的向环境排放噪声的设备、设施的管理、评价与控制的排放标准，后者是适用于声环境质量评价与管理的环境质量标准，被告检测噪音的方式方法并不违背法律规定，其检测结果合法有效，遂判决维持被告作出的责令改正违法行为决定书。动感酒吧上诉后，武威市中级人民法院二审认为，被上诉人在夜间经营期间环境噪声排放及环境噪声污染噪声已超过《社会生活环境噪声排放标准》规定限度，其行为违反了《中华人民共和国环境噪声污染防治法》第四十三条第二款"经营中的文化娱乐场所，其经营管理者必须采取有效措施,使其边界噪声不超过国家规定的环境噪声排放标准"的规定,原判认定事实清楚,适用法律准确,判决驳回上诉、维持原判。

本案的意义在于:对于社会生活中经常发生的噪声扰民现象,环保机关针对群众投诉作出合法适度处理后引发的行政诉讼,人民法院应当依法给予支持。本案重要意义还体现于,人民法院以裁判方式明确了噪声相关标准执法适用范围。由国家环境保护部、国家质量监督检验检疫总局 2008 年 10 月 1 日发布施行的《声环境质量标准》《社会生活环境噪声排放标准》和《工业企业厂界环境噪声排放标准》,是环境检测、执法人员进行噪声监管的重要依据。前一项是环境质量标准,后两项是排放标准,它们的适用范围、检测方法及限值等均有不同,应根据检测对象及目的等因素作出正确选择。本案判决对《声环境质量标准》《社会生活环境噪声排放标准》的适用范围作了正确区分,对环保机关正确执法和人民法院审理类似行政案件具有示范作用。

环境噪声污染,是指所产生的环境噪声超过国家规定的环境噪声排放标准,并干扰他人正常生活、工作和学习的现象。环境噪声污染的主要来源,分交通噪声、工业噪声、建筑噪声和社会噪声四个大类。《噪声污染防治法》第二条第二款是这样定义的:环境噪声污染是一种能量污染,与其他工业污染一样,是危害人类环境的公害。我国根据环境噪声排放标准规定的数值区分"环境噪声"与"环境噪声污染"。在数值以内的称为"环境噪声",超过数值并产生干扰现象的称为"环境噪声污染"。

《噪声污染防治法》第六条规定,县级以上地方人民政府环境保护行政主管部门对本行政区域内的环境噪声污染防治实施统一监督管理。监督管理,包括将环境噪声污染防治工作纳入地方环境保护规划,采取有利于声环境保护的经济、技术政策和措施,鼓励、支持环境噪声污染防治的科学研究、技术开发,推广先进的防治技术和普及防治环境噪声污染的科学知识,等等。

这就要求我们的基层部门,切实开展对环境噪声污染进行全过程管理,即污染发生前、污染发生过程中和污染发生以后的监督管理。重点应该落实在污染发生前,也就是在制定城乡建设规划时充分考虑建设项目所产生的噪声对周围环境的影响,统筹规划,防止或减轻环境污染影响;对已经发生的噪声污染,要及时找准污染发生源,加强执法监督,坚持"谁污染谁付费"原则,制止污染的继续或扩大,落实相应的赔偿;污染事故或事件发生以后,在避免污染的再次发生时,就需要我们的监管部门运用市场化运行机制,遵循经济规律,寻求最有利环境保护的引导方式,根据污染发生的性质和特点,引进先进技术,购买相关服务,推动本地区环境保护事业的良性发展。

第十章 美丽乡村建设中的环境管理

案例十九 青山绿水就是金山银山—浙江安吉县的绿色发展之路[①]

2010 年，一家国内知名门户网站发起"美丽发现—2009 年中国美丽乡村评选"活动。经过网友近一个月的网络投票，浙江安吉这个美丽富饶的乡村最终以网络票选第一的好成绩摘得"中国最美丽乡村"桂冠。然有谁知，曾因污染受到"黄牌"警告的安吉，获此殊荣实属来之不易。

安吉县地处浙江省湖州市西部山区，全县"七山一水二分田"，赋石水库、龙袍湖点缀其间，黄浦江源头西苕溪穿越安吉孝丰镇，是太湖的重要水源区之一，生态作用十分重要。20 世纪 80 年代，安吉县为尽快"脱贫"，引进了一大批企业，一时间造纸、化工、建材、印染产业成就了 GDP 的高速增长，走上争当"工业强县"的发展之路。十几年后，安吉人蓦然发现，环境破坏、生态恶化，1998 年甚至被国家列为太湖水污染治理重点区域。

安吉重新审视自身的特点与优势。2008 年年初，安吉县正式提出"中国美丽乡村"计划，充分发挥安吉已有的生态优势和产业特色，用 10 年时间，推进农村环境的综合提升、农村产业的持续发展和农村各项事业的全面进步，把安吉建设成"村村优美、家家创业、处处和谐、人人幸福"的现代化新农村，把安吉打造成"中国最美丽的乡村"。

大竹海和白茶园是安吉两道最美的风景线。安吉的高山上种的多是毛竹，低山缓坡上种的则多是白茶。毛竹和白茶相映成趣，将安吉营造成一个人人向往的世外桃源，吸引了无数游人的目光。"中国竹乡"、"黄浦江源"、"藏龙百瀑"等旅游项目引领的新兴旅游休闲产业，使昔日不为人知的山区县逐步成为华东黄金旅游圈的重要节点。"长三角战略"使安吉旅游业快速

---

① 《〈生态文明建设与可持续发展〉案例 23 中国美丽乡村》，来源：中国共产党新闻网，登陆时间：2015 年 10 月 7 日。链接：http://cpc. people. com. cn/GB/67481/94158/232162/232165/17057614. html

发展,成为全县经济新的增长点。

　　作为全国新农村与生态县互促共建示范区和首批"全国生态文明试点建设"地区之一,安吉县以"中国美丽乡村"为载体,对全县村镇环境进行了全方位的改造建设,集中实施道路联网、千库保安、建筑节能、健康人居等工程,重点建设道路沿线景观大道、生活污水处理和垃圾收集系统、企业提标改造、河道整治和违章建筑拆除、房屋立面改造等项目。安吉把整个县域当做一个大乡村来规划,把每一个村当做一个个景来设计,把每一户人家当做一个个小品来改造,致力于推进环境、空间、产业和文明相互支撑,一、二、三产业整体联动,城乡一体有机链接,力求全县美丽、全县发展。

　　2010 年 2 月 24 日,住房和城乡建设部授予安吉县"2009 年中国人居环境奖",是 2009 年全国唯一一个中国人居环境奖获得者,开创了以农村人居环境改善为申报主题和以县为单位获得我国人居领域最高大奖的先河。

案例二十　原水工程让"谈水色变"永远成为金山人的过去式[①]

　　黄浦江上游水源地位于开放式、流动性、多功能水域,受上游来水污染、下游潮水、本地污染排放和通航等因素的影响,存在原水水质不稳定和应对突发性水污染事故能力薄弱等问题。而黄浦江上游水源地承担着闵行、奉贤、金山、松江、青浦等西南五个区的原水供应,共有 6 个取水口分布在黄浦江上游干流和主要支流上,各原水系统为独立系统,一旦发生水污染突发事故,很难实施统一调度和互相支援,也给有效保护带来较大的难度。

　　2015 年 3 月 22 日是第 23 届"世界水日",总投资 76 亿、惠及上海金山、奉贤、松江和闵行、青浦五区共 670 万居民的黄浦江上游水源地原水工程全面开工。该工程主要由金泽水库和连通管两大工程组成,计划于 2016 年底具备通水条件,并逐步投入运营。金泽水库工程位于青浦区金泽镇西部、太浦河北岸,占地面积约 2.7 平方公里,主要由水库和输水泵站两大部分组成。水库从太浦河取水,总库容约 910 万立方米,应急备用库容约 525 万立方米。

　　该工程建成后,上海西南地区将全部改从常年保持在三类水以上水质的太浦河取水,不仅能有效提升该地区的饮用水水质,还能进一步提高区域

[①]《申城西南五区 670 万居民将喝上好水》,来源:新民晚报网,2015 年 3 月 22 日。链接:http://xmwb. xinmin. cn/html/2015-03/22/content_2_3. htm

安全、优质供水保障能力。即使发生突发事件需要关闭水闸,这一水源地也可满足 2 天的供水量,再加上青草沙的应急补充供水,一共可满足 3 天的供水量。

新建的太浦河金泽水库和黄浦江上游连通管正式建成投运后,未来还可向外延伸向东太湖取水。下一步,上海的供水水源将坚持"两江并举、多源互补"的发展战略,不断完善长江口青草沙、陈行、东风西沙和黄浦江上游四大水源地及原水系统总体布局,通过集中归并现有取水口,实现原水系统的连通互补,进一步提高黄浦江上游水源地应对突发性水污染事故的能力。

目前,这些地区是直接从黄浦江取水,这样就使原水水质和供水保障极易遭受流域水体突发水污染等事故影响。让金山、松江、闵行等区的人记忆犹新并且不堪回首的是,在前几年,由于各种原因,发生了多起导致了自来水厂取水口严重污染的事件,政府疲于应对,市民"谈水色变"。那些天里,人心惶惶,连超市里的瓶装水都抢购一空。小小的水,牵动了多少人的心。

金泽水库的投用,将永远抹去包括金山在内的申城西南五区居民因为"水"的心头之痛,结束"谈水色变"的历史。因为水,也让更多人深切地看到了保护环境,建设美丽乡村的重要性和意义。

85. 他们为什么在睡梦中被熏醒?[①]

2012 年 7 月下旬,山东某新材料有限公司为处理副产品危险化学品硫酰氯,公司与被告人樊某某商定每吨给樊某某 300 元交由樊某某处置。同年 7 月 25 日,樊某某安排被告人王某某、蔡某驾驶罐车到山东某新材料有限公司拉走 35 吨硫酰氯,得款 10 500 元。7 月 27 日 2 时许,樊、王、蔡三人将罐车开至山东省高青县花沟镇唐口村南小清河大桥上,将 35 吨硫酰氯倾倒于小清河中。硫酰氯遇水反应生成的毒气雾团飘至山东省邹平县焦桥镇韩套村,将熟睡中的村民熏醒,致上百村民呼吸系统受损,并造成庄稼苗木等重大财产损失,村民韩某某(被害人,女,殁年 42 岁)原患有扩张型心肌病等疾病,因吸入酸性刺激气体,致气管和肺充血、水肿,直接加重心肺负荷,导致急性呼吸循环衰竭死亡。7 月 28 日,王某某被抓获归案,樊某某、蔡某投案自首。

淄博市中级人民法院经审理认定被告人樊某某犯污染环境罪,判处有期徒刑 6 年 6 个月,并处罚金人民币 15 万元;被告人王某某犯污染环境罪,判处有期

---

① 《最高人民法院 4 月 30 日公布五起典型案例》,来源:最高人民法院网站,2015 年 2 月 6 日。链接:http://www.court.gov.cn/zixun-xiangqing-13332.html

徒刑6年,并处罚金人民币10万元;被告人蔡某犯污染环境罪,判处有期徒刑5年6个月,并处罚金人民币10万元。宣判后,各被告人均服判,未提出上诉。

《最高人民法院、最高人民检察院关于办理环境污染刑事案件适用法律若干问题的解释》自2013年6月19日施行以来,解决了以往环境污染案件"取证难"、"鉴定难"、"认定难"的问题,全国法院加大了对污染环境犯罪的打击力度,集中审理了一批污染环境犯罪案,据不完全统计,截至2014年12月,全国法院累计审结以污染环境罪、非法处置进口的固体废物罪、环境监管失职罪定罪处罚的刑事案件百余件。其中,审结以污染环境罪定罪处罚的刑事案件80余件,本案即其中典型。本案的审判,充分体现和发挥了人民法院依法惩治污染环境犯罪,促进生态文明建设和经济社会健康发展的职能作用。

新的《环境保护法》第四十五条规定,国家依照法律规定实行排污许可管理制度。实行排污许可管理的企业事业单位和其他生产经营者应当按照排污许可证的要求排放污染物;未取得排污许可证的,不得排放污染物。

《水污染防治法》第二十条规定,国家实行排污许可制度。直接或者间接向水体排放工业废水和医疗污水以及其他按照规定应当取得排污许可证方可排放的废水、污水的企业事业单位,应当取得排污许可证;城镇污水集中处理设施的运营单位,也应当取得排污许可证。排污许可的具体办法和实施步骤由国务院规定。禁止企业事业单位无排污许可证或者违反排污许可证的规定向水体排放前款规定的废水、污水。原《大气污染防治法》和新修订的《大气污染防治法》均对大气污染物排放许可证做出了相应的规定。

这个睡梦中被熏醒的案例极为典型。本案的审判,充分体现和发挥了人民法院依法惩治污染环境犯罪,促进生态文明建设和经济社会健康发展的职能作用。

86. 农村成固体废物非法倾倒地:为什么受伤的总是我?

据经济参考网报道[①],2014年7月底,涡阳县标里镇柏华村附近一池塘内被倾倒桶状液体(据估算约20余吨),散发刺鼻气味。涡阳县环保、公安等部门现场处置与案件侦破同时进行,共清理出周边被污染的土壤和杂物270吨,规范化处置花费330万元。后经查实,这些倾倒物来自江苏常州一家化工公司,是含有二氯苯酚和三氯苯酚的危险废物,当地环保部门工作人员介绍,这种苯酚类物质水体和土壤的污染很难降解消除,具有毒性和致癌性,对人体呼吸系统、皮肤有

---

① 《6年5中"生态炸弹"污染"上山下乡"亟须遏止》,来源:经济参考网,2015年4月7日。链接:
http://www.zhb.gov.cn/gkml/hbb/bgt/201012/t20101222_198998.htm

损伤。

这场困扰柏华村村民的"生态噩梦"对于涡阳县来说并非首次。涡阳县环保局局长回忆,算上这次,6年时间内,涡阳已经5次被"生态炸弹"异地"偷袭"。整个安徽省近年来多次发生跨省固体废物倾倒事件回顾:

(一)2009年末,来自浙江省一家制药公司1 000多捅含有二氯乙烷、甲醇、甲烷等成分的废弃有毒化学危险品被涡阳、利辛等本地农民工运回倾倒,造成阜涡河长达10公里约11万立方米水量的水质受污染。处理结果:由浙江该公司一次性赔偿涡阳县、利辛县造成的污染损失及处置费用总计220万元。浙江环保部门对该公司共罚款25万元。邢某某等人以重大环境污染事故罪分别判处有期徒刑5年6个月、2年或1年,并处罚金,王某某等6人被处行政拘留。

(二)2011年12月3日,亳州市利辛县遭非法跨省转移倾倒危险废物事件。危险废物确来源于江苏省盐城市某精细化工有限公司,总计重量约30吨。处理结果:该企业3位副总给予了免职处分,并移交公安部门查处,企业与安徽利辛、涡阳两地达成并签订了补偿协议,合计补偿两地111万元。

(三)2012年4月17日,涡阳城东遭非法转移危险废物事件,来源于江苏省盐城市某化学公司,总计重量约20吨。处理结果:由该药业公司赔偿涡阳县污染损失及处置费用28万元,被处罚款8万元;企业相关责任人被行政拘留。

(四)2012年5月25日,滁州市全椒经济开发区遭跨省转移倾倒危险废物事件。危险废物来源于江苏省扬州某光电公司,总计重量约7.3吨。处理结果:该企业被勒令停产整顿,并被按上限行政处罚;该公司赔偿安徽方面135万元(含污染清理、处置、调查取证、环境监测、生态修复等费用)。

(五)2012年6月22日,阜南县遭非法跨省转移倾倒危险废物事件。危险废物来源于江苏溧阳市某多元醇有限公司,总计重量约759吨。处理结果:溧阳市环保局对该公司擅自跨省转移固废的行为进行立案查处,并处罚款,该公司赔偿安徽污染清理、处置、调查评估等费用600万元。

(六)2013年5月25日,宿州市埇桥区解集乡遭非法跨省转移倾倒危险废物事件。危险废物来源于浙江省两家皮革公司。处理结果:该两公司责任人被判处有期徒刑1年6个月,缓期2年执行,分别处罚金50万元。两公司共缴纳390万元恢复费用。

(七)2013年8月26日,滁州市经济开发区遭非法跨省转移倾倒危险废物事件。危险废物来源于江苏省常州某化工公司,总计重量约338吨。处理结果:该常州化工公司被处罚金50万元,企业法定代表人等15人以污染环境罪判处1年至3年不等有期徒刑,并处2万至20万元不等罚金。

(八)2014年7月30日,亳州市涡阳县遭非法跨省转移倾倒危险废物事件。

危险废物来源于江苏省常州某化工公司,总计重量约 270 吨。处理结果:企业相关责任人已被提起公诉,该公司已向涡阳县赔偿 300 万元,利辛县未获得赔偿,案件正在进一步审理中。

不仅仅在安徽,在其他省市,这种污染向农村转移的现象也普遍存在。环保专家和基层官员认为,危废倾倒有明显的区域性特征,一般从发达地区向不发达地区转移,最后倾倒在农村。有的距离达数百公里,需经过生产、转运和倾倒等环节。异地倾倒危废的背后已形成了一个操作隐秘、分工细化的黑色产业链。从生产到倾倒一般有三四个环节,生产企业将危废擅自处理给下线。打着无害化处理幌子的下线,利用人脉再转手到偏远农村,交给下家。三线、四线中介人接手后,再联络当地"熟人"找地方倾倒。

《固体废物污染环境防治法》第五条规定,国家对固体废物污染环境防治实行污染者依法负责的原则。第五十三条规定,产生危险废物的单位,必须按照国家有关规定制定危险废物管理计划,并向所在地县级以上地方人民政府环境保护行政主管部门申报危险废物的种类、产生量、流向、贮存、处置等有关资料。第五十五条规定,产生危险废物的单位,必须按照国家有关规定处置危险废物,不得擅自倾倒、堆放。第五十七条规定,从事收集、贮存、处置危险废物经营活动的单位,必须向县级以上人民政府环境保护行政主管部门申请领取经营许可证;从事利用危险废物经营活动的单位,必须向国务院环境保护行政主管部门或者省、自治区、直辖市人民政府环境保护行政主管部门申请领取经营许可证。禁止无经营许可证或者不按照经营许可证规定从事危险废物收集、贮存、利用、处置的经营活动。禁止将危险废物提供或者委托给无经营许可证的单位从事收集、贮存、利用、处置的经营活动。并对违法行为规定了严格的处罚。

国务院颁布的《危险废物经营许可证管理办法》将经危险废物经营许可证按照经营方式,分为危险废物收集、贮存、处置综合经营许可证和危险废物收集经营许可证。领取危险废物综合经营许可证的单位,可以从事各类别危险废物的收集、贮存、处置经营活动;领取危险废物收集经营许可证的单位,只能从事机动车维修活动中产生的废矿物油和居民日常生活中产生的废镉镍电池的危险废物收集经营活动。并对无证经营或超范围经营的行为做出了明确的处罚规定。

要遏制和消除固体废物非法转移和倾倒的行为,除了要求各废物产生单位自觉遵守法律法规之外,政府部门必须强化监管,严格执法,综合运用经济、行政和法律的手段,包括给以高额的经济处罚,以及追究刑事责任等方式,加大打击力度,还农村一片干净的土地。

87. 证照齐全的养殖场为何被拆除？

2014年12月9日最高人民法院召开新闻发布会,公布环境保护行政案件十大案例。其中一个案例讲述的是,广东惠州有一养殖户苏某2006年与该地博罗县农业科技示范场签订了《承包土地合同书》,在涉案土地上经营养殖场,养殖猪苗,并先后领取了《税务登记证》《排放污染物许可证》和《个体工商户营业执照》。2012年3月22日,博罗县人民政府发布《关于将罗浮山国家级现代农业科技示范园划入禁养区范围的通告》(以下简称《通告》),要求此前禁养区内已有的畜禽养殖场(点)于当年6月30日前自行搬迁或清理,违者将依据有关法律、法规进行处理,直至关闭。之后,县住房和城乡建设局联合发出《行政处罚告知书》,以养殖场的建筑未取得建设工程规划许可证为由,拟给予限期拆除的处罚。对此,苏某对县人民政府作出的上述《通告》不服,提起行政诉讼,请求法院判决撤销该《通告》。

惠州市中级人民法院一审认为,依据《环境保护法》和《畜牧法》的有关规定,被告划定畜禽禁养区完全合乎法律规定,遂判决维持《通告》。苏某上诉后,广东省高级人民法院二审认为,罗浮山国家级现代农业科技示范园承担着农业科技推广的任务,需要严格的环境保护条件。博罗县人民政府有权根据环境保护的需要,依据畜牧法、《畜禽养殖污染防治管理办法》和《广东省环境保护条例》相关规定,将其管辖的罗浮山国家级现代农业科技示范园划定为畜禽禁养区。据此,二审判决维持原判,驳回上诉。但二审法院同时认为,苏某经营养殖场的行为发生在《通告》作出之前,其合法经营行为应当受到法律保护。根据行政许可法第八条的规定,虽然博罗县人民政府有权根据环境保护这一公共利益的需要划定畜禽禁养区,但县人民政府不能以此为由否定苏某的合法经营行为。苏某可依照《最高人民法院关于审理行政许可案件若干问题的规定》第十四条的规定,另行提出有关行政补偿的申请。

本案的意义在于:人民法院在维护行政机关环境保护监管行为的同时,也注重利益的平衡,较好地诠释了环境行政管理活动中的信赖保护原则。虽然县级以上人民政府有权根据环境保护的需要,划定畜禽禁养区,严禁在畜禽禁养区内从事畜禽养殖业,也可要求已有的畜禽养殖场(点)自行搬迁或清理,即变更或撤回养殖户的生产经营许可。但与此同时,也应当考虑到在此之前合法经营的畜禽养殖户的利益保护问题,应根据《行政许可法》第八条所体现的信赖保护原则精神,对行政许可因环境公共利益需要被变更或撤回而遭受损失的合法养殖户依法给予补偿。在环境行政管理活动中,政府及环保部门需注重公共利益与私人利益的平衡,不能只考虑环境保护的需要,忽视合法经营者的信赖利益。尤其要防止为了逃避补偿责任,有意找各种理由将合法的生产经营活动认定为"违法"的现象。本案由于原告并未提出行政补偿的诉讼请求,二审法院在维持被告《通告》的同时,明确指出被告未就补偿事宜作出处理,甚至以"事后"提出的原告行为不合法为由不予补偿,明显不当,并告知原告可另行提出补偿申请的法律救济途径,处理适当。

88. 禁止秸秆露天焚烧基层政府该如何作为?

每逢农作物收获季节,大量的秸秆焚烧严重污染环境,危害群众健康,浪费资源,影响交通安全,并可能由此引发火灾和其它事故,造成严重损失。

据报道①,2015 年 9 月 30 日,周口市人民政府发布通报称,太康县在今年秋季秸秆禁烧工作中存在诸多问题。通报明确提到,太康县被省政府约谈问责,给周口市秸秆禁烧工作带来"极大被动,造成了很坏的社会影响"。为此,经周口市政府研究,给予太康县通报批评,并给予先期经济处罚 2 000 万元。此外,太康县委常委、太康县副县长,太康县政协副主席,太康县人大常委会主任等多名分管或分包的县处级干部也因此受到通报批评,并对秸秆禁烧工作不力的乡镇党政主要负责人给予党纪政纪处分;对焚烧秸秆现象严重的转楼乡、马头镇党政主要负责人,建议予以免职,并对乡镇有关责任人员严肃问责。

2000 年颁布的《大气污染防治法》第四十一条规定,"禁止在人口集中地区、机场周围、交通干线附近以及当地人民政府规定的区域露天焚烧秸秆、落叶等产生烟尘污染的物质",并规定了违反的法律责任。2015 年 08 月 29 日修改,于 2016 年 1 月 1 日施行的新《大气污染防治法》第七十七条规定,"省、自治区、直辖市人民政府应当划定区域,禁止露天焚烧秸秆、落叶等产生烟尘污染的物质"。第七十六条规定应当加大对秸秆还田等的财政补贴力度。

强化执法监管,落实禁烧责任。禁止焚烧秸秆的执法监督工作仅靠环境保护部门单独执法是难以完成的,各部门特别是乡镇、行政村、自然村的基层干部应大力支持,层层签订禁止焚烧秸秆责任状并确保层层落实。各级环保、农业部门要认真履行职责,强化现场执法检查,严厉查处那些我行我素,依然焚烧秸秆的不负责任的行为,确保重点城市周边、重点交通干线、机场周围大气的环境质量。各有关领导应组织人员下乡到田间地头宣传禁烧政策,监管秸秆焚烧行为,一经发现焚烧者,马上制止并视情况对肇事人员和责任区负责人进行处罚。

---

① 《周口市人民政府关于太康县秋季秸秆禁烧工作不力情况的通报》,来源:河南周口市政府网,2015 年 10 月 8 日。链接:http://www.zhoukou.gov.cn/sitegroup/root/html/bd1e5b494f16bb58014f2 5069a10008c/c71c269d9e804c79a9645d766f7feade.html

除了按《大气污染防治法》的明确规定落实执法,针对秸秆焚烧对环境和生态的影响,1998 年原国家环境保护总局、农业部、财政部、铁道部和中国民航总局六部委联合发布了《关于严禁焚烧秸秆保护生态环境的通知》,1999 年六部委又联合发布了《秸秆禁烧和综合利用管理办法》,2003 年、2005 年和 2007 年又分别印发了进一步做好秸秆禁烧和综合利用工作的有关通知。《秸秆禁烧和综合利用办法》规定:"各地应大力推广机械化秸秆还田、秸秆饲料开发、秸秆气化、秸秆微生物高温快速沤肥和秸秆工业原料开发等多种形式的综合利用成果。我们的相关政府部门,更应把重点落实在加快编制秸秆综合利用规划,加强秸秆综合利用技术的研发和推广应用,并针对秸秆的不同用途,提出阶段性开发目标和在科技、经济等方面的政策措施等,积极推广那些既利于环境保护和整治、又利于地方或个人利益的"双赢"项目尽快落地和得到应用。

89. 新建高档住宅为什么会存在严重土壤污染问题?

据中央电视台《新闻联播》2005 年 12 月 2 日报道,武汉市江岸区某经济适用房小区矗立在长江边上,风景优美。但是最近,这个小区突然传出了没有通过环保测评,存在严重环保问题的消息。该项目使用土地的前身是 1997 年停产的武汉市长江化工厂厂址,在前期环保检测中确实发现相关问题。经检测,发现这个场地锑污染分布范围比较广,局部有苯、萘等有机物的污染问题。如果将这个有机土壤的问题进行清除,初步估计有 3 200 吨。为此,地方政府责令建设方,武汉市江岸区房地产公司停止施工并委托中国地质大学设计土壤修复方案。次年 9 月,武汉市环保部门对项目部分内容进行了验收调查,认为土壤修复工程符合环保要求,环保工程全面完工后可保证居住区的环境安全。而就项目之前没有通过环保测评就开工的问题,开发商江岸区房地产公司表态,对于本企业未能够按有关程序组织相关验收并及时向住户公布环评信息带来的社会影响以及住户的不安表示诚恳的道歉。同时承诺,正视环保问题,下一步将按照环保部门的要求,加快完善项目的环保措施,确保项目的环境安全。

污染场地,是指因堆积、储存、处理、处置或其他方式(如迁移)承载了有害物质的,对人体健康和环境产生危害或具有潜在风险的空间区域。具体来说,该空间区域中有害物质的承载体包括场地土壤、场地地下水、场地地表水、场地环境空气、场地残余废弃污染物如生产设备和建筑物等。其实早在 2012 年,国家环境保护部、工业和信息化部、国土资源部、住房和城乡建设部就"关于保障工业企业场地再开发利用环境安全"发出过通知(环发〔2012〕140 号)。对此,环保部 2014 年还专门就场地污染和治理颁布了相应的法规,即《关于工业企业关停、搬迁及原址场地再开发的规定》。根据上述规定,工业企业场地进行用途转换(变更为商业用地和住宅用地等)时,应当遵循风险评估和相应的治理。

该《规定》明确要求,地方各级环保部门要高度重视工业企业关停搬迁过程中污染防治及原址场地再开发利用的环境安全,密切协调和配合有关部门,结合地方实际,制定本行政区工业企业关停搬迁及原址场地再开发利用污染防治工作方案,明确分级管理职责,细化工作要求,加强对相关工作的组织指导,确保环境安全。要求地方各级环保部门应当加强对拟关停搬迁工业企业的监督检查,加强对工业企业关停搬迁污染防治工作的指导,重点督促相关部门和企业做好三方面的工作,一是编制应急预案的防范环境影响;二是规范各类设施的拆除流程;三是安全处置好企业遗留的固体废物。

90. 万头死猪怎么会漂浮到黄浦江上?[①]

2013 年 3 月初,上海市民发现,黄浦江上不断漂来死猪。在黄浦江上游横潦泾段,有人发现,这个一级水源保护地,正在被越来越多的猪的浮尸占据。而上海市自来水厂的取水口,就在不远处。

2013 年 3 月 8 日起,上海市成立了专门的打捞小组,在黄浦江上开始拉网式搜索,工作人员拿着钩杆,分布在每个水流滞缓的港汊里寻找猪的尸体。两天后的 3 月 10 日,捞起死猪 1 200 余头。又过了两天,至 3 月 12 日下午 3 时,打捞死猪数量接近 6 000 头。这个数字足够让饮用黄浦江水的上海人感到惊骇。饮水安全由此也成为上海的头号话题。

新闻嗅觉敏锐的《嘉兴日报》,3 月 5 日、6 日连续报道了养猪户向河道丢弃死猪的现象。该报道指出,去冬今春,嘉兴市猪的死亡率极高。据统计,在南湖区新丰镇养猪第一大村竹林村,仅今年头两个月,死猪数量已经达到 1. 84 万余头。

在死猪事件逐渐明朗的同时,另一个疑问又随之而生:死猪无害化处理跟不上养猪业步伐已有时日,那么,在大量死猪被抛尸河中之前,那些处理不了的死猪去了哪里,莫非流入市场变成人们的腹中餐?

2012 年宣判的一宗案件或可揭开死猪事件最后一个谜底。据嘉兴市中级人民法院核查,在董国权等人被捕前,即 2009 年 1 月至 2011 年 11 月期间,他们所在非法屠宰场共屠宰死猪 7.7 万余头,销售金额累计达 865 万余元。

2012 年 11 月,嘉兴中院对董国权等 3 人判处无期徒刑,另有 14 人分获不同刑期刑罚。此案在当地引起轰动,3 个无期徒刑,震慑了危害食品安全的违法

[①]《黄浦江漂浮大量死猪事件舆情分析》,来源:中国网,2013 年 7 月 15 日。链接:http://yuqing. china. com. cn/2013-07/15/content_6118675. htm

犯罪,同时也扼断了死猪回收加工的流通链条。自从他们被抓后,就再也没有人敢光明正大来收死猪了。无害化处理池装满了,有人就把死猪放在池子旁边,池子旁边堆不下,有人就把死猪运到远处,抛到河里,任其顺流漂走。

《环境保护法》第四十九条规定:"畜禽养殖场、养殖小区、定点屠宰企业等的选址、建设和管理应当符合有关法律法规规定。从事畜禽养殖和屠宰的单位和个人应当采取措施,对畜禽粪便、尸体和污水等废弃物进行科学处置,防止污染环境。"

2013 年 11 月,国务院发布《畜禽规模养殖污染防治条例》,自 2014 年 1 月 1 日起施行。《条例》明确规定,畜禽养殖场、养殖小区应当建设相应的畜禽粪便、雨污分流设施,畜禽粪便、污水贮存设施,有机肥加工、制取沼气、沼渣沼液分离和输送、污水处理、畜禽尸体处理等综合利用和无害化处理设施。

《条例》还要求县级以上人民政府有关主管部门编制畜牧业发展规划和畜禽养殖污染防治规划,统筹考虑环境承载能力以及畜禽养殖污染防治要求,合理布局,科学确定畜禽养殖的品种、规模、总量。新建、改建、扩建畜禽养殖场、养殖小区,都应当符合规划,并进行环境影响评价。

91. 为什么崇明生态岛建设被联合国环境规划署编入联合国绿色经济教材?[①]

2005 年,上海市政府批准《崇明三岛总体规划(2005—2020)》,明确了崇明三岛的功能定位,提出把崇明建成环境和谐优美、资源集约利用、经济社会协调发展的现代化生态岛区。崇明,从此迈上了建设"世界级生态岛"的征程。

2005 年至今,已经 10 年。近 10 年间,崇明发生了翻天覆地的变化,绿色能源实现从无到有的质变,高污染、高能耗企业一批批关停迁,符合生态岛功能定位的绿色经济蓬勃发展。在自然生态建设方面,崇明通过治理入侵物种、限制开垦湿地、保护和管理生态栖息地、综合治理有害生物等方式,实现了对湿地生态多样性和生态系统的保护。在人居生态方面,崇明通过加快城镇生活污水截污纳管与集中处理设施建设,开创了农村污水分散处理新模式,水环境质量得到显著提高。在固体废弃物综合管理上,崇明正努力实现"减量化、无害化、资源化"。在产业生态方面,崇明零散式农业经营已开始向绿色、有机品牌体系建设转变,在科技引领和支撑下,低碳发展战略和模式已初步建立。

专家认为,崇明生态岛有效保护了全球生态敏感区——长江河口生态系统。

---

① 《崇明生态岛建设:世界眼光、中国探索、上海实践》,作者:王海燕,来源:解放日报,2014 年 9 月 24 日,网址:http://newspaper.jfdaily.com/jfrb/html/2014-09/24/content_19426.htm

崇明生态岛建设遏制了大规模的围垦造地、城市污水肆意的排放、渔业和鸟类资源的滥捕滥猎和外来种大举入侵。更重要的是,崇明岛生态建设,对发展中岛国探索经济转型与生态发展模式有重要借鉴意义。在世界上,类似崇明岛的大大小小岛国 42 个,它们的自然地理条件赋予得天独厚的自然资本,但又由于地理隔离造成交通瓶颈,现代工业和现代服务业水平低下,总体上与崇明岛非常类似。岛域经济结构如何转型,如何提高区域经济社会发展水平是全球岛国面临的重大挑战。

　　2014 年,联合国环境规划署完成《崇明生态岛国际评估报告》。报告指出,崇明岛生态建设的核心价值反映了联合国环境规划署的绿色经济理念,对中国乃至全世界发展中国家探索区域转型的生态发展模式具有重要借鉴意义。对此,联合国环境规划署将把崇明生态岛建设作为典型案例,编入其绿色经济教材,建议全球 42 个岛国学习。

应急篇

古语云：居安思危，思则有备，有备无患。

健康、安全和环保工作应以预防为主，采取一切措施防范事故的发生，这是最有效的方式和途径。然而，如同我们向往和平，但也不能奢望和平会从天上掉下来一样，健康、安全和环保的工作也要考虑万一发生意外的情况：万一发生之后，应当如何采取措施，以避免严重后果的发生，并将损失和后果降低到最低限度。

因此，法律法规规定了针对事故预案的要求，针对事故报告的要求，对应急救援的要求，对"四不放过"的要求，等等。掌握这些规定，让事故和灾害的影响降到最低，是所有单位和个人，包括政府监管部门所应当关注的问题。

第十一章　事故与应急

案例二十一　中石油吉林"11·13"爆炸事故及松花江水污染事件①

2005年11月13日,中国石油天然气股份有限公司吉林石化分公司双苯厂硝基苯精馏塔发生爆炸,造成8人死亡,60人受伤,直接经济损失6 908万元,并引发松花江水污染事件。国务院事故及事件调查组经过深入调查、取证和分析,认定中石油吉林石化分公司双苯厂"11·13"爆炸事故和松花江水污染事件,是一起特大安全生产责任事故和特别重大水污染责任事件。

爆炸事故的直接原因是:硝基苯精制岗位操作人员违反操作规程,引起进入预热器的物料突沸并发生剧烈振动,使预热器及管线的法兰松动、密封失效,空气吸入系统,由于摩擦、静电等原因,导致硝基苯精馏塔发生爆炸,并引发其他装置、设施连续爆炸。爆炸事故的主要原因是:中石油吉林分公司及双苯厂对安全生产管理不够重视,对存在的安全隐患整改不力,安全生产管理制度存在漏洞,劳动组织管理存在缺陷。

污染事件的直接原因是,双苯厂没有事故状态下防止受污染的"清净下水"流入松花江的措施,爆炸事故发生后,未能及时采取有效措施,防止泄漏出来的部分物料和循环水及抢救事故现场消防水与残余物料的混合物流入松花江。

污染事件的间接原因是,吉化分公司及双苯厂对可能发生的事故会引发松花江水污染问题没有进行深入研究,有关应急预案有重大缺失;吉林市事故应急救援指挥部对水污染估计不足,重视不够,未提出防控措施和要求;中国石油天然气集团公司和股份公司对环境保护工作重视不够,对吉化分公司环保工作中存在的问题失察,对水污染估计不足,重视不够,未能及时督促采取措施;吉林市环保局没有及时向事故应急救援指挥部建议采取

---

① 《国务院对吉化爆炸事故及松花江水污染事件作出处理》,来源:新浪网,2006年11月25日。链接:http://news.sina.com.cn/c/2006-11-25/102910594011s.shtml

措施；吉林省环保局对水污染问题重视不够，没有按照有关规定全面、准确地报告水污染程度；环保总局在事件初期对可能产生的严重后果估计不足，重视不够，没有及时提出妥善处置意见。

按照事故调查"四不放过"的原则，给予中石油集团公司副总经理行政记过处分，给予吉化分公司董事长、总经理、党委书记、吉化分公司双苯厂厂长等 9 名企业责任人员行政撤职、行政降级、行政记大过、撤销党内职务、党内严重警告等党纪政纪处分；给予吉林省环保局局长行政记大过、党内警告处分，给予吉林市环保局局长行政警告处分。

为了吸取事故教训，国务院要求各级党、政领导干部和企业负责人要进一步增强安全生产意识和环境保护意识，提高对危险化学品安全生产以及事故引发环境污染的认识，切实加强危险化学品的安全监督管理和环境监测监管工作。要求有关部门尽快组织研究并修订石油和化工企业设计规范，限期落实事故状态下"清净下水"不得排放的措施，防止和减少事故状态下的环境污染。要结合实际情况，不断改进本地区、本部门和本单位"重大突发事件应急救援预案"中控制、消除环境污染的应急措施，坚决防范和遏制重特大生产安全事故和环境污染事件的发生。

案例二十二 上海快速处置"9·27"地铁追尾事故①

2011 年 9 月 27 日 14 时 37 分，上海地铁 10 号线 1005 和 1016 号列车在豫园站至老西门站下行区间百米标 176 处发生一起追尾事故。事故起因是由于地铁运营公司 10 号线行车调度员在未准确定位故障区间内全部列车位置的情况下，违规发布电话闭塞命令；接车站值班员在未严格确认区间线路是否空闲的情况下，违规同意发车站的电话闭塞要求，导致 1005 号列车与 1016 号列车发生追尾碰撞。事故共造成 295 人到医院就诊检查，无人员死亡。事故处置总体有力有序，主要处置经验和做法如下：

一、各级领导高度重视，现场指挥、科学决策，为事故处置和后续工作指明方向

事故发生后，中央做出重要指示，上海市委、市政府高度重视，要求全力

---

① 《快速处置 2011 年"9·27"地铁 10 号线追尾事故》，来源：上海市政府网站，2014 年 3 月 26 日，网址：http://www.shanghai.gov.cn/shanghai/node2314/node2319/n31973/n32033/u21ai858422.shtml

以赴做好伤员的救治,稳妥有序地确保10号线停运期间其他轨道交通线路的正常运营,在完全排除事故隐患并确保安全的情况下,再恢复10号线运营,迅速成立事故调查组,以严肃态度彻底查明事故原因,并及时公开信息。

二、应急准备充分,联动处置迅速高效,最大程度降低事故损失

2011年4月,上海市结合世博期间轨道交通保障经验,制定施行了《上海市处置轨道交通运营事故应急预案》,对发生轨道交通运营事故后的处置措施、联动单位、职能分工等都做了明确,各相关部门也都配套制订了相应工作预案,并开展了一系列应急演练。这些预案在事故处置中都得到了有效运用和检验。"9·27"地铁10号线追尾事故发生后,市应急联动中心按照预案,及时调集公安、消防、卫生、安监、建设交通、交港等部门人员和应急队伍,约1 200名警力、52辆消防车、近百辆救护车抵达现场开展救援处置;公安轨交总队和地铁立即启动"一站一方案",快速引导、疏散受困旅客;市卫生局启动医疗卫生救援预案,将受伤乘客登记后迅速送往附近7所医院救治;市交通港口局启动乘客驳运预案,安排公交驳运滞留乘客,并增加10号线沿线公交配车,确保市内交通运行正常。

三、信息发布公开透明,有效掌握舆论主动权

事故发生后,微博等新媒体上最先出现10号线追尾的信息和现场乘客受伤的图片,很快在网络上形成热点,随之出现大量猜测、谣言,甚至言语攻击。地铁方面第一时间用"上海地铁shmetro"官方账号发布事故信息和救援进展,采取"主动说、及时说、连续不断说"等措施,连续发布事实信息,同时在微博上诚恳地道歉,得到了广大网友的理解,有效阻断了谣言的滋生蔓延。市政府当天晚上就召开新闻通气会,及时向媒体通报了事故处置和后续情况,掌握了网络舆论的主动权。

四、事故调查公正公开,调查结果权威可信

按照市委、市政府领导要求,市安全监管局牵头,会同市建设交通委、市交通港口局、市公安局、市总工会,并邀请市检察院,依据相关法律法规,成立事故调查组,同时,邀请国内权威专家组成第三方专家调查组,对事故性质、原因和责任进行了认定。所有调查组成员和第三方专家的名单均向社会公开。事故调查组通过现场勘查、取证、专家论证和综合分析,查清了事故经过和原因,严肃慎重地形成了事故调查报告,并按程序向社会公开,得到了公众的认可。

92. 突发事件应急预案分类及管理规定是什么？

突发事件是指突然发生,造成或者可能造成严重社会危害,需要采取应急处置措施予以应对的自然灾害、事故灾难、公共卫生事件和社会安全事件。突发事件按照社会危害程度、影响范围等因素,自然灾害、事故灾难、公共卫生事件分为特别重大、重大、较大和一般四级。

《突发事件应对法》规定,突发事件应对工作实行预防为主、预防与应急相结合的原则。国家建立重大突发事件风险评估体系,对可能发生的突发事件进行综合性评估,减少重大突发事件的发生,最大限度地减轻重大突发事件的影响。该法第十七条还规定,国家建立健全突发事件应急预案体系。国务院制定国家突发事件总体应急预案,组织制定国家突发事件专项应急预案;国务院有关部门根据各自的职责和国务院相关应急预案,制定国家突发事件部门应急预案。地方各级人民政府和县级以上地方各级人民政府有关部门根据有关法律、法规、规章、上级人民政府及其有关部门的应急预案以及本地区的实际情况,制定相应的突发事件应急预案。

该法第十九条到三十条还规定,

(一)城乡规划应当符合预防、处置突发事件的需要,统筹安排应对突发事件所必需的设备和基础设施建设,合理确定应急避难场所。

(二)县级人民政府应当对本行政区域内容易引发自然灾害、事故灾难和公共卫生事件的危险源、危险区域进行调查、登记、风险评估,定期进行检查、监控,并责令有关单位采取安全防范措施;建立健全突发事件应急管理培训制度,对人民政府及其有关部门负有处置突发事件职责的工作人员定期进行培;建立或者确定综合性应急救援队伍和成年志愿者组成的应急救援队伍,有关部门可以根据实际需要设立专业应急救援队伍。

(三)县级人民政府及其有关部门、乡级人民政府、街道办事处应当组织开展应急知识的宣传普及活动和必要的应急演练。各级各类学校应当把应急知识教育纳入教学内容,对学生进行应急知识教育,培养学生的安全意识和自救与互救能力。

国务院办公厅于 2013 年 10 月 25 日印发《突发事件应急预案管理办法》,该办法第六条将应急预案按照制定主体划分,分为政府及其部门应急预案、单位和基层组织应急预案两大类。

其中,政府及其部门应急预案由各级人民政府及其部门制定,包括:

(一)总体应急预案是应急预案体系的总纲,是政府组织应对突发事件的总体制度安排,由县级以上各级人民政府制定。

（二）**专项应急预案**是政府为应对某一类型或某几种类型突发事件，或者针对重要目标物保护、重大活动保障、应急资源保障等重要专项工作而预先制定的涉及多个部门职责的工作方案，由有关部门牵头制订，报本级人民政府批准后印发实施。

（三）**部门应急预案**是政府有关部门根据总体应急预案、专项应急预案和部门职责，为应对本部门（行业、领域）突发事件，或者针对重要目标物保护、重大活动保障、应急资源保障等涉及部门工作而预先制定的工作方案，由各级政府有关部门制定。

93. 突发事件的监测与预警有何具体要求？

《突发事件应对法》规定，由国务院建立全国统一的突发事件信息系统。县级以上地方各级人民政府应当建立或者确定本地区统一的突发事件信息系统，汇集、储存、分析、传输有关突发事件的信息，并与上级人民政府及其有关部门、下级人民政府及其有关部门、专业机构和监测网点的突发事件信息系统实现互联互通，加强跨部门、跨地区的信息交流与情报合作。县级以上人民政府及其有关部门、专业机构应当通过多种途径收集突发事件信息，在居民委员会、村民委员会和有关单位建立专职或者兼职信息报告员制度。地方各级人民政府应当按照国家有关规定向上级人民政府报送突发事件信息，有关主管部门应当向本级人民政府相关部门通报突发事件信息。有关单位和人员报送、报告突发事件信息，应当做到及时、客观、真实，不得迟报、谎报、瞒报、漏报。

国家建立健全突发事件预警制度。可以预警的自然灾害、事故灾难和公共卫生事件的预警级别，按照突发事件发生的紧急程度、发展势态和可能造成的危害程度分为一级、二级、三级和四级，分别用红色、橙色、黄色和蓝色标示，一级为最高级别。

发布三级、四级警报，宣布进入预警期后，县级以上地方各级人民政府应当根据即将发生的突发事件的特点和可能造成的危害，采取下列措施：

（一）启动应急预案；

（二）责令有关部门、专业机构、监测网点和负有特定职责的人员及时收集、报告有关信息，向社会公布反映突发事件信息的渠道，加强对突发事件发生、发展情况的监测、预报和预警工作；

（三）组织有关部门和机构、专业技术人员、有关专家学者，随时对突发事件信息进行分析评估，预测发生突发事件可能性的大小、影响范围和强度以及可能发生的突发事件的级别；

（四）定时向社会发布与公众有关的突发事件预测信息和分析评估结果，并对相关信息的报道工作进行管理；

（五）及时按照有关规定向社会发布可能受到突发事件危害的警告，宣传避免、减轻危害的常识，公布咨询电话。

发布一级、二级警报，宣布进入预警期后，县级以上地方各级人民政府除采取上述的措施外，还应当针对即将发生的突发事件的特点和可能造成的危害，采取下列一项或者多项措施：

（一）责令应急救援队伍、负有特定职责的人员进入待命状态，并动员后备人员做好参加应急救援和处置工作的准备；

（二）调集应急救援所需物资、设备、工具，准备应急设施和避难场所，并确保其处于良好状态、随时可以投入正常使用；

（三）加强对重点单位、重要部位和重要基础设施的安全保卫，维护社会治安秩序；

（四）采取必要措施，确保交通、通信、供水、排水、供电、供气、供热等公共设施的安全和正常运行；

（五）及时向社会发布有关采取特定措施避免或者减轻危害的建议、劝告；

（六）转移、疏散或者撤离易受突发事件危害的人员并予以妥善安置，转移重要财产；

（七）关闭或者限制使用易受突发事件危害的场所，控制或者限制容易导致危害扩大的公共场所的活动；

（八）法律、法规、规章规定的其他必要的防范性、保护性措施。

94. 发生突发事件后，如何进行应急处置与救援？

《突发事件应对法》规定，有关人民政府及其部门作出的应对突发事件的决定、命令，应当及时公布。中国人民解放军、中国人民武装警察部队和民兵组织依照本法和其他有关法律、行政法规、军事法规的规定以及国务院、中央军事委员会的命令，参加突发事件的应急救援和处置工作。

自然灾害、事故灾难或者公共卫生事件发生后，履行统一领导职责的人民政府可以采取下列一项或者多项应急处置措施：

（一）组织营救和救治受害人员，疏散、撤离并妥善安置受到威胁的人员以及采取其他救助措施；

（二）迅速控制危险源，标明危险区域，封锁危险场所，划定警戒区，实行交通管制以及其他控制措施；

（三）立即抢修被损坏的交通、通信、供水、排水、供电、供气、供热等公共设施，向受到危害的人员提供避难场所和生活必需品，实施医疗救护和卫生防疫以

及其他保障措施;

（四）禁止或者限制使用有关设备、设施,关闭或者限制使用有关场所,中止人员密集的活动或者可能导致危害扩大的生产经营活动以及采取其他保护措施;

（五）启用本级人民政府设置的财政预备费和储备的应急救援物资,必要时调用其他急需物资、设备、设施、工具;

（六）组织公民参加应急救援和处置工作,要求具有特定专长的人员提供服务;

（七）保障食品、饮用水、燃料等基本生活必需品的供应;

（八）依法从严惩处囤积居奇、哄抬物价、制假售假等扰乱市场秩序的行为,稳定市场价格,维护市场秩序;

（九）依法从严惩处哄抢财物、干扰破坏应急处置工作等扰乱社会秩序的行为,维护社会治安;

（十）采取防止发生次生、衍生事件的必要措施。

该法第五十条规定,社会安全事件发生后,组织处置工作的人民政府应当立即组织有关部门并由公安机关针对事件的性质和特点,依照有关法律、行政法规和国家其他有关规定,采取下列一项或者多项应急处置措施:

（一）强制隔离使用器械相互对抗或者以暴力行为参与冲突的当事人,妥善解决现场纠纷和争端,控制事态发展;

（二）对特定区域内的建筑物、交通工具、设备、设施以及燃料、燃气、电力、水的供应进行控制;

（三）封锁有关场所、道路,查验现场人员的身份证件,限制有关公共场所内的活动;

（四）加强对易受冲击的核心机关和单位的警卫,在国家机关、军事机关、国家通讯社、广播电台、电视台、外国驻华使领馆等单位附近设置临时警戒线;

（五）法律、行政法规和国务院规定的其他必要措施。

严重危害社会治安秩序的事件发生时,公安机关应当立即依法出动警力,根据现场情况依法采取相应的强制性措施,尽快使社会秩序恢复正常。

95. 突发事件的事后恢复与重建有何要求?

根据《突发事件应对法》规定,突发事件的威胁和危害得到控制或者消除后,履行统一领导职责或者组织处置突发事件的人民政府应当停止执行依照本法规定采取的应急处置措施,同时采取或者继续实施必要措施,防止发生自然灾害、事故灾难、公共卫生事件的次生、衍生事件或者重新引发社会安全事件。

突发事件应急处置工作结束后,履行统一领导职责的人民政府应当立即组织对突发事件造成的损失进行评估,组织受影响地区尽快恢复生产、生活、工作和社会秩序,制定恢复重建计划,并向上一级人民政府报告。受突发事件影响地区的人民政府应当及时组织和协调公安、交通、铁路、民航、邮电、建设等有关部门恢复社会治安秩序,尽快修复被损坏的交通、通信、供水、排水、供电、供气、供热等公共设施。

同时,受突发事件影响地区的人民政府开展恢复重建工作需要上一级人民政府支持的,可以向上一级人民政府提出请求。上一级人民政府应当根据受影响地区遭受的损失和实际情况,提供资金、物资支持和技术指导,组织其他地区提供资金、物资和人力支援。国务院根据受突发事件影响地区遭受损失的情况,制定扶持该地区有关行业发展的优惠政策。当地人民政府应当根据本地区遭受损失的情况,制定救助、补偿、抚慰、抚恤、安置等善后工作计划并组织实施,妥善解决因处置突发事件引发的矛盾和纠纷。公民参加应急救援工作或者协助维护社会秩序期间,其在本单位的工资待遇和福利不变;表现突出、成绩显著的,由县级以上人民政府给予表彰或者奖励。县级以上人民政府对在应急救援工作中伤亡的人员依法给予抚恤。

96. 违反突发事件相关规定的法律责任是什么?

《突发事件应对法》第六十三条规定,地方各级人民政府和县级以上各级人民政府有关部门违反本法规定,不履行法定职责的,由其上级行政机关或者监察机关责令改正;有下列情形之一的,根据情节对直接负责的主管人员和其他直接责任人员依法给予处分:

(一)未按规定采取预防措施,导致发生突发事件,或者未采取必要的防范措施,导致发生次生、衍生事件的;

(二)迟报、谎报、瞒报、漏报有关突发事件的信息,或者通报、报送、公布虚假信息,造成后果的;

(三)未按规定及时发布突发事件警报、采取预警期的措施,导致损害发生的;

(四)未按规定及时采取措施处置突发事件或者处置不当,造成后果的;

(五)不服从上级人民政府对突发事件应急处置工作的统一领导、指挥和协调的;

(六)未及时组织开展生产自救、恢复重建等善后工作的;

(七)截留、挪用、私分或者变相私分应急救援资金、物资的;

(八)不及时归还征用的单位和个人的财产,或者对被征用财产的单位和个人不按规定给予补偿的。

该法第六十四条规定,有关单位有下列情形之一的,由所在地履行统一领导职责的人民政府责令停产停业,暂扣或者吊销许可证或者营业执照,并处 5 万元以上 20 万元以下的罚款;构成违反治安管理行为的,由公安机关依法给予处罚:

(一)未按规定采取预防措施,导致发生严重突发事件的;

(二)未及时消除已发现的可能引发突发事件的隐患,导致发生严重突发事件的;

(三)未做好应急设备、设施日常维护、检测工作,导致发生严重突发事件或者突发事件危害扩大的;

(四)突发事件发生后,不及时组织开展应急救援工作,造成严重后果的。

前款规定的行为,其他法律、行政法规规定由人民政府有关部门依法决定处罚的,从其规定。

本法第六十五条规定,违反本法规定,编造并传播有关突发事件事态发展或者应急处置工作的虚假信息,或者明知是有关突发事件事态发展或者应急处置工作的虚假信息而进行传播的,责令改正,给予警告;造成严重后果的,依法暂停其业务活动或者吊销其执业许可证;负有直接责任的人员是国家工作人员的,还应当对其依法给予处分;构成违反治安管理行为的,由公安机关依法给予处罚。

本法第六十七、六十八还条规定,单位或者个人违反本法规定,导致突发事件发生或者危害扩大,给他人人身、财产造成损害的,应当依法承担民事责任;构成犯罪的,依法追究刑事责任。

97. 生产安全事故报告有何具体要求?

《生产安全事故报告和调查处理条例》规定,事故发生后,事故现场有关人员应当立即向本单位负责人报告;单位负责人接到报告后,应当于 1 小时内向事故发生地县级以上人民政府安全生产监督管理部门和负有安全生产监督管理职责的有关部门报告。情况紧急时,事故现场有关人员可以直接向事故发生地县级以上人民政府安全生产监督管理部门和负有安全生产监督管理职责的有关部门报告。

同时,应当立即启动事故相应应急预案,或者采取有效措施,组织抢救,防止事故扩大,减少人员伤亡和财产损失。有关单位和人员应当妥善保护事故现场以及相关证据,任何单位和个人不得破坏事故现场、毁灭相关证据。抢救人员、防止事故扩大以及疏通交通等原因,需要移动事故现场物件的,应当做出标志,绘制现场简图并做出书面记录,妥善保存现场重要痕迹、物证。

安全生产监督管理部门和负有安全生产监督管理职责的有关部门接到事故

报告后,应当逐级上报事故情况,每级上报的时间不得超过 2 小时,并按照有关规定通知公安机关、劳动保障行政部门、工会和人民检察院。在事故报告后出现新情况的,应当及时补报。事故发生地有关地方人民政府、安全生产监督管理部门和负有安全生产监督管理职责的有关部门接到事故报告后,其负责人应当立即赶赴事故现场,组织事故救援。

98. 企业安全生产应急管理有什么规定?

2015 年 2 月 15 日,国家安监总局发布《企业安全生产应急管理九条规定》,规定了:

(一)必须落实企业主要负责人是安全生产应急管理第一责任人的工作责任制,层层建立安全生产应急管理责任体系。

(二)必须依法设置安全生产应急管理机构,配备专职或者兼职安全生产应急管理人员,建立应急管理工作制度。

(三)必须建立专(兼)职应急救援队伍或与邻近专职救援队签订救援协议,配备必要的应急装备、物资,危险作业必须有专人监护。

(四)必须在风险评估的基础上,编制与当地政府及相关部门相衔接的应急预案,重点岗位制定应急处置卡,每年至少组织一次应急演练。

(五)必须开展从业人员岗位应急知识教育和自救互救、避险逃生技能培训,并定期组织考核。

(六)必须向从业人员告知作业岗位、场所危险因素和险情处置要点,高风险区域和重大危险源必须设立明显标识,并确保逃生通道畅通。

(七)必须落实从业人员在发现直接危及人身安全的紧急情况时停止作业,或在采取可能的应急措施后撤离作业场所的权利。

(八)必须在险情或事故发生后第一时间做好先期处置,及时采取隔离和疏散措施,并按规定立即如实向当地政府及有关部门报告。

(九)必须每年对应急投入、应急准备、应急处置与救援等工作进行总结评估。

99. 生产安全事故分类及调查和处理有哪些规定?

《生产安全事故报告和调查处理条例》规定,根据生产安全事故(以下简称事故)造成的人员伤亡或者直接经济损失,事故一般分为以下等级:

(一)特别重大事故,是指造成 30 人以上死亡,或者 100 人以上重伤(包括急性工业中毒,下同),或者 1 亿元以上直接经济损失的事故;

(二)重大事故,是指造成 10 人以上 30 人以下死亡,或者 50 人以上 100 人

以下重伤,或者 5 000 万元以上 1 亿元以下直接经济损失的事故;

（三）较大事故,是指造成 3 人以上 10 人以下死亡,或者 10 人以上 50 人以下重伤,或者 1 000 万元以上 5 000 万元以下直接经济损失的事故;

（四）一般事故,是指造成 3 人以下死亡,或者 10 人以下重伤,或者 1 000 万元以下直接经济损失的事故(上述所称的"以上"包括本数,所称的"以下"不包括本数)。

《生产安全事故报告和调查处理条例》规定,特别重大事故由国务院或者国务院授权有关部门组织事故调查组进行调查。重大事故、较大事故、一般事故分别由事故发生地省级人民政府、设区的市级人民政府、县级人民政府负责调查。省级人民政府、设区的市级人民政府、县级人民政府可以直接组织事故调查组进行调查,也可以授权或者委托有关部门组织事故调查组进行调查。未造成人员伤亡的一般事故,县级人民政府也可以委托事故发生单位组织事故调查组进行调查。

事故调查报告应当包括下列内容:

（一）事故发生单位概况;

（二）事故发生经过和事故救援情况;

（三）事故造成的人员伤亡和直接经济损失;

（四）事故发生的原因和事故性质;

（五）事故责任的认定以及对事故责任者的处理建议;

（六）事故防范和整改措施。

事故调查报告应当附具有关证据材料。事故调查组成员应当在事故调查报告上签名。

《条例》并规定,重大事故、较大事故、一般事故,负责事故调查的人民政府应当自收到事故调查报告之日起 15 日内做出批复;特别重大事故,30 日内做出批复,特殊情况下,批复时间可以适当延长,但延长的时间最长不超过 30 日。有关机关应当按照人民政府的批复,依照法律、行政法规规定的权限和程序,对事故发生单位和有关人员进行行政处罚,对负有事故责任的国家工作人员进行处分。事故发生单位应本当按照负责事故调查的人民政府的批复,对本单位负有事故责任的人员进行处理。负有事故责任的人员涉嫌犯罪的,依法追究刑事责任。

《安全生产法》对发生生产安全事故的处罚做了明确的规定,除了对负有责任的生产经营单位除要求其依法承担相应的赔偿等责任外(触犯刑法的,依法追究刑事责任),由安全生产监督管理部门依照下列规定处以罚款:

（一）发生一般事故的,处 20 万元以上 50 万元以下的罚款;

（二）发生较大事故的,处 50 万元以上 100 万元以下的罚款;

（三）发生重大事故的,处 100 万元以上 500 万元以下的罚款;

（四）发生特别重大事故的,处 500 万元以上 1 000 万元以下的罚款;情节特别严重的,处 1 000 万元以上 2 000 万元以下的罚款。

其中该法第九十二条规定,生产经营单位的主要负责人未履行本法规定的安全生产管理职责,导致发生生产安全事故的,由安全生产监督管理部门依照下列规定处以罚款:

（一）发生一般事故的,处上一年年收入百分之三十的罚款;

（二）发生较大事故的,处上一年年收入百分之四十的罚款;

（三）发生重大事故的,处上一年年收入百分之六十的罚款;

（四）发生特别重大事故的,处上一年年收入百分之八十的罚款。

100. 如何应对环境突发事件?

环境保护部发布了《突发环境事件应急管理办法》,自 2015 年 6 月 5 日起施行。该办法规定:

（一）本办法所称突发环境事件,是指由于污染物排放或者自然灾害、生产安全事故等因素,导致污染物或者放射性物质等有毒有害物质进入大气、水体、土壤等环境介质,突然造成或者可能造成环境质量下降,危及公众身体健康和财产安全,或者造成生态环境破坏,或者造成重大社会影响,需要采取紧急措施予以应对的事件。

（二）突发环境事件按照事件严重程度,分为特别重大、重大、较大和一般四级。

（三）突发环境事件应急管理工作坚持预防为主、预防与应急相结合的原则。

（四）突发环境事件应对,应当在县级以上地方人民政府的统一领导下,建立分类管理、分级负责、属地管理为主的应急管理体制。县级以上环境保护主管部门应当在本级人民政府的统一领导下,对突发环境事件应急管理日常工作实施监督管理,指导、协助、督促下级人民政府及其有关部门做好突发环境事件应对工作。

（五）企业事业单位应当按照相关法律法规和标准规范的要求,履行下列义务:①开展突发环境事件风险评估;②完善突发环境事件风险防控措施;③排查治理环境安全隐患;④制定突发环境事件应急预案并备案、演练;⑤加强环境应急能力保障建设。发生或者可能发生突发环境事件时,企业事业单位应当依法进行处理,并对所造成的损害承担责任。

（六）企业事业单位应当按照国务院环境保护主管部门的有关规定开展突

发环境事件风险评估,确定环境风险防范和环境安全隐患排查治理措施。企业事业单位应当按照环境保护主管部门的有关要求和技术规范,完善突发环境事件风险防控措施。前款所指的突发环境事件风险防控措施,应当包括有效防止泄漏物质、消防水、污染雨水等扩散至外环境的收集、导流、拦截、降污等措施。

(七)企业事业单位应当按照有关规定建立健全环境安全隐患排查治理制度,建立隐患排查治理档案,及时发现并消除环境安全隐患。

(八)企业事业单位应当按照国务院环境保护主管部门的规定,在开展突发环境事件风险评估和应急资源调查的基础上制定突发环境事件应急预案,并按照分类分级管理的原则,报县级以上环境保护主管部门备案。

(九)县级以上地方环境保护主管部门应当根据本级人民政府突发环境事件专项应急预案,制定本部门的应急预案,报本级人民政府和上级环境保护主管部门备案。

(十)突发环境事件应急预案制定单位应当定期开展应急演练,撰写演练评估报告,分析存在问题,并根据演练情况及时修改完善应急预案。

(十一)企业事业单位应当将突发环境事件应急培训纳入单位工作计划,对从业人员定期进行突发环境事件应急知识和技能培训,并建立培训档案,如实记录培训的时间、内容、参加人员等信息。

(十二)企业事业单位造成或者可能造成突发环境事件时,应当立即启动突发环境事件应急预案,采取切断或者控制污染源以及其他防止危害扩大的必要措施,及时通报可能受到危害的单位和居民,并向事发地县级以上环境保护主管部门报告,接受调查处理。应急处置期间,企业事业单位应当服从统一指挥,全面、准确地提供本单位与应急处置相关的技术资料,协助维护应急现场秩序,保护与突发环境事件相关的各项证据。

(十三)获知突发环境事件信息后,县级以上地方环境保护主管部门应当立即组织排查污染源,初步查明事件发生的时间、地点、原因、污染物质及数量、周边环境敏感区等情况。

(十四)应急处置工作结束后,县级以上地方环境保护主管部门应当及时总结、评估应急处置工作情况,提出改进措施,并向上级环境保护主管部门报告。

(十五)企业事业单位应当按照有关规定,采取便于公众知晓和查询的方式公开本单位环境风险防范工作开展情况、突发环境事件应急预案及演练情况、突发环境事件发生及处置情况,以及落实整改要求情况等环境信息。

《突发环境事件应急预案管理暂行办法》规定,县级以上人民政府环境保护主管部门应当根据有关法律、法规、规章和相关应急预案,按照相应的环境应急预案编制指南,结合本地区的实际情况,编制环境应急预案,由本部门主要负责人批准后发布实施。县级以上人民政府环境保护主管部门应当结合本地区实际情况,编制国家法定节假日、国家重大活动期间的环境应急预案。

本办法规定,向环境排放污染物的企业事业单位,生产、贮存、经营、使用、运输危险物品的企业事业单位,产生、收集、贮存、运输、利用、处置危险废物的企业事业单位,以及其他可能发生突发环境事件的企业事业单位,应当编制环境应急预案。

本办法规定,企业事业单位的环境应急预案包括综合环境应急预案、专项环境应急预案和现场处置预案。对环境风险种类较多、可能发生多种类型突发事件的,企业事业单位应当编制综合环境应急预案。综合环境应急预案应当包括本单位的应急组织机构及其职责、预案体系及响应程序、事件预防及应急保障、应急培训及预案演练等内容。对某一种类的环境风险,企业事业单位应当根据存在的重大危险源和可能发生的突发事件类型,编制相应的专项环境应急预案。专项环境应急预案应当包括危险性分析、可能发生的事件特征、主要污染物种类、应急组织机构与职责、预防措施、应急处置程序和应急保障等内容。对危险性较大的重点岗位,企业事业单位应当编制重点工作岗位的现场处置预案。现场处置预案应当包括危险性分析、可能发生的事件特征、应急处置程序、应急处置要点和注意事项等内容。

附录　重要 HSE 法律法规

中华人民共和国食品安全法

中华人民共和国职业病防治法

中华人民共和国安全生产法

中华人民共和国环境保护法

中华人民共和国突发事件应对法

危险化学品安全管理条例

中华人民共和国食品安全法

（2009 年 2 月 28 日第十一届全国人大常委会第七次会议通过
2015 年 4 月 24 日第十二届全国人大常委会第十四次会议修订）

目录
第一章　总则
第二章　食品安全风险监测和评估
第三章　食品安全标准
第四章　食品生产经营
　第一节　一般规定
　第二节　生产经营过程控制
　第三节　标签、说明书和广告

第四节　特殊食品
第五章　食品检验
第六章　食品进出口
第七章　食品安全事故处置
第八章　监督管理
第九章　法律责任
第十章　附则

第一章　总　则

第一条　为了保证食品安全，保障公众身体健康和生命安全，制定本法。

第二条　在中华人民共和国境内从事下列活动，应当遵守本法：

（一）食品生产和加工（以下称食品生产），食品销售和餐饮服务（以下称食品经营）；

（二）食品添加剂的生产经营；

（三）用于食品的包装材料、容器、洗涤剂、消毒剂和用于食品生产经营的工具、设备（以下称食品相关产品）的生产经营；

（四）食品生产经营者使用食品添加剂、食品相关产品；

（五）食品的贮存和运输；

（六）对食品、食品添加剂、食品相关产品的安全管理。

供食用的源于农业的初级产品（以下称食用农产品）的质量安全管理，遵守《中华人民共和国农产品质量安全法》的规定。但是，食用农产品的市场销售、有关质量安全标准的制定、有关安全信息的公布和本法对农业投入品作出规定的，应当遵守本法的规定。

第三条　食品安全工作实行预防为主、风险管理、全程控制、社会共治，建立科学、严格的监督管理制度。

第四条 食品生产经营者对其生产经营食品的安全负责。

食品生产经营者应当依照法律、法规和食品安全标准从事生产经营活动，保证食品安全，诚信自律，对社会和公众负责，接受社会监督，承担社会责任。

第五条 国务院设立食品安全委员会，其职责由国务院规定。

国务院食品药品监督管理部门依照本法和国务院规定的职责，对食品生产经营活动实施监督管理。

国务院卫生行政部门依照本法和国务院规定的职责，组织开展食品安全风险监测和风险评估，会同国务院食品药品监督管理部门制定并公布食品安全国家标准。

国务院其他有关部门依照本法和国务院规定的职责，承担有关食品安全工作。

第六条 县级以上地方人民政府对本行政区域的食品安全监督管理工作负责，统一领导、组织、协调本行政区域的食品安全监督管理工作以及食品安全突发事件应对工作，建立健全食品安全全程监督管理工作机制和信息共享机制。

县级以上地方人民政府依照本法和国务院的规定，确定本级食品药品监督管理、卫生行政部门和其他有关部门的职责。有关部门在各自职责范围内负责本行政区域的食品安全监督管理工作。

县级人民政府食品药品监督管理部门可以在乡镇或者特定区域设立派出机构。

第七条 县级以上地方人民政府实行食品安全监督管理责任制。上级人民政府负责对下一级人民政府的食品安全监督管理工作进行评议、考核。县级以上地方人民政府负责对本级食品药品监督管理部门和其他有关部门的食品安全监督管理工作进行评议、考核。

第八条 县级以上人民政府应当将食品安全工作纳入本级国民经济和社会发展规划，将食品安全工作经费列入本级政府财政预算，加强食品安全监督管理能力建设，为食品安全工作提供保障。

县级以上人民政府食品药品监督管理部门和其他有关部门应当加强沟通、密切配合，按照各自职责分工，依法行使职权，承担责任。

第九条 食品行业协会应当加强行业自律，按照章程建立健全行业规范和奖惩机制，提供食品安全信息、技术等服务，引导和督促食品生产经营者依法生产经营，推动行业诚信建设，宣传、普及食品安全知识。

消费者协会和其他消费者组织对违反本法规定，损害消费者合法权益的行为，依法进行社会监督。

第十条 各级人民政府应当加强食品安全的宣传教育，普及食品安全知识，鼓励社会组织、基层群众性自治组织、食品生产经营者开展食品安全法律、法规以及食品安全标准和知识的普及工作，倡导健康的饮食方式，增强消费者食品安全意识和自我保护能力。

新闻媒体应当开展食品安全法律、法规以及食品安全标准和知识的公益宣传，并对食品安全违法行为进行舆论监督。有关食品安全的宣传报道应当真实、公正。

第十一条 国家鼓励和支持开展与食品安全有关的基础研究、应用研究，鼓励和支持食品生产经营者为提高食品安全水平采用先进技术和先进管理规范。

国家对农药的使用实行严格的管理制度,加快淘汰剧毒、高毒、高残留农药,推动替代产品的研发和应用,鼓励使用高效低毒低残留农药。

第十二条 任何组织或者个人有权举报食品安全违法行为,依法向有关部门了解食品安全信息,对食品安全监督管理工作提出意见和建议。

第十三条 对在食品安全工作中做出突出贡献的单位和个人,按照国家有关规定给予表彰、奖励。

第二章 食品安全风险监测和评估

第十四条 国家建立食品安全风险监测制度,对食源性疾病、食品污染以及食品中的有害因素进行监测。

国务院卫生行政部门会同国务院食品药品监督管理、质量监督等部门,制定、实施国家食品安全风险监测计划。

国务院食品药品监督管理部门和其他有关部门获知有关食品安全风险信息后,应当立即核实并向国务院卫生行政部门通报。对有关部门通报的食品安全风险信息以及医疗机构报告的食源性疾病等有关疾病信息,国务院卫生行政部门应当会同国务院有关部门分析研究,认为必要的,及时调整国家食品安全风险监测计划。

省、自治区、直辖市人民政府卫生行政部门会同同级食品药品监督管理、质量监督等部门,根据国家食品安全风险监测计划,结合本行政区域的具体情况,制定、调整本行政区域的食品安全风险监测方案,报国务院卫生行政部门备案并实施。

第十五条 承担食品安全风险监测工作的技术机构应当根据食品安全风险监测计划和监测方案开展监测工作,保证监测数据真实、准确,并按照食品安全风险监测计划和监测方案的要求报送监测数据和分析结果。

食品安全风险监测工作人员有权进入相关食用农产品种植养殖、食品生产经营场所采集样品、收集相关数据。采集样品应当按照市场价格支付费用。

第十六条 食品安全风险监测结果表明可能存在食品安全隐患的,县级以上人民政府卫生行政部门应当及时将相关信息通报同级食品药品监督管理等部门,并报告本级人民政府和上级人民政府卫生行政部门。食品药品监督管理等部门应当组织开展进一步调查。

第十七条 国家建立食品安全风险评估制度,运用科学方法,根据食品安全风险监测信息、科学数据以及有关信息,对食品、食品添加剂、食品相关产品中生物性、化学性和物理性危害因素进行风险评估。

国务院卫生行政部门负责组织食品安全风险评估工作,成立由医学、农业、食品、营养、生物、环境等方面的专家组成的食品安全风险评估专家委员会进行食品安全风险评估。食品安全风险评估结果由国务院卫生行政部门公布。

对农药、肥料、兽药、饲料和饲料添加剂等的安全性评估,应当有食品安全风险评估专家委员会的专家参加。

食品安全风险评估不得向生产经营者收取费用，采集样品应当按照市场价格支付费用。

第十八条 有下列情形之一的，应当进行食品安全风险评估：

（一）通过食品安全风险监测或者接到举报发现食品、食品添加剂、食品相关产品可能存在安全隐患的；

（二）为制定或者修订食品安全国家标准提供科学依据需要进行风险评估的；

（三）为确定监督管理的重点领域、重点品种需要进行风险评估的；

（四）发现新的可能危害食品安全因素的；

（五）需要判断某一因素是否构成食品安全隐患的；

（六）国务院卫生行政部门认为需要进行风险评估的其他情形。

第十九条 国务院食品药品监督管理、质量监督、农业行政等部门在监督管理工作中发现需要进行食品安全风险评估的，应当向国务院卫生行政部门提出食品安全风险评估的建议，并提供风险来源、相关检验数据和结论等信息、资料。属于本法第十八条规定情形的，国务院卫生行政部门应当及时进行食品安全风险评估，并向国务院有关部门通报评估结果。

第二十条 省级以上人民政府卫生行政、农业行政部门应当及时相互通报食品、食用农产品安全风险监测信息。

国务院卫生行政、农业行政部门应当及时相互通报食品、食用农产品安全风险评估结果等信息。

第二十一条 食品安全风险评估结果是制定、修订食品安全标准和实施食品安全监督管理的科学依据。

经食品安全风险评估，得出食品、食品添加剂、食品相关产品不安全结论的，国务院食品药品监督管理、质量监督等部门应当依据各自职责立即向社会公告，告知消费者停止食用或者使用，并采取相应措施，确保该食品、食品添加剂、食品相关产品停止生产经营；需要制定、修订相关食品安全国家标准的，国务院卫生行政部门应当会同国务院食品药品监督管理部门立即制定、修订。

第二十二条 国务院食品药品监督管理部门应当会同国务院有关部门，根据食品安全风险评估结果、食品安全监督管理信息，对食品安全状况进行综合分析。对经综合分析表明可能具有较高程度安全风险的食品，国务院食品药品监督管理部门应当及时提出食品安全风险警示，并向社会公布。

第二十三条 县级以上人民政府食品药品监督管理部门和其他有关部门、食品安全风险评估专家委员会及其技术机构，应当按照科学、客观、及时、公开的原则，组织食品生产经营者、食品检验机构、认证机构、食品行业协会、消费者协会以及新闻媒体等，就食品安全风险评估信息和食品安全监督管理信息进行交流沟通。

第三章　食品安全标准

第二十四条　制定食品安全标准,应当以保障公众身体健康为宗旨,做到科学合理、安全可靠。

第二十五条　食品安全标准是强制执行的标准。除食品安全标准外,不得制定其他食品强制性标准。

第二十六条　食品安全标准应当包括下列内容:

(一)食品、食品添加剂、食品相关产品中的致病性微生物,农药残留、兽药残留、生物毒素、重金属等污染物质以及其他危害人体健康物质的限量规定;

(二)食品添加剂的品种、使用范围、用量;

(三)专供婴幼儿和其他特定人群的主辅食品的营养成分要求;

(四)对与卫生、营养等食品安全要求有关的标签、标志、说明书的要求;

(五)食品生产经营过程的卫生要求;

(六)与食品安全有关的质量要求;

(七)与食品安全有关的食品检验方法与规程;

(八)其他需要制定为食品安全标准的内容。

第二十七条　食品安全国家标准由国务院卫生行政部门会同国务院食品药品监督管理部门制定、公布,国务院标准化行政部门提供国家标准编号。

食品中农药残留、兽药残留的限量规定及其检验方法与规程由国务院卫生行政部门、国务院农业行政部门会同国务院食品药品监督管理部门制定。

屠宰畜、禽的检验规程由国务院农业行政部门会同国务院卫生行政部门制定。

第二十八条　制定食品安全国家标准,应当依据食品安全风险评估结果并充分考虑食用农产品安全风险评估结果,参照相关的国际标准和国际食品安全风险评估结果,并将食品安全国家标准草案向社会公布,广泛听取食品生产经营者、消费者、有关部门等方面的意见。

食品安全国家标准应当经国务院卫生行政部门组织的食品安全国家标准审评委员会审查通过。食品安全国家标准审评委员会由医学、农业、食品、营养、生物、环境等方面的专家以及国务院有关部门、食品行业协会、消费者协会的代表组成,对食品安全国家标准草案的科学性和实用性等进行审查。

第二十九条　对地方特色食品,没有食品安全国家标准的,省、自治区、直辖市人民政府卫生行政部门可以制定并公布食品安全地方标准,报国务院卫生行政部门备案。食品安全国家标准制定后,该地方标准即行废止。

第三十条　国家鼓励食品生产企业制定严于食品安全国家标准或者地方标准的企业标准,在本企业适用,并报省、自治区、直辖市人民政府卫生行政部门备案。

第三十一条　省级以上人民政府卫生行政部门应当在其网站上公布制定和备案的食品安全国家标准、地方标准和企业标准,供公众免费查阅、下载。

对食品安全标准执行过程中的问题,县级以上人民政府卫生行政部门应当会同有关部门及时给予指导、解答。

第三十二条 省级以上人民政府卫生行政部门应当会同同级食品药品监督管理、质量监督、农业行政等部门,分别对食品安全国家标准和地方标准的执行情况进行跟踪评价,并根据评价结果及时修订食品安全标准。

省级以上人民政府食品药品监督管理、质量监督、农业行政等部门应当对食品安全标准执行中存在的问题进行收集、汇总,并及时向同级卫生行政部门通报。

食品生产经营者、食品行业协会发现食品安全标准在执行中存在问题的,应当立即向卫生行政部门报告。

第四章　食品生产经营

第一节　一般规定

第三十三条 食品生产经营应当符合食品安全标准,并符合下列要求:

(一) 具有与生产经营的食品品种、数量相适应的食品原料处理和食品加工、包装、贮存等场所,保持该场所环境整洁,并与有毒、有害场所以及其他污染源保持规定的距离;

(二) 具有与生产经营的食品品种、数量相适应的生产经营设备或者设施,有相应的消毒、更衣、盥洗、采光、照明、通风、防腐、防尘、防蝇、防鼠、防虫、洗涤以及处理废水、存放垃圾和废弃物的设备或者设施;

(三) 有专职或者兼职的食品安全专业技术人员、食品安全管理人员和保证食品安全的规章制度;

(四) 具有合理的设备布局和工艺流程,防止待加工食品与直接入口食品、原料与成品交叉污染,避免食品接触有毒物、不洁物;

(五) 餐具、饮具和盛放直接入口食品的容器,使用前应当洗净、消毒,炊具、用具用后应当洗净,保持清洁;

(六) 贮存、运输和装卸食品的容器、工具和设备应当安全、无害,保持清洁,防止食品污染,并符合保证食品安全所需的温度、湿度等特殊要求,不得将食品与有毒、有害物品一同贮存、运输;

(七) 直接入口的食品应当使用无毒、清洁的包装材料、餐具、饮具和容器;

(八) 食品生产经营人员应当保持个人卫生,生产经营食品时,应当将手洗净,穿戴清洁的工作衣、帽等;销售无包装的直接入口食品时,应当使用无毒、清洁的容器、售货工具和设备;

(九) 用水应当符合国家规定的生活饮用水卫生标准;

(十) 使用的洗涤剂、消毒剂应当对人体安全、无害;

(十一) 法律、法规规定的其他要求。

非食品生产经营者从事食品贮存、运输和装卸的,应当符合前款第六项的规定。

第三十四条 禁止生产经营下列食品、食品添加剂、食品相关产品:

（一）用非食品原料生产的食品或者添加食品添加剂以外的化学物质和其他可能危害人体健康物质的食品，或者用回收食品作为原料生产的食品；

（二）致病性微生物，农药残留、兽药残留、生物毒素、重金属等污染物质以及其他危害人体健康的物质含量超过食品安全标准限量的食品、食品添加剂、食品相关产品；

（三）用超过保质期的食品原料、食品添加剂生产的食品、食品添加剂；

（四）超范围、超限量使用食品添加剂的食品；

（五）营养成分不符合食品安全标准的专供婴幼儿和其他特定人群的主辅食品；

（六）腐败变质、油脂酸败、霉变生虫、污秽不洁、混有异物、掺假掺杂或者感官性状异常的食品、食品添加剂；

（七）病死、毒死或者死因不明的禽、畜、兽、水产动物肉类及其制品；

（八）未按规定进行检疫或者检疫不合格的肉类，或者未经检验或者检验不合格的肉类制品；

（九）被包装材料、容器、运输工具等污染的食品、食品添加剂；

（十）标注虚假生产日期、保质期或者超过保质期的食品、食品添加剂；

（十一）无标签的预包装食品、食品添加剂；

（十二）国家为防病等特殊需要明令禁止生产经营的食品；

（十三）其他不符合法律、法规或者食品安全标准的食品、食品添加剂、食品相关产品。

第三十五条 国家对食品生产经营实行许可制度。从事食品生产、食品销售、餐饮服务，应当依法取得许可。但是，销售食用农产品，不需要取得许可。

县级以上地方人民政府食品药品监督管理部门应当依照《中华人民共和国行政许可法》的规定，审核申请人提交的本法第三十三条第一款第一项至第四项规定要求的相关资料，必要时对申请人的生产经营场所进行现场核查；对符合规定条件的，准予许可；对不符合规定条件的，不予许可并书面说明理由。

第三十六条 食品生产加工小作坊和食品摊贩等从事食品生产经营活动，应当符合本法规定的与其生产经营规模、条件相适应的食品安全要求，保证所生产经营的食品卫生、无毒、无害，食品药品监督管理部门应当对其加强监督管理。

县级以上地方人民政府应当对食品生产加工小作坊、食品摊贩等进行综合治理，加强服务和统一规划，改善其生产经营环境，鼓励和支持其改进生产经营条件，进入集中交易市场、店铺等固定场所经营，或者在指定的临时经营区域、时段经营。

食品生产加工小作坊和食品摊贩等的具体管理办法由省、自治区、直辖市制定。

第三十七条 利用新的食品原料生产食品，或者生产食品添加剂新品种、食品相关产品新品种，应当向国务院卫生行政部门提交相关产品的安全性评估材料。国务院卫生行政部门应当自收到申请之日起六十日内组织审查；对符合食品安全要求的，准予许可并公布；对不符合食品安全要求的，不予许可并书面说明理由。

第三十八条 生产经营的食品中不得添加药品，但是可以添加按照传统既是食品又是中药材的物质。按照传统既是食品又是中药材的物质目录由国务院卫生行政部门会同国务院食品药品监督管理部门制定、公布。

第三十九条 国家对食品添加剂生产实行许可制度。从事食品添加剂生产,应当具有与所生产食品添加剂品种相适应的场所、生产设备或者设施、专业技术人员和管理制度,并依照本法第三十五条第二款规定的程序,取得食品添加剂生产许可。

生产食品添加剂应当符合法律、法规和食品安全国家标准。

第四十条 食品添加剂应当在技术上确有必要且经过风险评估证明安全可靠,方可列入允许使用的范围;有关食品安全国家标准应当根据技术必要性和食品安全风险评估结果及时修订。

食品生产经营者应当按照食品安全国家标准使用食品添加剂。

第四十一条 生产食品相关产品应当符合法律、法规和食品安全国家标准。对直接接触食品的包装材料等具有较高风险的食品相关产品,按照国家有关工业产品生产许可证管理的规定实施生产许可。质量监督部门应当加强对食品相关产品生产活动的监督管理。

第四十二条 国家建立食品安全全程追溯制度。

食品生产经营者应当依照本法的规定,建立食品安全追溯体系,保证食品可追溯。国家鼓励食品生产经营者采用信息化手段采集、留存生产经营信息,建立食品安全追溯体系。

国务院食品药品监督管理部门会同国务院农业行政等有关部门建立食品安全全程追溯协作机制。

第四十三条 地方各级人民政府应当采取措施鼓励食品规模化生产和连锁经营、配送。

国家鼓励食品生产经营企业参加食品安全责任保险。

第二节 生产经营过程控制

第四十四条 食品生产经营企业应当建立健全食品安全管理制度,对职工进行食品安全知识培训,加强食品检验工作,依法从事生产经营活动。

食品生产经营企业的主要负责人应当落实企业食品安全管理制度,对本企业的食品安全工作全面负责。

食品生产经营企业应当配备食品安全管理人员,加强对其培训和考核。经考核不具备食品安全管理能力的,不得上岗。食品药品监督管理部门应当对企业食品安全管理人员随机进行监督抽查考核并公布考核情况。监督抽查考核不得收取费用。

第四十五条 食品生产经营者应当建立并执行从业人员健康管理制度。患有国务院卫生行政部门规定的有碍食品安全疾病的人员,不得从事接触直接入口食品的工作。

从事接触直接入口食品工作的食品生产经营人员应当每年进行健康检查,取得健康证明后方可上岗工作。

第四十六条 食品生产企业应当就下列事项制定并实施控制要求,保证所生产的食品符合食品安全标准：

（一）原料采购、原料验收、投料等原料控制；

（二）生产工序、设备、贮存、包装等生产关键环节控制；

（三）原料检验、半成品检验、成品出厂检验等检验控制；

（四）运输和交付控制。

第四十七条 食品生产经营者应当建立食品安全自查制度，定期对食品安全状况进行检查评价。生产经营条件发生变化，不再符合食品安全要求的，食品生产经营者应当立即采取整改措施；有发生食品安全事故潜在风险的，应当立即停止食品生产经营活动，并向所在地县级人民政府食品药品监督管理部门报告。

第四十八条 国家鼓励食品生产经营企业符合良好生产规范要求，实施危害分析与关键控制点体系，提高食品安全管理水平。

对通过良好生产规范、危害分析与关键控制点体系认证的食品生产经营企业，认证机构应当依法实施跟踪调查；对不再符合认证要求的企业，应当依法撤销认证，及时向县级以上人民政府食品药品监督管理部门通报，并向社会公布。认证机构实施跟踪调查不得收取费用。

第四十九条 食用农产品生产者应当按照食品安全标准和国家有关规定使用农药、肥料、兽药、饲料和饲料添加剂等农业投入品，严格执行农业投入品使用安全间隔期或者休药期的规定，不得使用国家明令禁止的农业投入品。禁止将剧毒、高毒农药用于蔬菜、瓜果、茶叶和中草药材等国家规定的农作物。

食用农产品的生产企业和农民专业合作经济组织应当建立农业投入品使用记录制度。

县级以上人民政府农业行政部门应当加强对农业投入品使用的监督管理和指导，建立健全农业投入品安全使用制度。

第五十条 食品生产者采购食品原料、食品添加剂、食品相关产品，应当查验供货者的许可证和产品合格证明；对无法提供合格证明的食品原料，应当按照食品安全标准进行检验；不得采购或者使用不符合食品安全标准的食品原料、食品添加剂、食品相关产品。

食品生产企业应当建立食品原料、食品添加剂、食品相关产品进货查验记录制度，如实记录食品原料、食品添加剂、食品相关产品的名称、规格、数量、生产日期或者生产批号、保质期、进货日期以及供货者名称、地址、联系方式等内容，并保存相关凭证。记录和凭证保存期限不得少于产品保质期满后六个月；没有明确保质期的，保存期限不得少于二年。

第五十一条 食品生产企业应当建立食品出厂检验记录制度，查验出厂食品的检验合格证和安全状况，如实记录食品的名称、规格、数量、生产日期或者生产批号、保质期、检验合格证号、销售日期以及购货者名称、地址、联系方式等内容，并保存相关凭证。记录和凭证保存期限应当符合本法第五十条第二款的规定。

第五十二条 食品、食品添加剂、食品相关产品的生产者,应当按照食品安全标准对所生产的食品、食品添加剂、食品相关产品进行检验,检验合格后方可出厂或者销售。

第五十三条 食品经营者采购食品,应当查验供货者的许可证和食品出厂检验合格证或者其他合格证明(以下称合格证明文件)。

食品经营企业应当建立食品进货查验记录制度,如实记录食品的名称、规格、数量、生产日期或者生产批号、保质期、进货日期以及供货者名称、地址、联系方式等内容,并保存相关凭证。记录和凭证保存期限应当符合本法第五十条第二款的规定。

实行统一配送经营方式的食品经营企业,可以由企业总部统一查验供货者的许可证和食品合格证明文件,进行食品进货查验记录。

从事食品批发业务的经营企业应当建立食品销售记录制度,如实记录批发食品的名称、规格、数量、生产日期或者生产批号、保质期、销售日期以及购货者名称、地址、联系方式等内容,并保存相关凭证。记录和凭证保存期限应当符合本法第五十条第二款的规定。

第五十四条 食品经营者应当按照保证食品安全的要求贮存食品,定期检查库存食品,及时清理变质或者超过保质期的食品。

食品经营者贮存散装食品,应当在贮存位置标明食品的名称、生产日期或者生产批号、保质期、生产者名称及联系方式等内容。

第五十五条 餐饮服务提供者应当制定并实施原料控制要求,不得采购不符合食品安全标准的食品原料。倡导餐饮服务提供者公开加工过程,公示食品原料及其来源等信息。

餐饮服务提供者在加工过程中应当检查待加工的食品及原料,发现有本法第三十四条第六项规定情形的,不得加工或者使用。

第五十六条 餐饮服务提供者应当定期维护食品加工、贮存、陈列等设施、设备;定期清洗、校验保温设施及冷藏、冷冻设施。

餐饮服务提供者应当按照要求对餐具、饮具进行清洗消毒,不得使用未经清洗消毒的餐具、饮具;餐饮服务提供者委托清洗消毒餐具、饮具的,应当委托符合本法规定条件的餐具、饮具集中消毒服务单位。

第五十七条 学校、托幼机构、养老机构、建筑工地等集中用餐单位的食堂应当严格遵守法律、法规和食品安全标准;从供餐单位订餐的,应当从取得食品生产经营许可的企业订购,并按照要求对订购的食品进行查验。供餐单位应当严格遵守法律、法规和食品安全标准,当餐加工,确保食品安全。

学校、托幼机构、养老机构、建筑工地等集中用餐单位的主管部门应当加强对集中用餐单位的食品安全教育和日常管理,降低食品安全风险,及时消除食品安全隐患。

第五十八条 餐具、饮具集中消毒服务单位应当具备相应的作业场所、清洗消毒设备或者设施,用水和使用的洗涤剂、消毒剂应当符合相关食品安全国家标准和其他国家标准、卫生规范。

餐具、饮具集中消毒服务单位应当对消毒餐具、饮具进行逐批检验,检验合格后方可出厂,并应当随附消毒合格证明。消毒后的餐具、饮具应当在独立包装上标注单位名称、地址、联系方式、消毒日期以及使用期限等内容。

第五十九条 食品添加剂生产者应当建立食品添加剂出厂检验记录制度,查验出厂产品的检验合格证和安全状况,如实记录食品添加剂的名称、规格、数量、生产日期或者生产批号、保质期、检验合格证号、销售日期以及购货者名称、地址、联系方式等相关内容,并保存相关凭证。记录和凭证保存期限应当符合本法第五十条第二款的规定。

第六十条 食品添加剂经营者采购食品添加剂,应当依法查验供货者的许可证和产品合格证明文件,如实记录食品添加剂的名称、规格、数量、生产日期或者生产批号、保质期、进货日期以及供货者名称、地址、联系方式等内容,并保存相关凭证。记录和凭证保存期限应当符合本法第五十条第二款的规定。

第六十一条 集中交易市场的开办者、柜台出租者和展销会举办者,应当依法审查入场食品经营者的许可证,明确其食品安全管理责任,定期对其经营环境和条件进行检查,发现其有违反本法规定行为的,应当及时制止并立即报告所在地县级人民政府食品药品监督管理部门。

第六十二条 网络食品交易第三方平台提供者应当对入网食品经营者进行实名登记,明确其食品安全管理责任;依法应当取得许可证的,还应当审查其许可证。

网络食品交易第三方平台提供者发现入网食品经营者有违反本法规定行为的,应当及时制止并立即报告所在地县级人民政府食品药品监督管理部门;发现严重违法行为的,应当立即停止提供网络交易平台服务。

第六十三条 国家建立食品召回制度。食品生产者发现其生产的食品不符合食品安全标准或者有证据证明可能危害人体健康的,应当立即停止生产,召回已经上市销售的食品,通知相关生产经营者和消费者,并记录召回和通知情况。

食品经营者发现其经营的食品有前款规定情形的,应当立即停止经营,通知相关生产经营者和消费者,并记录停止经营和通知情况。食品生产者认为应当召回的,应当立即召回。由于食品经营者的原因造成其经营的食品有前款规定情形的,食品经营者应当召回。

食品生产经营者应当对召回的食品采取无害化处理、销毁等措施,防止其再次流入市场。但是,对因标签、标志或者说明书不符合食品安全标准而被召回的食品,食品生产者在采取补救措施且能保证食品安全的情况下可以继续销售;销售时应当向消费者明示补救措施。

食品生产经营者应当将食品召回和处理情况向所在地县级人民政府食品药品监督管理部门报告;需要对召回的食品进行无害化处理、销毁的,应当提前报告时间、地点。食品药品监督管理部门认为必要的,可以实施现场监督。

食品生产经营者未依照本条规定召回或者停止经营的,县级以上人民政府食品药品监督管理部门可以责令其召回或者停止经营。

第六十四条 食用农产品批发市场应当配备检验设备和检验人员或者委托符合本法规定的食品检验机构，对进入该批发市场销售的食用农产品进行抽样检验；发现不符合食品安全标准的，应当要求销售者立即停止销售，并向食品药品监督管理部门报告。

第六十五条 食用农产品销售者应当建立食用农产品进货查验记录制度，如实记录食用农产品的名称、数量、进货日期以及供货者名称、地址、联系方式等内容，并保存相关凭证。记录和凭证保存期限不得少于六个月。

第六十六条 进入市场销售的食用农产品在包装、保鲜、贮存、运输中使用保鲜剂、防腐剂等食品添加剂和包装材料等食品相关产品，应当符合食品安全国家标准。

第三节 标签、说明书和广告

第六十七条 预包装食品的包装上应当有标签。标签应当标明下列事项：

（一）名称、规格、净含量、生产日期；

（二）成分或者配料表；

（三）生产者的名称、地址、联系方式；

（四）保质期；

（五）产品标准代号；

（六）贮存条件；

（七）所使用的食品添加剂在国家标准中的通用名称；

（八）生产许可证编号；

（九）法律、法规或者食品安全标准规定应当标明的其他事项。

专供婴幼儿和其他特定人群的主辅食品，其标签还应当标明主要营养成分及其含量。

食品安全国家标准对标签标注事项另有规定的，从其规定。

第六十八条 食品经营者销售散装食品，应当在散装食品的容器、外包装上标明食品的名称、生产日期或者生产批号、保质期以及生产经营者名称、地址、联系方式等内容。

第六十九条 生产经营转基因食品应当按照规定显著标示。

第七十条 食品添加剂应当有标签、说明书和包装。标签、说明书应当载明本法第六十七条第一款第一项至第六项、第八项、第九项规定的事项，以及食品添加剂的使用范围、用量、使用方法，并在标签上载明"食品添加剂"字样。

第七十一条 食品和食品添加剂的标签、说明书，不得含有虚假内容，不得涉及疾病预防、治疗功能。生产经营者对其提供的标签、说明书的内容负责。

食品和食品添加剂的标签、说明书应当清楚、明显，生产日期、保质期等事项应当显著标注，容易辨识。

食品和食品添加剂与其标签、说明书的内容不符的，不得上市销售。

第七十二条 食品经营者应当按照食品标签标示的警示标志、警示说明或者注意事项的要求销售食品。

第七十三条 食品广告的内容应当真实合法，不得含有虚假内容，不得涉及疾病预防、治疗功能。食品生产经营者对食品广告内容的真实性、合法性负责。

县级以上人民政府食品药品监督管理部门和其他有关部门以及食品检验机构、食品行业协会不得以广告或者其他形式向消费者推荐食品。消费者组织不得以收取费用或者其他牟取利益的方式向消费者推荐食品。

第四节 特殊食品

第七十四条 国家对保健食品、特殊医学用途配方食品和婴幼儿配方食品等特殊食品实行严格监督管理。

第七十五条 保健食品声称保健功能,应当具有科学依据,不得对人体产生急性、亚急性或者慢性危害。

保健食品原料目录和允许保健食品声称的保健功能目录,由国务院食品药品监督管理部门会同国务院卫生行政部门、国家中医药管理部门制定、调整并公布。

保健食品原料目录应当包括原料名称、用量及其对应的功效;列入保健食品原料目录的原料只能用于保健食品生产,不得用于其他食品生产。

第七十六条 使用保健食品原料目录以外原料的保健食品和首次进口的保健食品应当经国务院食品药品监督管理部门注册。但是,首次进口的保健食品中属于补充维生素、矿物质等营养物质的,应当报国务院食品药品监督管理部门备案。其他保健食品应当报省、自治区、直辖市人民政府食品药品监督管理部门备案。

进口的保健食品应当是出口国(地区)主管部门准许上市销售的产品。

第七十七条 依法应当注册的保健食品,注册时应当提交保健食品的研发报告、产品配方、生产工艺、安全性和保健功能评价、标签、说明书等材料及样品,并提供相关证明文件。国务院食品药品监督管理部门经组织技术审评,对符合安全和功能声称要求的,准予注册;对不符合要求的,不予注册并书面说明理由。对使用保健食品原料目录以外原料的保健食品作出准予注册决定的,应当及时将该原料纳入保健食品原料目录。

依法应当备案的保健食品,备案时应当提交产品配方、生产工艺、标签、说明书以及表明产品安全性和保健功能的材料。

第七十八条 保健食品的标签、说明书不得涉及疾病预防、治疗功能,内容应当真实,与注册或者备案的内容相一致,载明适宜人群、不适宜人群、功效成分或者标志性成分及其含量等,并声明"本品不能代替药物"。保健食品的功能和成分应当与标签、说明书相一致。

第七十九条 保健食品广告除应当符合本法第七十三条第一款的规定外,还应当声明"本品不能代替药物";其内容应当经生产企业所在地省、自治区、直辖市人民政府食品药品监督管理部门审查批准,取得保健食品广告批准文件。省、自治区、直辖市人民政府食品药品监督管理部门应当公布并及时更新已经批准的保健食品广告目录以及批准的广告内容。

第八十条 特殊医学用途配方食品应当经国务院食品药品监督管理部门注册。注册时,应当提交产品配方、生产工艺、标签、说明书以及表明产品安全性、营养充足性和特殊医学用途临床效果的材料。

特殊医学用途配方食品广告适用《中华人民共和国广告法》和其他法律、行政法规关于药品广告管理的规定。

第八十一条 婴幼儿配方食品生产企业应当实施从原料进厂到成品出厂的全过程质量控制,对出厂的婴幼儿配方食品实施逐批检验,保证食品安全。

生产婴幼儿配方食品使用的生鲜乳、辅料等食品原料、食品添加剂等,应当符合法律、行政法规的规定和食品安全国家标准,保证婴幼儿生长发育所需的营养成分。

婴幼儿配方食品生产企业应当将食品原料、食品添加剂、产品配方及标签等事项向省、自治区、直辖市人民政府食品药品监督管理部门备案。

婴幼儿配方乳粉的产品配方应当经国务院食品药品监督管理部门注册。注册时,应当提交配方研发报告和其他表明配方科学性、安全性的材料。

不得以分装方式生产婴幼儿配方乳粉,同一企业不得用同一配方生产不同品牌的婴幼儿配方乳粉。

第八十二条 保健食品、特殊医学用途配方食品、婴幼儿配方乳粉的注册人或者备案人应当对其提交材料的真实性负责。

省级以上人民政府食品药品监督管理部门应当及时公布注册或者备案的保健食品、特殊医学用途配方食品、婴幼儿配方乳粉目录,并对注册或者备案中获知的企业商业秘密予以保密。

保健食品、特殊医学用途配方食品、婴幼儿配方乳粉生产企业应当按照注册或者备案的产品配方、生产工艺等技术要求组织生产。

第八十三条 生产保健食品,特殊医学用途配方食品、婴幼儿配方食品和其他专供特定人群的主辅食品的企业,应当按照良好生产规范的要求建立与所生产食品相适应的生产质量管理体系,定期对该体系的运行情况进行自查,保证其有效运行,并向所在地县级人民政府食品药品监督管理部门提交自查报告。

第五章　食品检验

第八十四条 食品检验机构按照国家有关认证认可的规定取得资质认定后,方可从事食品检验活动。但是,法律另有规定的除外。

食品检验机构的资质认定条件和检验规范,由国务院食品药品监督管理部门规定。

符合本法规定的食品检验机构出具的检验报告具有同等效力。

县级以上人民政府应当整合食品检验资源,实现资源共享。

第八十五条 食品检验由食品检验机构指定的检验人独立进行。

检验人应当依照有关法律、法规的规定,并按照食品安全标准和检验规范对食品进行检验,尊重科学,恪守职业道德,保证出具的检验数据和结论客观、公正,不得出具虚假检验报告。

第八十六条 食品检验实行食品检验机构与检验人负责制。食品检验报告应当加盖食品检验机构公章,并有检验人的签名或者盖章。食品检验机构和检验人对出具的食品检验报告负责。

第八十七条 县级以上人民政府食品药品监督管理部门应当对食品进行定期或者不定期的抽样检验,并依据有关规定公布检验结果,不得免检。进行抽样检验,应当购买抽取的样品,委托符合本法规定的食品检验机构进行检验,并支付相关费用;不得向食品生产经营者收取检验费和其他费用。

第八十八条 对依照本法规定实施的检验结论有异议的,食品生产经营者可以自收到检验结论之日起七个工作日内向实施抽样检验的食品药品监督管理部门或者其上一级食品药品监督管理部门提出复检申请,由受理复检申请的食品药品监督管理部门在公布的复检机构名录中随机确定复检机构进行复检。复检机构出具的复检结论为最终检验结论。复检机构与初检机构不得为同一机构。复检机构名录由国务院认证认可监督管理、食品药品监督管理、卫生行政、农业行政等部门共同公布。

采用国家规定的快速检测方法对食用农产品进行抽查检测,被抽查人对检测结果有异议的,可以自收到检测结果时起四小时内申请复检。复检不得采用快速检测方法。

第八十九条 食品生产企业可以自行对所生产的食品进行检验,也可以委托符合本法规定的食品检验机构进行检验。

食品行业协会和消费者协会等组织、消费者需要委托食品检验机构对食品进行检验的,应当委托符合本法规定的食品检验机构进行。

第九十条 食品添加剂的检验,适用本法有关食品检验的规定。

第六章　食品进出口

第九十一条 国家出入境检验检疫部门对进出口食品安全实施监督管理。

第九十二条 进口的食品、食品添加剂、食品相关产品应当符合我国食品安全国家标准。

进口的食品、食品添加剂应当经出入境检验检疫机构依照进出口商品检验相关法律、行政法规的规定检验合格。

进口的食品、食品添加剂应当按照国家出入境检验检疫部门的要求随附合格证明材料。

第九十三条 进口尚无食品安全国家标准的食品,由境外出口商、境外生产企业或者其委托的进口商向国务院卫生行政部门提交所执行的相关国家(地区)标准或者国际标准。国务院卫生行政部门对相关标准进行审查,认为符合食品安全要求的,决定暂予适用,并及时制定相应的食品安全国家标准。进口利用新的食品原料生产的食品或者进口食品添加剂新品种、食品相关产品新品种,依照本法第三十七条的规定办理。

出入境检验检疫机构按照国务院卫生行政部门的要求,对前款规定的食品、食品添加剂、食品相关产品进行检验。检验结果应当公开。

第九十四条 境外出口商、境外生产企业应当保证向我国出口的食品、食品添加剂、食品相关产品符合本法以及我国其他有关法律、行政法规的规定和食品安全国家标准的要求,并对标签、说明书的内容负责。

进口商应当建立境外出口商、境外生产企业审核制度,重点审核前款规定的内容;审核不合格的,不得进口。

发现进口食品不符合我国食品安全国家标准或者有证据证明可能危害人体健康的,进口商应当立即停止进口,并依照本法第六十三条的规定召回。

第九十五条 境外发生的食品安全事件可能对我国境内造成影响,或者在进口食品、食品添加剂、食品相关产品中发现严重食品安全问题的,国家出入境检验检疫部门应当及时采取风险预警或者控制措施,并向国务院食品药品监督管理、卫生行政、农业行政部门通报。接到通报的部门应当及时采取相应措施。

县级以上人民政府食品药品监督管理部门对国内市场上销售的进口食品、食品添加剂实施监督管理。发现存在严重食品安全问题的,国务院食品药品监督管理部门应当及时向国家出入境检验检疫部门通报。国家出入境检验检疫部门应当及时采取相应措施。

第九十六条 向我国境内出口食品的境外出口商或者代理商、进口食品的进口商应当向国家出入境检验检疫部门备案。向我国境内出口食品的境外食品生产企业应当经国家出入境检验检疫部门注册。已经注册的境外食品生产企业提供虚假材料,或者因其自身的原因致使进口食品发生重大食品安全事故的,国家出入境检验检疫部门应当撤销注册并公告。

国家出入境检验检疫部门应当定期公布已经备案的境外出口商、代理商、进口商和已经注册的境外食品生产企业名单。

第九十七条 进口的预包装食品、食品添加剂应当有中文标签;依法应当有说明书的,还应当有中文说明书。标签、说明书应当符合本法以及我国其他有关法律、行政法规的规定和食品安全国家标准的要求,并载明食品的原产地以及境内代理商的名称、地址、联系方式。预包装食品没有中文标签、中文说明书或者标签、说明书不符本条规定的,不得进口。

第九十八条 进口商应当建立食品、食品添加剂进口和销售记录制度,如实记录食品、食品添加剂的名称、规格、数量、生产日期、生产或者进口批号、保质期、境外出口商和购货者名称、地址及联系方式、交货日期等内容,并保存相关凭证。记录和凭证保存期限应当符合本法第五十条第二款的规定。

第九十九条 出口食品生产企业应当保证其出口食品符合进口国(地区)的标准或者合同要求。

出口食品生产企业和出口食品原料种植、养殖场应当向国家出入境检验检疫部门备案。

第一百条 国家出入境检验检疫部门应当收集、汇总下列进出口食品安全信息,并及时通报相关部门、机构和企业:

(一)出入境检验检疫机构对进出口食品实施检验检疫发现的食品安全信息;

（二）食品行业协会和消费者协会等组织、消费者反映的进口食品安全信息；

（三）国际组织、境外政府机构发布的风险预警信息及其他食品安全信息，以及境外食品行业协会等组织、消费者反映的食品安全信息；

（四）其他食品安全信息。

国家出入境检验检疫部门应当对进出口食品的进口商、出口商和出口食品生产企业实施信用管理，建立信用记录，并依法向社会公布。对有不良记录的进口商、出口商和出口食品生产企业，应当加强对其进出口食品的检验检疫。

第一百零一条 国家出入境检验检疫部门可以对向我国境内出口食品的国家（地区）的食品安全管理体系和食品安全状况进行评估和审查，并根据评估和审查结果，确定相应检验检疫要求。

第七章 食品安全事故处置

第一百零二条 国务院组织制定国家食品安全事故应急预案。

县级以上地方人民政府应当根据有关法律、法规的规定和上级人民政府的食品安全事故应急预案以及本行政区域的实际情况，制定本行政区域的食品安全事故应急预案，并报上一级人民政府备案。

食品安全事故应急预案应当对食品安全事故分级、事故处置组织指挥体系与职责、预防预警机制、处置程序、应急保障措施等作出规定。

食品生产经营企业应当制定食品安全事故处置方案，定期检查本企业各项食品安全防范措施的落实情况，及时消除事故隐患。

第一百零三条 发生食品安全事故的单位应当立即采取措施，防止事故扩大。事故单位和接收病人进行治疗的单位应当及时向事故发生地县级人民政府食品药品监督管理、卫生行政部门报告。

县级以上人民政府质量监督、农业行政等部门在日常监督管理中发现食品安全事故或者接到事故举报，应当立即向同级食品药品监督管理部门通报。

发生食品安全事故，接到报告的县级人民政府食品药品监督管理部门应当按照应急预案的规定向本级人民政府和上级人民政府食品药品监督管理部门报告。县级人民政府和上级人民政府食品药品监督管理部门应当按照应急预案的规定上报。

任何单位和个人不得对食品安全事故隐瞒、谎报、缓报，不得隐匿、伪造、毁灭有关证据。

第一百零四条 医疗机构发现其接收的病人属于食源性疾病病人或者疑似病人的，应当按照规定及时将相关信息向所在地县级人民政府卫生行政部门报告。县级人民政府卫生行政部门认为与食品安全有关的，应当及时通报同级食品药品监督管理部门。

县级以上人民政府卫生行政部门在调查处理传染病或者其他突发公共卫生事件中发现与食品安全相关的信息，应当及时通报同级食品药品监督管理部门。

第一百零五条 县级以上人民政府食品药品监督管理部门接到食品安全事故的报

告后,应当立即会同同级卫生行政、质量监督、农业行政等部门进行调查处理,并采取下列措施,防止或者减轻社会危害:

(一)开展应急救援工作,组织救治因食品安全事故导致人身伤害的人员;

(二)封存可能导致食品安全事故的食品及其原料,并立即进行检验;对确认属于被污染的食品及其原料,责令食品生产经营者依照本法第六十三条的规定召回或者停止经营;

(三)封存被污染的食品相关产品,并责令进行清洗消毒;

(四)做好信息发布工作,依法对食品安全事故及其处理情况进行发布,并对可能产生的危害加以解释、说明。

发生食品安全事故需要启动应急预案的,县级以上人民政府应当立即成立事故处置指挥机构,启动应急预案,依照前款和应急预案的规定进行处置。

发生食品安全事故,县级以上疾病预防控制机构应当对事故现场进行卫生处理,并对与事故有关的因素开展流行病学调查,有关部门应当予以协助。县级以上疾病预防控制机构应当向同级食品药品监督管理、卫生行政部门提交流行病学调查报告。

第一百零六条 发生食品安全事故,设区的市级以上人民政府食品药品监督管理部门应当立即会同有关部门进行事故责任调查,督促有关部门履行职责,向本级人民政府和上一级人民政府食品药品监督管理部门提出事故责任调查处理报告。

涉及两个以上省、自治区、直辖市的重大食品安全事故由国务院食品药品监督管理部门依照前款规定组织事故责任调查。

第一百零七条 调查食品安全事故,应当坚持实事求是、尊重科学的原则,及时、准确查清事故性质和原因,认定事故责任,提出整改措施。

调查食品安全事故,除了查明事故单位的责任,还应当查明有关监督管理部门、食品检验机构、认证机构及其工作人员的责任。

第一百零八条 食品安全事故调查部门有权向有关单位和个人了解与事故有关的情况,并要求提供相关资料和样品。有关单位和个人应当予以配合,按照要求提供相关资料和样品,不得拒绝。

任何单位和个人不得阻挠、干涉食品安全事故的调查处理。

第八章 监督管理

第一百零九条 县级以上人民政府食品药品监督管理、质量监督部门根据食品安全风险监测、风险评估结果和食品安全状况等,确定监督管理的重点、方式和频次,实施风险分级管理。

县级以上地方人民政府组织本级食品药品监督管理、质量监督、农业行政等部门制定本行政区域的食品安全年度监督管理计划,向社会公布并组织实施。

食品安全年度监督管理计划应当将下列事项作为监督管理的重点:

(一)专供婴幼儿和其他特定人群的主辅食品;

（二）保健食品生产过程中的添加行为和按照注册或者备案的技术要求组织生产的情况，保健食品标签、说明书以及宣传材料中有关功能宣传的情况；

（三）发生食品安全事故风险较高的食品生产经营者；

（四）食品安全风险监测结果表明可能存在食品安全隐患的事项。

第一百一十条　县级以上人民政府食品药品监督管理、质量监督部门履行各自食品安全监督管理职责，有权采取下列措施，对生产经营者遵守本法的情况进行监督检查：

（一）进入生产经营场所实施现场检查；

（二）对生产经营的食品、食品添加剂、食品相关产品进行抽样检验；

（三）查阅、复制有关合同、票据、账簿以及其他有关资料；

（四）查封、扣押有证据证明不符合食品安全标准或者有证据证明存在安全隐患以及用于违法生产经营的食品、食品添加剂、食品相关产品；

（五）查封违法从事生产经营活动的场所。

第一百一十一条　对食品安全风险评估结果证明食品存在安全隐患，需要制定、修订食品安全标准的，在制定、修订食品安全标准前，国务院卫生行政部门应当及时会同国务院有关部门规定食品中有害物质的临时限量值和临时检验方法，作为生产经营和监督管理的依据。

第一百一十二条　县级以上人民政府食品药品监督管理部门在食品安全监督管理工作中可以采用国家规定的快速检测方法对食品进行抽查检测。

对抽查检测结果表明可能不符合食品安全标准的食品，应当依照本法第八十七条的规定进行检验。抽查检测结果确定有关食品不符合食品安全标准的，可以作为行政处罚的依据。

第一百一十三条　县级以上人民政府食品药品监督管理部门应当建立食品生产经营者食品安全信用档案，记录许可颁发、日常监督检查结果、违法行为查处等情况，依法向社会公布并实时更新；对有不良信用记录的食品生产经营者增加监督检查频次，对违法行为情节严重的食品生产经营者，可以通报投资主管部门、证券监督管理机构和有关的金融机构。

第一百一十四条　食品生产经营过程中存在食品安全隐患，未及时采取措施消除的，县级以上人民政府食品药品监督管理部门可以对食品生产经营者的法定代表人或者主要负责人进行责任约谈。食品生产经营者应当立即采取措施，进行整改，消除隐患。责任约谈情况和整改情况应当纳入食品生产经营者食品安全信用档案。

第一百一十五条　县级以上人民政府食品药品监督管理、质量监督等部门应当公布本部门的电子邮件地址或者电话，接受咨询、投诉、举报。接到咨询、投诉、举报，对属于本部门职责的，应当受理并在法定期限内及时答复、核实、处理；对不属于本部门职责的，应当移交有权处理的部门并书面通知咨询、投诉、举报人。有权处理的部门应当在法定期限内及时处理，不得推诿。对查证属实的举报，给予举报人奖励。

有关部门应当对举报人的信息予以保密，保护举报人的合法权益。举报人举报所在企业的,该企业不得以解除、变更劳动合同或者其他方式对举报人进行打击报复。

第一百一十六条 县级以上人民政府食品药品监督管理、质量监督等部门应当加强对执法人员食品安全法律、法规、标准和专业知识与执法能力等的培训,并组织考核。不具备相应知识和能力的,不得从事食品安全执法工作。

食品生产经营者、食品行业协会、消费者协会等发现食品安全执法人员在执法过程中有违反法律、法规规定的行为以及不规范执法行为的,可以向本级或者上级人民政府食品药品监督管理、质量监督等部门或者监察机关投诉、举报。接到投诉、举报的部门或者机关应当进行核实,并将经核实的情况向食品安全执法人员所在部门通报;涉嫌违法违纪的,按照本法和有关规定处理。

第一百一十七条 县级以上人民政府食品药品监督管理等部门未及时发现食品安全系统性风险,未及时消除监督管理区域内的食品安全隐患的,本级人民政府可以对其主要负责人进行责任约谈。

地方人民政府未履行食品安全职责,未及时消除区域性重大食品安全隐患的,上级人民政府可以对其主要负责人进行责任约谈。

被约谈的食品药品监督管理等部门、地方人民政府应当立即采取措施,对食品安全监督管理工作进行整改。

责任约谈情况和整改情况应当纳入地方人民政府和有关部门食品安全监督管理工作评议、考核记录。

第一百一十八条 国家建立统一的食品安全信息平台,实行食品安全信息统一公布制度。国家食品安全总体情况、食品安全风险警示信息、重大食品安全事故及其调查处理信息和国务院确定需要统一公布的其他信息由国务院食品药品监督管理部门统一公布。食品安全风险警示信息和重大食品安全事故及其调查处理信息的影响限于特定区域的,也可以由有关省、自治区、直辖市人民政府食品药品监督管理部门公布。未经授权不得发布上述信息。

县级以上人民政府食品药品监督管理、质量监督、农业行政部门依据各自职责公布食品安全日常监督管理信息。

公布食品安全信息,应当做到准确、及时,并进行必要的解释说明,避免误导消费者和社会舆论。

第一百一十九条 县级以上地方人民政府食品药品监督管理、卫生行政、质量监督、农业行政部门获知本法规定需要统一公布的信息,应当向上级主管部门报告,由上级主管部门立即报告国务院食品药品监督管理部门;必要时,可以直接向国务院食品药品监督管理部门报告。

县级以上人民政府食品药品监督管理、卫生行政、质量监督、农业行政部门应当相互通报获知的食品安全信息。

第一百二十条 任何单位和个人不得编造、散布虚假食品安全信息。

县级以上人民政府食品药品监督管理部门发现可能误导消费者和社会舆论的食品

安全信息,应当立即组织有关部门、专业机构、相关食品生产经营者等进行核实、分析,并及时公布结果。

第一百二十一条 县级以上人民政府食品药品监督管理、质量监督等部门发现涉嫌食品安全犯罪的,应当按照有关规定及时将案件移送公安机关。对移送的案件,公安机关应当及时审查;认为有犯罪事实需要追究刑事责任的,应当立案侦查。

公安机关在食品安全犯罪案件侦查过程中认为没有犯罪事实,或者犯罪事实显著轻微,不需要追究刑事责任,但依法应当追究行政责任的,应当及时将案件移送食品药品监督管理、质量监督等部门和监察机关,有关部门应当依法处理。

公安机关商请食品药品监督管理、质量监督、环境保护等部门提供检验结论、认定意见以及对涉案物品进行无害化处理等协助的,有关部门应当及时提供,予以协助。

第九章 法律责任

第一百二十二条 违反本法规定,未取得食品生产经营许可从事食品生产经营活动,或者未取得食品添加剂生产许可从事食品添加剂生产活动的,由县级以上人民政府食品药品监督管理部门没收违法所得和违法生产经营的食品、食品添加剂以及用于违法生产经营的工具、设备、原料等物品;违法生产经营的食品、食品添加剂货值金额不足一万元的,并处五万元以上十万元以下罚款;货值金额一万元以上的,并处货值金额十倍以上二十倍以下罚款。

明知从事前款规定的违法行为,仍为其提供生产经营场所或者其他条件的,由县级以上人民政府食品药品监督管理部门责令停止违法行为,没收违法所得,并处五万元以上十万元以下罚款;使消费者的合法权益受到损害的,应当与食品、食品添加剂生产经营者承担连带责任。

第一百二十三条 违反本法规定,有下列情形之一,尚不构成犯罪的,由县级以上人民政府食品药品监督管理部门没收违法所得和违法生产经营的食品,并可以没收用于违法生产经营的工具、设备、原料等物品;违法生产经营的食品货值金额不足一万元的,并处十万元以上十五万元以下罚款;货值金额一万元以上的,并处货值金额十五倍以上三十倍以下罚款;情节严重的,吊销许可证,并可以由公安机关对其直接负责的主管人员和其他直接责任人员处五日以上十五日以下拘留:

(一)用非食品原料生产食品、在食品中添加食品添加剂以外的化学物质和其他可能危害人体健康的物质,或者用回收食品作为原料生产食品,或者经营上述食品;

(二)生产经营营养成分不符合食品安全标准的专供婴幼儿和其他特定人群的主辅食品;

(三)经营病死、毒死或者死因不明的禽、畜、兽、水产动物肉类,或者生产经营其制品;

(四)经营未按规定进行检疫或者检疫不合格的肉类,或者生产经营未经检验或者检验不合格的肉类制品;

（五）生产经营国家为防病等特殊需要明令禁止生产经营的食品；

（六）生产经营添加药品的食品。

明知从事前款规定的违法行为，仍为其提供生产经营场所或者其他条件的，由县级以上人民政府食品药品监督管理部门责令停止违法行为，没收违法所得，并处十万元以上二十万元以下罚款；使消费者的合法权益受到损害的，应当与食品生产经营者承担连带责任。

违法使用剧毒、高毒农药的，除依照有关法律、法规规定给予处罚外，可以由公安机关依照第一款规定给予拘留。

第一百二十四条 违反本法规定，有下列情形之一，尚不构成犯罪的，由县级以上人民政府食品药品监督管理部门没收违法所得和违法生产经营的食品、食品添加剂，并可以没收用于违法生产经营的工具、设备、原料等物品；违法生产经营的食品、食品添加剂货值金额不足一万元的，并处五万元以上十万元以下罚款；货值金额一万元以上的，并处货值金额十倍以上二十倍以下罚款；情节严重的，吊销许可证：

（一）生产经营致病性微生物，农药残留、兽药残留、生物毒素、重金属等污染物质以及其他危害人体健康的物质含量超过食品安全标准限量的食品、食品添加剂；

（二）用超过保质期的食品原料、食品添加剂生产食品、食品添加剂，或者经营上述食品、食品添加剂；

（三）生产经营超范围、超限量使用食品添加剂的食品；

（四）生产经营腐败变质、油脂酸败、霉变生虫、污秽不洁、混有异物、掺假掺杂或者感官性状异常的食品、食品添加剂；

（五）生产经营标注虚假生产日期、保质期或者超过保质期的食品、食品添加剂；

（六）生产经营未按规定注册的保健食品、特殊医学用途配方食品、婴幼儿配方乳粉，或者未按注册的产品配方、生产工艺等技术要求组织生产；

（七）以分装方式生产婴幼儿配方乳粉，或者同一企业以同一配方生产不同品牌的婴幼儿配方乳粉；

（八）利用新的食品原料生产食品，或者生产食品添加剂新品种，未通过安全性评估；

（九）食品生产经营者在食品药品监督管理部门责令其召回或者停止经营后，仍拒不召回或者停止经营。

除前款和本法第一百二十三条、第一百二十五条规定的情形外，生产经营不符合法律、法规或者食品安全标准的食品、食品添加剂的，依照前款规定给予处罚。

生产食品相关产品新品种，未通过安全性评估，或者生产不符合食品安全标准的食品相关产品的，由县级以上人民政府质量监督部门依照第一款规定给予处罚。

第一百二十五条 违反本法规定，有下列情形之一的，由县级以上人民政府食品药品监督管理部门没收违法所得和违法生产经营的食品、食品添加剂，并可以没收用于违法生产经营的工具、设备、原料等物品；违法生产经营的食品、食品添加剂货值金额不足一万元的，并处五千元以上五万元以下罚款；货值金额一万元以上的，并处货值金额五倍

以上十倍以下罚款;情节严重的,责令停产停业,直至吊销许可证:

(一)生产经营被包装材料、容器、运输工具等污染的食品、食品添加剂;

(二)生产经营无标签的预包装食品、食品添加剂或者标签、说明书不符合本法规定的食品、食品添加剂;

(三)生产经营转基因食品未按规定进行标示;

(四)食品生产经营者采购或者使用不符合食品安全标准的食品原料、食品添加剂、食品相关产品。

生产经营的食品、食品添加剂的标签、说明书存在瑕疵但不影响食品安全且不会对消费者造成误导的,由县级以上人民政府食品药品监督管理部门责令改正;拒不改正的,处二千元以下罚款。

第一百二十六条 违反本法规定,有下列情形之一的,由县级以上人民政府食品药品监督管理部门责令改正,给予警告;拒不改正的,处五千元以上五万元以下罚款;情节严重的,责令停产停业,直至吊销许可证:

(一)食品、食品添加剂生产者未按规定对采购的食品原料和生产的食品、食品添加剂进行检验;

(二)食品生产经营企业未按规定建立食品安全管理制度,或者未按规定配备或者培训、考核食品安全管理人员;

(三)食品、食品添加剂生产经营者进货时未查验许可证和相关证明文件,或者未按规定建立并遵守进货查验记录、出厂检验记录和销售记录制度;

(四)食品生产经营企业未制定食品安全事故处置方案;

(五)餐具、饮具和盛放直接入口食品的容器,使用前未经洗净、消毒或者清洗消毒不合格,或者餐饮服务设施、设备未按规定定期维护、清洗、校验;

(六)食品生产经营者安排未取得健康证明或者患有国务院卫生行政部门规定的有碍食品安全疾病的人员从事接触直接入口食品的工作;

(七)食品经营者未按规定要求销售食品;

(八)保健食品生产企业未按规定向食品药品监督管理部门备案,或者未按备案的产品配方、生产工艺等技术要求组织生产;

(九)婴幼儿配方食品生产企业未将食品原料、食品添加剂、产品配方、标签等向食品药品监督管理部门备案;

(十)特殊食品生产企业未按规定建立生产质量管理体系并有效运行,或者未定期提交自查报告;

(十一)食品生产经营者未定期对食品安全状况进行检查评价,或者生产经营条件发生变化,未按规定处理;

(十二)学校、托幼机构、养老机构、建筑工地等集中用餐单位未按规定履行食品安全管理责任;

(十三)食品生产企业、餐饮服务提供者未按规定制定、实施生产经营过程控制要求。

餐具、饮具集中消毒服务单位违反本法规定用水,使用洗涤剂、消毒剂,或者出厂的餐具、饮具未按规定检验合格并随附消毒合格证明,或者未按规定在独立包装上标注相关内容的,由县级以上人民政府卫生行政部门依照前款规定给予处罚。

食品相关产品生产者未按规定对生产的食品相关产品进行检验的,由县级以上人民政府质量监督部门依照第一款规定给予处罚。

食用农产品销售者违反本法第六十五条规定的,由县级以上人民政府食品药品监督管理部门依照第一款规定给予处罚。

第一百二十七条 对食品生产加工小作坊、食品摊贩等的违法行为的处罚,依照省、自治区、直辖市制定的具体管理办法执行。

第一百二十八条 违反本法规定,事故单位在发生食品安全事故后未进行处置、报告的,由有关主管部门按照各自职责分工责令改正,给予警告;隐匿、伪造、毁灭有关证据的,责令停产停业,没收违法所得,并处十万元以上五十万元以下罚款;造成严重后果的,吊销许可证。

第一百二十九条 违反本法规定,有下列情形之一的,由出入境检验检疫机构依照本法第一百二十四条的规定给予处罚:

(一)提供虚假材料,进口不符合我国食品安全国家标准的食品、食品添加剂、食品相关产品;

(二)进口尚无食品安全国家标准的食品,未提交所执行的标准并经国务院卫生行政部门审查,或者进口利用新的食品原料生产的食品或者进口食品添加剂新品种、食品相关产品新品种,未通过安全性评估;

(三)未遵守本法的规定出口食品;

(四)进口商在有关主管部门责令其依照本法规定召回进口的食品后,仍拒不召回。

违反本法规定,进口商未建立并遵守食品、食品添加剂进口和销售记录制度、境外出口商或者生产企业审核制度的,由出入境检验检疫机构依照本法第一百二十六条的规定给予处罚。

第一百三十条 违反本法规定,集中交易市场的开办者、柜台出租者、展销会的举办者允许未依法取得许可的食品经营者进入市场销售食品,或者未履行检查、报告等义务的,由县级以上人民政府食品药品监督管理部门责令改正,没收违法所得,并处五万元以上二十万元以下罚款;造成严重后果的,责令停业,直至由原发证部门吊销许可证;使消费者的合法权益受到损害的,应当与食品经营者承担连带责任。

食用农产品批发市场违反本法第六十四条规定的,依照前款规定承担责任。

第一百三十一条 违反本法规定,网络食品交易第三方平台提供者未对入网食品经营者进行实名登记、审查许可证,或者未履行报告、停止提供网络交易平台服务等义务的,由县级以上人民政府食品药品监督管理部门责令改正,没收违法所得,并处五万元以上二十万元以下罚款;造成严重后果的,责令停业,直至由原发证部门吊销许可证;使消费者的合法权益受到损害的,应当与食品经营者承担连带责任。

消费者通过网络食品交易第三方平台购买食品,其合法权益受到损害的,可以向入网食品经营者或者食品生产者要求赔偿。网络食品交易第三方平台提供者不能提供入网食品经营者的真实名称、地址和有效联系方式的,由网络食品交易第三方平台提供者赔偿。网络食品交易第三方平台提供者赔偿后,有权向入网食品经营者或者食品生产者追偿。网络食品交易第三方平台提供者作出更有利于消费者承诺的,应当履行其承诺。

第一百三十二条 违反本法规定,未按要求进行食品贮存、运输和装卸的,由县级以上人民政府食品药品监督管理等部门按照各自职责分工责令改正,给予警告;拒不改正的,责令停产停业,并处一万元以上五万元以下罚款;情节严重的,吊销许可证。

第一百三十三条 违反本法规定,拒绝、阻挠、干涉有关部门、机构及其工作人员依法开展食品安全监督检查、事故调查处理、风险监测和风险评估的,由有关主管部门按照各自职责分工责令停产停业,并处二千元以上五万元以下罚款;情节严重的,吊销许可证;构成违反治安管理行为的,由公安机关依法给予治安管理处罚。

违反本法规定,对举报人以解除、变更劳动合同或者其他方式打击报复的,应当依照有关法律的规定承担责任。

第一百三十四条 食品生产经营者在一年内累计三次因违反本法规定受到责令停产停业、吊销许可证以外处罚的,由食品药品监督管理部门责令停产停业,直至吊销许可证。

第一百三十五条 被吊销许可证的食品生产经营者及其法定代表人、直接负责的主管人员和其他直接责任人员自处罚决定作出之日起五年内不得申请食品生产经营许可,或者从事食品生产经营管理工作、担任食品生产经营企业食品安全管理人员。

因食品安全犯罪被判处有期徒刑以上刑罚的,终身不得从事食品生产经营管理工作,也不得担任食品生产经营企业食品安全管理人员。

食品生产经营者聘用人员违反前两款规定的,由县级以上人民政府食品药品监督管理部门吊销许可证。

第一百三十六条 食品经营者履行了本法规定的进货查验等义务,有充分证据证明其不知道所采购的食品不符合食品安全标准,并能如实说明其进货来源的,可以免予处罚,但应当依法没收其不符合食品安全标准的食品;造成人身、财产或者其他损害的,依法承担赔偿责任。

第一百三十七条 违反本法规定,承担食品安全风险监测、风险评估工作的技术机构、技术人员提供虚假监测、评估信息的,依法对技术机构直接负责的主管人员和技术人员给予撤职、开除处分;有执业资格的,由授予其资格的主管部门吊销执业证书。

第一百三十八条 违反本法规定,食品检验机构、食品检验人员出具虚假检验报告的,由授予其资质的主管部门或者机构撤销该食品检验机构的检验资质,没收所收取的检验费用,并处检验费用五倍以上十倍以下罚款,检验费用不足一万元的,并处五万元以上十万元以下罚款;依法对食品检验机构直接负责的主管人员和食品检验人员给予撤职或者开除处分;导致发生重大食品安全事故的,对直接负责的主管人员和食品检验人员给予开除处分。

违反本法规定,受到开除处分的食品检验机构人员,自处分决定作出之日起十年内不得从事食品检验工作;因食品安全违法行为受到刑事处罚或者因出具虚假检验报告导致发生重大食品安全事故受到开除处分的食品检验机构人员,终身不得从事食品检验工作。食品检验机构聘用不得从事食品检验工作的人员的,由授予其资质的主管部门或者机构撤销该食品检验机构的检验资质。

食品检验机构出具虚假检验报告,使消费者的合法权益受到损害的,应当与食品生产经营者承担连带责任。

第一百三十九条 违反本法规定,认证机构出具虚假认证结论,由认证认可监督管理部门没收所收取的认证费用,并处认证费用五倍以上十倍以下罚款,认证费用不足一万元的,并处五万元以上十万元以下罚款;情节严重的,责令停业,直至撤销认证机构批准文件,并向社会公布;对直接负责的主管人员和负有直接责任的认证人员,撤销其执业资格。

认证机构出具虚假认证结论,使消费者的合法权益受到损害的,应当与食品生产经营者承担连带责任。

第一百四十条 违反本法规定,在广告中对食品作虚假宣传,欺骗消费者,或者发布未取得批准文件、广告内容与批准文件不一致的保健食品广告的,依照《中华人民共和国广告法》的规定给予处罚。

广告经营者、发布者设计、制作、发布虚假食品广告,使消费者的合法权益受到损害的,应当与食品生产经营者承担连带责任。

社会团体或者其他组织、个人在虚假广告或者其他虚假宣传中向消费者推荐食品,使消费者的合法权益受到损害的,应当与食品生产经营者承担连带责任。

违反本法规定,食品药品监督管理等部门、食品检验机构、食品行业协会以广告或者其他形式向消费者推荐食品,消费者组织以收取费用或者其他牟取利益的方式向消费者推荐食品的,由有关主管部门没收违法所得,依法对直接负责的主管人员和其他直接责任人员给予记大过、降级或者撤职处分;情节严重的,给予开除处分。

对食品作虚假宣传且情节严重的,由省级以上人民政府食品药品监督管理部门决定暂停销售该食品,并向社会公布;仍然销售该食品的,由县级以上人民政府食品药品监督管理部门没收违法所得和违法销售的食品,并处二万元以上五万元以下罚款。

第一百四十一条 违反本法规定,编造、散布虚假食品安全信息,构成违反治安管理行为的,由公安机关依法给予治安管理处罚。

媒体编造、散布虚假食品安全信息的,由有关主管部门依法给予处罚,并对直接负责的主管人员和其他直接责任人员给予处分;使公民、法人或者其他组织的合法权益受到损害的,依法承担消除影响、恢复名誉、赔偿损失、赔礼道歉等民事责任。

第一百四十二条 违反本法规定,县级以上地方人民政府有下列行为之一的,对直接负责的主管人员和其他直接责任人员给予记大过处分;情节较重的,给予降级或者撤

职处分;情节严重的,给予开除处分;造成严重后果的,其主要负责人还应当引咎辞职:

(一)对发生在本行政区域内的食品安全事故,未及时组织协调有关部门开展有效处置,造成不良影响或者损失;

(二)对本行政区域内涉及多环节的区域性食品安全问题,未及时组织整治,造成不良影响或者损失;

(三)隐瞒、谎报、缓报食品安全事故;

(四)本行政区域内发生特别重大食品安全事故,或者连续发生重大食品安全事故。

第一百四十三条 违反本法规定,县级以上地方人民政府有下列行为之一的,对直接负责的主管人员和其他直接责任人员给予警告、记过或者记大过处分;造成严重后果的,给予降级或者撤职处分:

(一)未确定有关部门的食品安全监督管理职责,未建立健全食品安全全程监督管理工作机制和信息共享机制,未落实食品安全监督管理责任制;

(二)未制定本行政区域的食品安全事故应急预案,或者发生食品安全事故后未按规定立即成立事故处置指挥机构、启动应急预案。

第一百四十四条 违反本法规定,县级以上人民政府食品药品监督管理、卫生行政、质量监督、农业行政等部门有下列行为之一的,对直接负责的主管人员和其他直接责任人员给予记大过处分;情节较重的,给予降级或者撤职处分;情节严重的,给予开除处分;造成严重后果的,其主要负责人还应当引咎辞职:

(一)隐瞒、谎报、缓报食品安全事故;

(二)未按规定查处食品安全事故,或者接到食品安全事故报告未及时处理,造成事故扩大或者蔓延;

(三)经食品安全风险评估得出食品、食品添加剂、食品相关产品不安全结论后,未及时采取相应措施,造成食品安全事故或者不良社会影响;

(四)对不符合条件的申请人准予许可,或者超越法定职权准予许可;

(五)不履行食品安全监督管理职责,导致发生食品安全事故。

第一百四十五条 违反本法规定,县级以上人民政府食品药品监督管理、卫生行政、质量监督、农业行政等部门有下列行为之一,造成不良后果的,对直接负责的主管人员和其他直接责任人员给予警告、记过或者记大过处分;情节较重的,给予降级或者撤职处分;情节严重的,给予开除处分:

(一)在获知有关食品安全信息后,未按规定向上级主管部门和本级人民政府报告,或者未按规定相互通报;

(二)未按规定公布食品安全信息;

(三)不履行法定职责,对查处食品安全违法行为不配合,或者滥用职权、玩忽职守、徇私舞弊。

第一百四十六条 食品药品监督管理、质量监督等部门在履行食品安全监督管理职责过程中,违法实施检查、强制等执法措施,给生产经营者造成损失的,应当依法予以赔偿,对直接负责的主管人员和其他直接责任人员依法给予处分。

第一百四十七条 违反本法规定,造成人身、财产或者其他损害的,依法承担赔偿责任。生产经营者财产不足以同时承担民事赔偿责任和缴纳罚款、罚金时,先承担民事赔偿责任。

第一百四十八条 消费者因不符合食品安全标准的食品受到损害的,可以向经营者要求赔偿损失,也可以向生产者要求赔偿损失。接到消费者赔偿要求的生产经营者,应当实行首负责任制,先行赔付,不得推诿;属于生产者责任的,经营者赔偿后有权向生产者追偿;属于经营者责任的,生产者赔偿后有权向经营者追偿。

生产不符合食品安全标准的食品或者经营明知是不符合食品安全标准的食品,消费者除要求赔偿损失外,还可以向生产者或者经营者要求支付价款十倍或者损失三倍的赔偿金;增加赔偿的金额不足一千元的,为一千元。但是,食品的标签、说明书存在不影响食品安全且不会对消费者造成误导的瑕疵的除外。

第一百四十九条 违反本法规定,构成犯罪的,依法追究刑事责任。

第十章　附　则

第一百五十条 本法下列用语的含义:

食品,指各种供人食用或者饮用的成品和原料以及按照传统既是食品又是中药材的物品,但是不包括以治疗为目的的物品。

食品安全,指食品无毒、无害,符合应当有的营养要求,对人体健康不造成任何急性、亚急性或者慢性危害。

预包装食品,指预先定量包装或者制作在包装材料、容器中的食品。

食品添加剂,指为改善食品品质和色、香、味以及为防腐、保鲜和加工工艺的需要而加入食品中的人工合成或者天然物质,包括营养强化剂。

用于食品的包装材料和容器,指包装、盛放食品或者食品添加剂用的纸、竹、木、金属、搪瓷、陶瓷、塑料、橡胶、天然纤维、化学纤维、玻璃等制品和直接接触食品或者食品添加剂的涂料。

用于食品生产经营的工具、设备,指在食品或者食品添加剂生产、销售、使用过程中直接接触食品或者食品添加剂的机械、管道、传送带、容器、用具、餐具等。

用于食品的洗涤剂、消毒剂,指直接用于洗涤或者消毒食品、餐具、饮具以及直接接触食品的工具、设备或者食品包装材料和容器的物质。

食品保质期,指食品在标明的贮存条件下保持品质的期限。

食源性疾病,指食品中致病因素进入人体引起的感染性、中毒性等疾病,包括食物中毒。

食品安全事故,指食源性疾病、食品污染等源于食品,对人体健康有危害或者可能有危害的事故。

第一百五十一条 转基因食品和食盐的食品安全管理,本法未作规定的,适用其他法律、行政法规的规定。

第一百五十二条 铁路、民航运营中食品安全的管理办法由国务院食品药品监督管理部门会同国务院有关部门依照本法制定。

保健食品的具体管理办法由国务院食品药品监督管理部门依照本法制定。

食品相关产品生产活动的具体管理办法由国务院质量监督部门依照本法制定。

国境口岸食品的监督管理由出入境检验检疫机构依照本法以及有关法律、行政法规的规定实施。

军队专用食品和自供食品的食品安全管理办法由中央军事委员会依照本法制定。

第一百五十三条 国务院根据实际需要,可以对食品安全监督管理体制作出调整。

第一百五十四条 本法自 2015 年 10 月 1 日起施行。

中华人民共和国职业病防治法

(2001 年 10 月 27 日第九届全国人大常委会
第二十四次会议通过
根据 2011 年 12 月 31 日第十一届全国人大常委会第二十四次会议
《关于修改〈中华人民共和国职业病防治法〉的决定》修正)

目录　　　　　　　　　　　　　　　　　　　　　保障
第一章　总则　　　　　　　　　　　　　　第五章　监督检查
第二章　前期预防　　　　　　　　　　　　第六章　法律责任
第三章　劳动过程中的防护与管理　　　　　第七章　附则
第四章　职业病诊断与职业病病人

第一章　总　则

第一条　为了预防、控制和消除职业病危害,防治职业病,保护劳动者健康及其相关权益,促进经济社会发展,根据宪法,制定本法。

第二条　本法适用于中华人民共和国领域内的职业病防治活动。

本法所称职业病,是指企业、事业单位和个体经济组织等用人单位的劳动者在职业活动中,因接触粉尘、放射性物质和其他有毒、有害因素而引起的疾病。

职业病的分类和目录由国务院卫生行政部门会同国务院安全生产监督管理部门、劳动保障行政部门制定、调整并公布。

第三条　职业病防治工作坚持预防为主、防治结合的方针,建立用人单位负责、行政机关监管、行业自律、职工参与和社会监督的机制,实行分类管理、综合治理。

第四条　劳动者依法享有职业卫生保护的权利。

用人单位应当为劳动者创造符合国家职业卫生标准和卫生要求的工作环境和条件,并采取措施保障劳动者获得职业卫生保护。

工会组织依法对职业病防治工作进行监督,维护劳动者的合法权益。用人单位制定或者修改有关职业病防治的规章制度,应当听取工会组织的意见。

第五条　用人单位应当建立、健全职业病防治责任制,加强对职业病防治的管理,提高职业病防治水平,对本单位产生的职业病危害承担责任。

第六条 用人单位的主要负责人对本单位的职业病防治工作全面负责。

第七条 用人单位必须依法参加工伤保险。

国务院和县级以上地方人民政府劳动保障行政部门应当加强对工伤保险的监督管理,确保劳动者依法享受工伤保险待遇。

第八条 国家鼓励和支持研制、开发、推广、应用有利于职业病防治和保护劳动者健康的新技术、新工艺、新设备、新材料,加强对职业病的机理和发生规律的基础研究,提高职业病防治科学技术水平;积极采用有效的职业病防治技术、工艺、设备、材料;限制使用或者淘汰职业病危害严重的技术、工艺、设备、材料。

国家鼓励和支持职业病医疗康复机构的建设。

第九条 国家实行职业卫生监督制度。

国务院安全生产监督管理部门、卫生行政部门、劳动保障行政部门依照本法和国务院确定的职责,负责全国职业病防治的监督管理工作。国务院有关部门在各自的职责范围内负责职业病防治的有关监督管理工作。

县级以上地方人民政府安全生产监督管理部门、卫生行政部门、劳动保障行政部门依据各自职责,负责本行政区域内职业病防治的监督管理工作。县级以上地方人民政府有关部门在各自的职责范围内负责职业病防治的有关监督管理工作。

县级以上人民政府安全生产监督管理部门、卫生行政部门、劳动保障行政部门(以下统称职业卫生监督管理部门)应当加强沟通,密切配合,按照各自职责分工,依法行使职权,承担责任。

第十条 国务院和县级以上地方人民政府应当制定职业病防治规划,将其纳入国民经济和社会发展计划,并组织实施。

县级以上地方人民政府统一负责、领导、组织、协调本行政区域的职业病防治工作,建立健全职业病防治工作体制、机制,统一领导、指挥职业卫生突发事件应对工作;加强职业病防治能力建设和服务体系建设,完善、落实职业病防治工作责任制。

乡、民族乡、镇的人民政府应当认真执行本法,支持职业卫生监督管理部门依法履行职责。

第十一条 县级以上人民政府职业卫生监督管理部门应当加强对职业病防治的宣传教育,普及职业病防治的知识,增强用人单位的职业病防治观念,提高劳动者的职业健康意识、自我保护意识和行使职业卫生保护权利的能力。

第十二条 有关防治职业病的国家职业卫生标准,由国务院卫生行政部门组织制定并公布。

国务院卫生行政部门应当组织开展重点职业病监测和专项调查,对职业健康风险进行评估,为制定职业卫生标准和职业病防治政策提供科学依据。

县级以上地方人民政府卫生行政部门应当定期对本行政区域的职业病防治情况进行统计和调查分析。

第十三条　任何单位和个人有权对违反本法的行为进行检举和控告。有关部门收到相关的检举和控告后,应当及时处理。

对防治职业病成绩显著的单位和个人,给予奖励。

第二章　前期预防

第十四条　用人单位应当依照法律、法规要求,严格遵守国家职业卫生标准,落实职业病预防措施,从源头上控制和消除职业病危害。

第十五条　产生职业病危害的用人单位的设立除应当符合法律、行政法规规定的设立条件外,其工作场所还应当符合下列职业卫生要求:

(一)职业病危害因素的强度或者浓度符合国家职业卫生标准;

(二)有与职业病危害防护相适应的设施;

(三)生产布局合理,符合有害与无害作业分开的原则;

(四)有配套的更衣间、洗浴间、孕妇休息间等卫生设施;

(五)设备、工具、用具等设施符合保护劳动者生理、心理健康的要求;

(六)法律、行政法规和国务院卫生行政部门、安全生产监督管理部门关于保护劳动者健康的其他要求。

第十六条　国家建立职业病危害项目申报制度。

用人单位工作场所存在职业病目录所列职业病的危害因素的,应当及时、如实向所在地安全生产监督管理部门申报危害项目,接受监督。

职业病危害因素分类目录由国务院卫生行政部门会同国务院安全生产监督管理部门制定、调整并公布。职业病危害项目申报的具体办法由国务院安全生产监督管理部门制定。

第十七条　新建、扩建、改建建设项目和技术改造、技术引进项目(以下统称建设项目)可能产生职业病危害的,建设单位在可行性论证阶段应当向安全生产监督管理部门提交职业病危害预评价报告。安全生产监督管理部门应当自收到职业病危害预评价报告之日起三十日内,作出审核决定并书面通知建设单位。未提交预评价报告或者预评价报告未经安全生产监督管理部门审核同意的,有关部门不得批准该建设项目。

职业病危害预评价报告应当对建设项目可能产生的职业病危害因素及其对工作场所和劳动者健康的影响作出评价,确定危害类别和职业病防护措施。

建设项目职业病危害分类管理办法由国务院安全生产监督管理部门制定。

第十八条　建设项目的职业病防护设施所需费用应当纳入建设项目工程预算,并与主体工程同时设计,同时施工,同时投入生产和使用。

职业病危害严重的建设项目的防护设施设计,应当经安全生产监督管理部门审查,符合国家职业卫生标准和卫生要求的,方可施工。

建设项目在竣工验收前,建设单位应当进行职业病危害控制效果评价。建设项目竣工验收时,其职业病防护设施经安全生产监督管理部门验收合格后,方可投入正式生产和使用。

第十九条 职业病危害预评价、职业病危害控制效果评价由依法设立的取得国务院安全生产监督管理部门或者设区的市级以上地方人民政府安全生产监督管理部门按照职责分工给予资质认可的职业卫生技术服务机构进行。职业卫生技术服务机构所作评价应当客观、真实。

第二十条 国家对从事放射性、高毒、高危粉尘等作业实行特殊管理。具体管理办法由国务院制定。

第三章 劳动过程中的防护与管理

第二十一条 用人单位应当采取下列职业病防治管理措施：

（一）设置或者指定职业卫生管理机构或者组织，配备专职或者兼职的职业卫生管理人员，负责本单位的职业病防治工作；

（二）制定职业病防治计划和实施方案；

（三）建立、健全职业卫生管理制度和操作规程；

（四）建立、健全职业卫生档案和劳动者健康监护档案；

（五）建立、健全工作场所职业病危害因素监测及评价制度；

（六）建立、健全职业病危害事故应急救援预案。

第二十二条 用人单位应当保障职业病防治所需的资金投入，不得挤占、挪用，并对因资金投入不足导致的后果承担责任。

第二十三条 用人单位必须采用有效的职业病防护设施，并为劳动者提供个人使用的职业病防护用品。

用人单位为劳动者个人提供的职业病防护用品必须符合防治职业病的要求；不符合要求的，不得使用。

第二十四条 用人单位应当优先采用有利于防治职业病和保护劳动者健康的新技术、新工艺、新设备、新材料，逐步替代职业病危害严重的技术、工艺、设备、材料。

第二十五条 产生职业病危害的用人单位，应当在醒目位置设置公告栏，公布有关职业病防治的规章制度、操作规程、职业病危害事故应急救援措施和工作场所职业病危害因素检测结果。

对产生严重职业病危害的作业岗位，应当在其醒目位置，设置警示标识和中文警示说明。警示说明应当载明产生职业病危害的种类、后果、预防以及应急救治措施等内容。

第二十六条 对可能发生急性职业损伤的有毒、有害工作场所，用人单位应当设置报警装置，配置现场急救用品、冲洗设备、应急撤离通道和必要的泄险区。

对放射工作场所和放射性同位素的运输、贮存，用人单位必须配置防护设备和报警装置，保证接触放射线的工作人员佩戴个人剂量计。

对职业病防护设备、应急救援设施和个人使用的职业病防护用品，用人单位应当进行经常性的维护、检修，定期检测其性能和效果，确保其处于正常状态，不得擅自拆除或者停止使用。

第二十七条 用人单位应当实施由专人负责的职业病危害因素日常监测,并确保监测系统处于正常运行状态。

用人单位应当按照国务院安全生产监督管理部门的规定,定期对工作场所进行职业病危害因素检测、评价。检测、评价结果存入用人单位职业卫生档案,定期向所在地安全生产监督管理部门报告并向劳动者公布。

职业病危害因素检测、评价由依法设立的取得国务院安全生产监督管理部门或者设区的市级以上地方人民政府安全生产监督管理部门按照职责分工给予资质认可的职业卫生技术服务机构进行。职业卫生技术服务机构所作检测、评价应当客观、真实。

发现工作场所职业病危害因素不符合国家职业卫生标准和卫生要求时,用人单位应当立即采取相应治理措施,仍然达不到国家职业卫生标准和卫生要求的,必须停止存在职业病危害因素的作业;职业病危害因素经治理后,符合国家职业卫生标准和卫生要求的,方可重新作业。

第二十八条 职业卫生技术服务机构依法从事职业病危害因素检测、评价工作,接受安全生产监督管理部门的监督检查。安全生产监督管理部门应当依法履行监督职责。

第二十九条 向用人单位提供可能产生职业病危害的设备的,应当提供中文说明书,并在设备的醒目位置设置警示标识和中文警示说明。警示说明应当载明设备性能、可能产生的职业病危害、安全操作和维护注意事项、职业病防护以及应急救治措施等内容。

第三十条 向用人单位提供可能产生职业病危害的化学品、放射性同位素和含有放射性物质的材料的,应当提供中文说明书。说明书应当载明产品特性、主要成份、存在的有害因素、可能产生的危害后果、安全使用注意事项、职业病防护以及应急救治措施等内容。产品包装应当有醒目的警示标识和中文警示说明。贮存上述材料的场所应当在规定的部位设置危险物品标识或者放射性警示标识。

国内首次使用或者首次进口与职业病危害有关的化学材料,使用单位或者进口单位按照国家规定经国务院有关部门批准后,应当向国务院卫生行政部门、安全生产监督管理部门报送该化学材料的毒性鉴定以及经有关部门登记注册或者批准进口的文件等资料。

进口放射性同位素、射线装置和含有放射性物质的物品的,按照国家有关规定办理。

第三十一条 任何单位和个人不得生产、经营、进口和使用国家明令禁止使用的可能产生职业病危害的设备或者材料。

第三十二条 任何单位和个人不得将产生职业病危害的作业转移给不具备职业病防护条件的单位和个人。不具备职业病防护条件的单位和个人不得接受产生职业病危害的作业。

第三十三条 用人单位对采用的技术、工艺、设备、材料,应当知悉其产生的职业病危害,对有职业病危害的技术、工艺、设备、材料隐瞒其危害而采用的,对所造成的职业病危害后果承担责任。

第三十四条 用人单位与劳动者订立劳动合同（含聘用合同，下同）时，应当将工作过程中可能产生的职业病危害及其后果、职业病防护措施和待遇等如实告知劳动者，并在劳动合同中写明，不得隐瞒或者欺骗。

劳动者在已订立劳动合同期间因工作岗位或者工作内容变更，从事与所订立劳动合同中未告知的存在职业病危害的作业时，用人单位应当依照前款规定，向劳动者履行如实告知的义务，并协商变更原劳动合同相关条款。

用人单位违反前两款规定的，劳动者有权拒绝从事存在职业病危害的作业，用人单位不得因此解除与劳动者所订立的劳动合同。

第三十五条 用人单位的主要负责人和职业卫生管理人员应当接受职业卫生培训，遵守职业病防治法律、法规，依法组织本单位的职业病防治工作。

用人单位应当对劳动者进行上岗前的职业卫生培训和在岗期间的定期职业卫生培训，普及职业卫生知识，督促劳动者遵守职业病防治法律、法规、规章和操作规程，指导劳动者正确使用职业病防护设备和个人使用的职业病防护用品。

劳动者应当学习和掌握相关的职业卫生知识，增强职业病防范意识，遵守职业病防治法律、法规、规章和操作规程，正确使用、维护职业病防护设备和个人使用的职业病防护用品，发现职业病危害事故隐患应当及时报告。

劳动者不履行前款规定义务的，用人单位应当对其进行教育。

第三十六条 对从事接触职业病危害的作业的劳动者，用人单位应当按照国务院安全生产监督管理部门、卫生行政部门的规定组织上岗前、在岗期间和离岗时的职业健康检查，并将检查结果书面告知劳动者。职业健康检查费用由用人单位承担。

用人单位不得安排未经上岗前职业健康检查的劳动者从事接触职业病危害的作业；不得安排有职业禁忌的劳动者从事其所禁忌的作业；对在职业健康检查中发现有与所从事的职业相关的健康损害的劳动者，应当调离原工作岗位，并妥善安置；对未进行离岗前职业健康检查的劳动者不得解除或者终止与其订立的劳动合同。

职业健康检查应当由省级以上人民政府卫生行政部门批准的医疗卫生机构承担。

第三十七条 用人单位应当为劳动者建立职业健康监护档案，并按照规定的期限妥善保存。

职业健康监护档案应当包括劳动者的职业史、职业病危害接触史、职业健康检查结果和职业病诊疗等有关个人健康资料。

劳动者离开用人单位时，有权索取本人职业健康监护档案复印件，用人单位应当如实、无偿提供，并在所提供的复印件上签章。

第三十八条 发生或者可能发生急性职业病危害事故时，用人单位应当立即采取应急救援和控制措施，并及时报告所在地安全生产监督管理部门和有关部门。安全生产监督管理部门接到报告后，应当及时会同有关部门组织调查处理；必要时，可以采取临时控制措施。卫生行政部门应当组织做好医疗救治工作。

对遭受或者可能遭受急性职业病危害的劳动者,用人单位应当及时组织救治、进行健康检查和医学观察,所需费用由用人单位承担。

第三十九条 用人单位不得安排未成年工从事接触职业病危害的作业;不得安排孕期、哺乳期的女职工从事对本人和胎儿、婴儿有危害的作业。

第四十条 劳动者享有下列职业卫生保护权利:

(一)获得职业卫生教育、培训;

(二)获得职业健康检查、职业病诊疗、康复等职业病防治服务;

(三)了解工作场所产生或者可能产生的职业病危害因素、危害后果和应当采取的职业病防护措施;

(四)要求用人单位提供符合防治职业病要求的职业病防护设施和个人使用的职业病防护用品,改善工作条件;

(五)对违反职业病防治法律、法规以及危及生命健康的行为提出批评、检举和控告;

(六)拒绝违章指挥和强令进行没有职业病防护措施的作业;

(七)参与用人单位职业卫生工作的民主管理,对职业病防治工作提出意见和建议。

用人单位应当保障劳动者行使前款所列权利。因劳动者依法行使正当权利而降低其工资、福利等待遇或者解除、终止与其订立的劳动合同的,其行为无效。

第四十一条 工会组织应当督促并协助用人单位开展职业卫生宣传教育和培训,有权对用人单位的职业病防治工作提出意见和建议,依法代表劳动者与用人单位签订劳动安全卫生专项集体合同,与用人单位就劳动者反映的有关职业病防治的问题进行协调并督促解决。

工会组织对用人单位违反职业病防治法律、法规,侵犯劳动者合法权益的行为,有权要求纠正;产生严重职业病危害时,有权要求采取防护措施,或者向政府有关部门建议采取强制性措施;发生职业病危害事故时,有权参与事故调查处理;发现危及劳动者生命健康的情形时,有权向用人单位建议组织劳动者撤离危险现场,用人单位应当立即作出处理。

第四十二条 用人单位按照职业病防治要求,用于预防和治理职业病危害、工作场所卫生检测、健康监护和职业卫生培训等费用,按照国家有关规定,在生产成本中据实列支。

第四十三条 职业卫生监督管理部门应当按照职责分工,加强对用人单位落实职业病防护管理措施情况的监督检查,依法行使职权,承担责任。

第四章 职业病诊断与职业病病人保障

第四十四条 医疗卫生机构承担职业病诊断,应当经省、自治区、直辖市人民政府卫生行政部门批准。省、自治区、直辖市人民政府卫生行政部门应当向社会公布本行政区域内承担职业病诊断的医疗卫生机构的名单。承担职业病诊断的医疗卫生机构应当具备下列条件:

（一）持有《医疗机构执业许可证》；

（二）具有与开展职业病诊断相适应的医疗卫生技术人员；

（三）具有与开展职业病诊断相适应的仪器、设备；

（四）具有健全的职业病诊断质量管理制度。

承担职业病诊断的医疗卫生机构不得拒绝劳动者进行职业病诊断的要求。

第四十五条 劳动者可以在用人单位所在地、本人户籍所在地或者经常居住地依法承担职业病诊断的医疗卫生机构进行职业病诊断。

第四十六条 职业病诊断标准和职业病诊断、鉴定办法由国务院卫生行政部门制定。职业病伤残等级的鉴定办法由国务院劳动保障行政部门会同国务院卫生行政部门制定。

第四十七条 职业病诊断，应当综合分析下列因素：

（一）病人的职业史；

（二）职业病危害接触史和工作场所职业病危害因素情况；

（三）临床表现以及辅助检查结果等。

没有证据否定职业病危害因素与病人临床表现之间的必然联系的，应当诊断为职业病。承担职业病诊断的医疗卫生机构在进行职业病诊断时，应当组织三名以上取得职业病诊断资格的执业医师集体诊断。

职业病诊断证明书应当由参与诊断的医师共同签署，并经承担职业病诊断的医疗卫生机构审核盖章。

第四十八条 用人单位应当如实提供职业病诊断、鉴定所需的劳动者职业史和职业病危害接触史、工作场所职业病危害因素检测结果等资料；安全生产监督管理部门应当监督检查和督促用人单位提供上述资料；劳动者和有关机构也应当提供与职业病诊断、鉴定有关的资料。

职业病诊断、鉴定机构需要了解工作场所职业病危害因素情况时，可以对工作场所进行现场调查，也可以向安全生产监督管理部门提出，安全生产监督管理部门应当在十日内组织现场调查。用人单位不得拒绝、阻挠。

第四十九条 职业病诊断、鉴定过程中，用人单位不提供工作场所职业病危害因素检测结果等资料的，诊断、鉴定机构应当结合劳动者的临床表现、辅助检查结果和劳动者的职业史、职业病危害接触史，并参考劳动者的自述、安全生产监督管理部门提供的日常监督检查信息等，作出职业病诊断、鉴定结论。

劳动者对用人单位提供的工作场所职业病危害因素检测结果等资料有异议，或者因劳动者的用人单位解散、破产，无用人单位提供上述资料的，诊断、鉴定机构应当提请安全生产监督管理部门进行调查，安全生产监督管理部门应当自接到申请之日起三十日内对存在异议的资料或者工作场所职业病危害因素情况作出判定；有关部门应当配合。

第五十条 职业病诊断、鉴定过程中，在确认劳动者职业史、职业病危害接触史时，当事人对劳动关系、工种、工作岗位或者在岗时间有争议的，可以向当地的劳动人事争议仲裁委员会申请仲裁;接到申请的劳动人事争议仲裁委员会应当受理,并在三十日内作出裁决。

当事人在仲裁过程中对自己提出的主张,有责任提供证据。劳动者无法提供由用人单位掌握管理的与仲裁主张有关的证据的,仲裁庭应当要求用人单位在指定期限内提供;用人单位在指定期限内不提供的,应当承担不利后果。

劳动者对仲裁裁决不服的,可以依法向人民法院提起诉讼。

用人单位对仲裁裁决不服的,可以在职业病诊断、鉴定程序结束之日起十五日内依法向人民法院提起诉讼;诉讼期间,劳动者的治疗费用按照职业病待遇规定的途径支付。

第五十一条 用人单位和医疗卫生机构发现职业病病人或者疑似职业病病人时,应当及时向所在地卫生行政部门和安全生产监督管理部门报告。确诊为职业病的,用人单位还应当向所在地劳动保障行政部门报告。接到报告的部门应当依法作出处理。

第五十二条 县级以上地方人民政府卫生行政部门负责本行政区域内的职业病统计报告的管理工作,并按照规定上报。

第五十三条 当事人对职业病诊断有异议的,可以向作出诊断的医疗卫生机构所在地地方人民政府卫生行政部门申请鉴定。

职业病诊断争议由设区的市级以上地方人民政府卫生行政部门根据当事人的申请,组织职业病诊断鉴定委员会进行鉴定。

当事人对设区的市级职业病诊断鉴定委员会的鉴定结论不服的,可以向省、自治区、直辖市人民政府卫生行政部门申请再鉴定。

第五十四条 职业病诊断鉴定委员会由相关专业的专家组成。

省、自治区、直辖市人民政府卫生行政部门应当设立相关的专家库,需要对职业病争议作出诊断鉴定时,由当事人或者当事人委托有关卫生行政部门从专家库中以随机抽取的方式确定参加诊断鉴定委员会的专家。

职业病诊断鉴定委员会应当按照国务院卫生行政部门颁布的职业病诊断标准和职业病诊断、鉴定办法进行职业病诊断鉴定,向当事人出具职业病诊断鉴定书。职业病诊断、鉴定费用由用人单位承担。

第五十五条 职业病诊断鉴定委员会组成人员应当遵守职业道德,客观、公正地进行诊断鉴定,并承担相应的责任。职业病诊断鉴定委员会组成人员不得私下接触当事人,不得收受当事人的财物或者其他好处,与当事人有利害关系的,应当回避。

人民法院受理有关案件需要进行职业病鉴定时,应当从省、自治区、直辖市人民政府卫生行政部门依法设立的相关的专家库中选取参加鉴定的专家。

第五十六条 医疗卫生机构发现疑似职业病病人时,应当告知劳动者本人并及时通知用人单位。

用人单位应当及时安排对疑似职业病病人进行诊断;在疑似职业病病人诊断或者医学观察期间,不得解除或者终止与其订立的劳动合同。

疑似职业病病人在诊断、医学观察期间的费用,由用人单位承担。

第五十七条 用人单位应当保障职业病病人依法享受国家规定的职业病待遇。

用人单位应当按照国家有关规定,安排职业病病人进行治疗、康复和定期检查。

用人单位对不适宜继续从事原工作的职业病病人,应当调离原岗位,并妥善安置。

用人单位对从事接触职业病危害的作业的劳动者,应当给予适当岗位津贴。

第五十八条 职业病病人的诊疗、康复费用,伤残以及丧失劳动能力的职业病病人的社会保障,按照国家有关工伤保险的规定执行。

第五十九条 职业病病人除依法享有工伤保险外,依照有关民事法律,尚有获得赔偿的权利的,有权向用人单位提出赔偿要求。

第六十条 劳动者被诊断患有职业病,但用人单位没有依法参加工伤保险的,其医疗和生活保障由该用人单位承担。

第六十一条 职业病病人变动工作单位,其依法享有的待遇不变。

用人单位在发生分立、合并、解散、破产等情形时,应当对从事接触职业病危害的作业的劳动者进行健康检查,并按照国家有关规定妥善安置职业病病人。

第六十二条 用人单位已经不存在或者无法确认劳动关系的职业病病人,可以向地方人民政府民政部门申请医疗救助和生活等方面的救助。

地方各级人民政府应当根据本地区的实际情况,采取其他措施,使前款规定的职业病病人获得医疗救治。

第五章 监督检查

第六十三条 县级以上人民政府职业卫生监督管理部门依照职业病防治法律、法规、国家职业卫生标准和卫生要求,依据职责划分,对职业病防治工作进行监督检查。

第六十四条 安全生产监督管理部门履行监督检查职责时,有权采取下列措施:

(一)进入被检查单位和职业病危害现场,了解情况,调查取证;

(二)查阅或者复制与违反职业病防治法律、法规的行为有关的资料和采集样品;

(三)责令违反职业病防治法律、法规的单位和个人停止违法行为。

第六十五条 发生职业病危害事故或者有证据证明危害状态可能导致职业病危害事故发生时,安全生产监督管理部门可以采取下列临时控制措施:

(一)责令暂停导致职业病危害事故的作业;

(二)封存造成职业病危害事故或者可能导致职业病危害事故发生的材料和设备;

(三)组织控制职业病危害事故现场。

在职业病危害事故或者危害状态得到有效控制后,安全生产监督管理部门应当及时解除控制措施。

第六十六条 职业卫生监督执法人员依法执行职务时,应当出示监督执法证件。

职业卫生监督执法人员应当忠于职守,秉公执法,严格遵守执法规范;涉及用人单位的秘密的,应当为其保密。

第六十七条 职业卫生监督执法人员依法执行职务时,被检查单位应当接受检查并予以支持配合,不得拒绝和阻碍。

第六十八条 安全生产监督管理部门及其职业卫生监督执法人员履行职责时,不得有下列行为:

(一)对不符合法定条件的,发给建设项目有关证明文件、资质证明文件或者予以批准;

(二)对已经取得有关证明文件的,不履行监督检查职责;

(三)发现用人单位存在职业病危害的,可能造成职业病危害事故,不及时依法采取控制措施;

(四)其他违反本法的行为。

第六十九条 职业卫生监督执法人员应当依法经过资格认定。

职业卫生监督管理部门应当加强队伍建设,提高职业卫生监督执法人员的政治、业务素质,依照本法和其他有关法律、法规的规定,建立、健全内部监督制度,对其工作人员执行法律、法规和遵守纪律的情况,进行监督检查。

第六章 法律责任

第七十条 建设单位违反本法规定,有下列行为之一的,由安全生产监督管理部门给予警告,责令限期改正;逾期不改正的,处十万元以上五十万元以下的罚款;情节严重的,责令停止产生职业病危害的作业,或者提请有关人民政府按照国务院规定的权限责令停建、关闭:

(一)未按照规定进行职业病危害预评价或者未提交职业病危害预评价报告,或者职业病危害预评价报告未经安全生产监督管理部门审核同意,开工建设的;

(二)建设项目的职业病防护设施未按照规定与主体工程同时投入生产和使用的;

(三)职业病危害严重的建设项目,其职业病防护设施设计未经安全生产监督管理部门审查,或者不符合国家职业卫生标准和卫生要求施工的;

(四)未按照规定对职业病防护设施进行职业病危害控制效果评价、未经安全生产监督管理部门验收或者验收不合格,擅自投入使用的。

第七十一条 违反本法规定,有下列行为之一的,由安全生产监督管理部门给予警告,责令限期改正;逾期不改正的,处十万元以下的罚款:

(一)工作场所职业病危害因素检测、评价结果没有存档、上报、公布的;

(二)未采取本法第二十一条规定的职业病防治管理措施的;

(三)未按照规定公布有关职业病防治的规章制度、操作规程、职业病危害事故应急救援措施的;

(四)未按照规定组织劳动者进行职业卫生培训,或者未对劳动者个人职业病防护采取指导、督促措施的;

(五)国内首次使用或者首次进口与职业病危害有关的化学材料,未按照规定报送毒性鉴定资料以及经有关部门登记注册或者批准进口的文件的。

第七十二条 用人单位违反本法规定,有下列行为之一的,由安全生产监督管理部门责令限期改正,给予警告,可以并处五万元以上十万元以下的罚款:

(一)未按照规定及时、如实向安全生产监督管理部门申报产生职业病危害的项目的;

(二)未实施由专人负责的职业病危害因素日常监测,或者监测系统不能正常监测的;

(三)订立或者变更劳动合同时,未告知劳动者职业病危害真实情况的;

(四)未按照规定组织职业健康检查、建立职业健康监护档案或者未将检查结果书面告知劳动者的;

(五)未依照本法规定在劳动者离开用人单位时提供职业健康监护档案复印件的。

第七十三条 用人单位违反本法规定,有下列行为之一的,由安全生产监督管理部门给予警告,责令限期改正,逾期不改正的,处五万元以上二十万元以下的罚款;情节严重的,责令停止产生职业病危害的作业,或者提请有关人民政府按照国务院规定的权限责令关闭:

(一)工作场所职业病危害因素的强度或者浓度超过国家职业卫生标准的;

(二)未提供职业病防护设施和个人使用的职业病防护用品,或者提供的职业病防护设施和个人使用的职业病防护用品不符合国家职业卫生标准和卫生要求的;

(三)对职业病防护设备、应急救援设施和个人使用的职业病防护用品未按照规定进行维护、检修、检测,或者不能保持正常运行、使用状态的;

(四)未按照规定对工作场所职业病危害因素进行检测、评价的;

(五)工作场所职业病危害因素经治理仍然达不到国家职业卫生标准和卫生要求时,未停止存在职业病危害因素的作业的;

(六)未按照规定安排职业病病人、疑似职业病病人进行诊治的;

(七)发生或者可能发生急性职业病危害事故时,未立即采取应急救援和控制措施或者未按照规定及时报告的;

(八)未按照规定在产生严重职业病危害的作业岗位醒目位置设置警示标识和中文警示说明的;

(九)拒绝职业卫生监督管理部门监督检查的;

(十)隐瞒、伪造、篡改、毁损职业健康监护档案、工作场所职业病危害因素检测评价结果等相关资料,或者拒不提供职业病诊断、鉴定所需资料的;

(十一)未按照规定承担职业病诊断、鉴定费用和职业病病人的医疗、生活保障费用的。

第七十四条 向用人单位提供可能产生职业病危害的设备、材料,未按照规定提供中文说明书或者设置警示标识和中文警示说明的,由安全生产监督管理部门责令限期改正,给予警告,并处五万元以上二十万元以下的罚款。

第七十五条 用人单位和医疗卫生机构未按照规定报告职业病、疑似职业病的,由有关主管部门依据职责分工责令限期改正,给予警告,可以并处一万元以下的罚款;弄虚作假的,并处二万元以上五万元以下的罚款;对直接负责的主管人员和其他直接责任人员,可以依法给予降级或者撤职的处分。

第七十六条 违反本法规定,有下列情形之一的,由安全生产监督管理部门责令限期治理,并处五万元以上三十万元以下的罚款;情节严重的,责令停止产生职业病危害的作业,或者提请有关人民政府按照国务院规定的权限责令关闭:

(一)隐瞒技术、工艺、设备、材料所产生的职业病危害而采用的;

(二)隐瞒本单位职业卫生真实情况的;

(三)可能发生急性职业损伤的有毒、有害工作场所、放射工作场所或者放射性同位素的运输、贮存不符合本法第二十六条规定的;

(四)使用国家明令禁止使用的可能产生职业病危害的设备或者材料的;

(五)将产生职业病危害的作业转移给没有职业病防护条件的单位和个人,或者没有职业病防护条件的单位和个人接受产生职业病危害的作业的;

(六)擅自拆除、停止使用职业病防护设备或者应急救援设施的;

(七)安排未经职业健康检查的劳动者、有职业禁忌的劳动者、未成年工或者孕期、哺乳期女职工从事接触职业病危害的作业或者禁忌作业的;

(八)违章指挥和强令劳动者进行没有职业病防护措施的作业的。

第七十七条 生产、经营或者进口国家明令禁止使用的可能产生职业病危害的设备或者材料的,依照有关法律、行政法规的规定给予处罚。

第七十八条 用人单位违反本法规定,已经对劳动者生命健康造成严重损害的,由安全生产监督管理部门责令停止产生职业病危害的作业,或者提请有关人民政府按照国务院规定的权限责令关闭,并处十万元以上五十万元以下的罚款。

第七十九条 用人单位违反本法规定,造成重大职业病危害事故或者其他严重后果,构成犯罪的,对直接负责的主管人员和其他直接责任人员,依法追究刑事责任。

第八十条 未取得职业卫生技术服务资质认可擅自从事职业卫生技术服务的,或者医疗卫生机构未经批准擅自从事职业健康检查、职业病诊断的,由安全生产监督管理部门和卫生行政部门依据职责分工责令立即停止违法行为,没收违法所得;违法所得五千元以上的,并处违法所得二倍以上十倍以下的罚款;没有违法所得或者违法所得不足五千元的,并处五千元以上五万元以下的罚款;情节严重的,对直接负责的主管人员和其他直接责任人员,依法给予降级、撤职或者开除的处分。

第八十一条 从事职业卫生技术服务的机构和承担职业健康检查、职业病诊断的医疗卫生机构违反本法规定,有下列行为之一的,由安全生产监督管理部门和卫生行政部门依据职责分工责令立即停止违法行为,给予警告,没收违法所得;违法所得五千元以上的,并处违法所得二倍以上五倍以下的罚款;没有违法所得或者违法所得不足五千元的,并处五千元以上二万元以下的罚款;情节严重的,由原认可或者批准机关取消其相应的资格;对直接负责的主管人员和其他直接责任人员,依法给予降级、撤职或者开除的处

分;构成犯罪的,依法追究刑事责任:

(一)超出资质认可或者批准范围从事职业卫生技术服务或者职业健康检查、职业病诊断的;

(二)不按照本法规定履行法定职责的;

(三)出具虚假证明文件的。

第八十二条 职业病诊断鉴定委员会组成人员收受职业病诊断争议当事人的财物或者其他好处的,给予警告,没收收受的财物,可以并处三千元以上五万元以下的罚款,取消其担任职业病诊断鉴定委员会组成人员的资格,并从省、自治区、直辖市人民政府卫生行政部门设立的专家库中予以除名。

第八十三条 卫生行政部门、安全生产监督管理部门不按照规定报告职业病和职业病危害事故的,由上一级行政部门责令改正,通报批评,给予警告;虚报、瞒报的,对单位负责人、直接负责的主管人员和其他直接责任人员依法给予降级、撤职或者开除的处分。

第八十四条 违反本法第十七条、第十八条规定,有关部门擅自批准建设项目或者发放施工许可的,对该部门直接负责的主管人员和其他直接责任人员,由监察机关或者上级机关依法给予记过直至开除的处分。

第八十五条 县级以上地方人民政府在职业病防治工作中未依照本法履行职责,本行政区域出现重大职业病危害事故、造成严重社会影响的,依法对直接负责的主管人员和其他直接责任人员给予记大过直至开除的处分。

县级以上人民政府职业卫生监督管理部门不履行本法规定的职责,滥用职权、玩忽职守、徇私舞弊,依法对直接负责的主管人员和其他直接责任人员给予记大过或者降级的处分;造成职业病危害事故或者其他严重后果的,依法给予撤职或者开除的处分。

第八十六条 违反本法规定,构成犯罪的,依法追究刑事责任。

第七章 附 则

第八十七条 本法下列用语的含义:

职业病危害,是指对从事职业活动的劳动者可能导致职业病的各种危害。职业病危害因素包括:职业活动中存在的各种有害的化学、物理、生物因素以及在作业过程中产生的其他职业有害因素。

职业禁忌,是指劳动者从事特定职业或者接触特定职业病危害因素时,比一般职业人群更易于遭受职业病危害和罹患职业病或者可能导致原有自身疾病病情加重,或者在从事作业过程中诱发可能导致对他人生命健康构成危险的疾病的个人特殊生理或者病理状态。

第八十八条 本法第二条规定的用人单位以外的单位,产生职业病危害的,其职业病防治活动可以参照本法执行。

劳务派遣用工单位应当履行本法规定的用人单位的义务。

中国人民解放军参照执行本法的办法,由国务院、中央军事委员会制定。

第八十九条 对医疗机构放射性职业病危害控制的监督管理,由卫生行政部门依照本法的规定实施。

第九十条 本法自 2002 年 5 月 1 日起施行。

中华人民共和国安全生产法

（2002 年 6 月 29 日第九届全国人大常委会第二十八次会议通过
根据 2009 年 8 月 27 日第十一届全国人大常委会第十次会议关于
《关于修改部分法律的决定》第一次修正
根据 2014 年 8 月 31 日第十二届全国人大常委员会第十次会议
《关于修改〈中华人民共和国安全生产法〉的决定》第二次修正）

目录

第一章　　总则
第二章　　生产经营单位的安全生产保障
第三章　　从业人员的安全生产权利义务
第四章　　安全生产的监督管理
第五章　　生产安全事故的应急救援与调查处理
第六章　　法律责任
第七章　　附则

第一章　总　则

第一条　为了加强安全生产工作，防止和减少生产安全事故，保障人民群众生命和财产安全，促进经济社会持续健康发展，制定本法。

第二条　在中华人民共和国领域内从事生产经营活动的单位（以下统称生产经营单位）的安全生产，适用本法；有关法律、行政法规对消防安全和道路交通安全、铁路交通安全、水上交通安全、民用航空安全以及核与辐射安全、特种设备安全另有规定的，适用其规定。

第三条　安全生产工作应当以人为本，坚持安全发展，坚持安全第一、预防为主、综合治理的方针，强化和落实生产经营单位的主体责任，建立生产经营单位负责、职工参与、政府监管、行业自律和社会监督的机制。

第四条　生产经营单位必须遵守本法和其他有关安全生产的法律、法规，加强安全生产管理，建立、健全安全生产责任制和安全生产规章制度，改善安全生产条件，推进安全生产标准化建设，提高安全生产水平，确保安全生产。

第五条　生产经营单位的主要负责人对本单位的安全生产工作全面负责。

第六条 生产经营单位的从业人员有依法获得安全生产保障的权利,并应当依法履行安全生产方面的义务。

第七条 工会依法对安全生产工作进行监督。

生产经营单位的工会依法组织职工参加本单位安全生产工作的民主管理和民主监督,维护职工在安全生产方面的合法权益。生产经营单位制定或者修改有关安全生产的规章制度,应当听取工会的意见。

第八条 国务院和县级以上地方各级人民政府应当根据国民经济和社会发展规划制定安全生产规划,并组织实施。安全生产规划应当与城乡规划相衔接。

国务院和县级以上地方各级人民政府应当加强对安全生产工作的领导,支持、督促各有关部门依法履行安全生产监督管理职责,建立健全安全生产工作协调机制,及时协调、解决安全生产监督管理中存在的重大问题。

乡、镇人民政府以及街道办事处、开发区管理机构等地方人民政府的派出机关应当按照职责,加强对本行政区域内生产经营单位安全生产状况的监督检查,协助上级人民政府有关部门依法履行安全生产监督管理职责。

第九条 国务院安全生产监督管理部门依照本法,对全国安全生产工作实施综合监督管理;县级以上地方各级人民政府安全生产监督管理部门依照本法,对本行政区域内安全生产工作实施综合监督管理。

国务院有关部门依照本法和其他有关法律、行政法规的规定,在各自的职责范围内对有关行业、领域的安全生产工作实施监督管理;县级以上地方各级人民政府有关部门依照本法和其他有关法律、法规的规定,在各自的职责范围内对有关行业、领域的安全生产工作实施监督管理。

安全生产监督管理部门和对有关行业、领域的安全生产工作实施监督管理的部门,统称负有安全生产监督管理职责的部门。

第十条 国务院有关部门应当按照保障安全生产的要求,依法及时制定有关的国家标准或者行业标准,并根据科技进步和经济发展适时修订。

生产经营单位必须执行依法制定的保障安全生产的国家标准或者行业标准。

第十一条 各级人民政府及其有关部门应当采取多种形式,加强对有关安全生产的法律、法规和安全生产知识的宣传,增强全社会的安全生产意识。

第十二条 有关协会组织依照法律、行政法规和章程,为生产经营单位提供安全生产方面的信息、培训等服务,发挥自律作用,促进生产经营单位加强安全生产管理。

第十三条 依法设立的为安全生产提供技术、管理服务的机构,依照法律、行政法规和执业准则,接受生产经营单位的委托为其安全生产工作提供技术、管理服务。

生产经营单位委托前款规定的机构提供安全生产技术、管理服务的,保证安全生产的责任仍由本单位负责。

第十四条 国家实行生产安全事故责任追究制度,依照本法和有关法律、法规的规定,追究生产安全事故责任人员的法律责任。

第十五条　国家鼓励和支持安全生产科学技术研究和安全生产先进技术的推广应用，提高安全生产水平。

第十六条　国家对在改善安全生产条件、防止生产安全事故、参加抢险救护等方面取得显著成绩的单位和个人，给予奖励。

第二章　生产经营单位的安全生产保障

第十七条　生产经营单位应当具备本法和有关法律、行政法规和国家标准或者行业标准规定的安全生产条件；不具备安全生产条件的，不得从事生产经营活动。

第十八条　生产经营单位的主要负责人对本单位安全生产工作负有下列职责：

（一）建立、健全本单位安全生产责任制；

（二）组织制定本单位安全生产规章制度和操作规程；

（三）组织制定并实施本单位安全生产教育和培训计划；

（四）保证本单位安全生产投入的有效实施；

（五）督促、检查本单位的安全生产工作，及时消除生产安全事故隐患；

（六）组织制定并实施本单位的生产安全事故应急救援预案；

（七）及时、如实报告生产安全事故。

第十九条　生产经营单位的安全生产责任制应当明确各岗位的责任人员、责任范围和考核标准等内容。

生产经营单位应当建立相应的机制，加强对安全生产责任制落实情况的监督考核，保证安全生产责任制的落实。

第二十条　生产经营单位应当具备的安全生产条件所必需的资金投入，由生产经营单位的决策机构、主要负责人或者个人经营的投资人予以保证，并对由于安全生产所必需的资金投入不足导致的后果承担责任。

有关生产经营单位应当按照规定提取和使用安全生产费用，专门用于改善安全生产条件。安全生产费用在成本中据实列支。安全生产费用提取、使用和监督管理的具体办法由国务院财政部门会同国务院安全生产监督管理部门征求国务院有关部门意见后制定。

第二十一条　矿山、金属冶炼、建筑施工、道路运输单位和危险物品的生产、经营、储存单位，应当设置安全生产管理机构或者配备专职安全生产管理人员。

前款规定以外的其他生产经营单位，从业人员超过一百人的，应当设置安全生产管理机构或者配备专职安全生产管理人员；从业人员在一百人以下的，应当配备专职或者兼职的安全生产管理人员。

第二十二条　生产经营单位的安全生产管理机构以及安全生产管理人员履行下列职责：

（一）组织或者参与拟订本单位安全生产规章制度、操作规程和生产安全事故应急救援预案；

（二）组织或者参与本单位安全生产教育和培训，如实记录安全生产教育和培训情况；

（三）督促落实本单位重大危险源的安全管理措施；

（四）组织或者参与本单位应急救援演练；

（五）检查本单位的安全生产状况，及时排查生产安全事故隐患，提出改进安全生产管理的建议；

（六）制止和纠正违章指挥、强令冒险作业、违反操作规程的行为；

（七）督促落实本单位安全生产整改措施。

第二十三条 生产经营单位的安全生产管理机构以及安全生产管理人员应当恪尽职守，依法履行职责。

生产经营单位作出涉及安全生产的经营决策，应当听取安全生产管理机构以及安全生产管理人员的意见。

生产经营单位不得因安全生产管理人员依法履行职责而降低其工资、福利等待遇或者解除与其订立的劳动合同。

危险物品的生产、储存单位以及矿山、金属冶炼单位的安全生产管理人员的任免，应当告知主管的负有安全生产监督管理职责的部门。

第二十四条 生产经营单位的主要负责人和安全生产管理人员必须具备与本单位所从事的生产经营活动相应的安全生产知识和管理能力。

危险物品的生产、经营、储存单位以及矿山、金属冶炼、建筑施工、道路运输单位的主要负责人和安全生产管理人员，应当由主管的负有安全生产监督管理职责的部门对其安全生产知识和管理能力考核合格。考核不得收费。

危险物品的生产、储存单位以及矿山、金属冶炼单位应当有注册安全工程师从事安全生产管理工作。鼓励其他生产经营单位聘用注册安全工程师从事安全生产管理工作。注册安全工程师按专业分类管理，具体办法由国务院人力资源和社会保障部门、国务院安全生产监督管理部门会同国务院有关部门制定。

第二十五条 生产经营单位应当对从业人员进行安全生产教育和培训，保证从业人员具备必要的安全生产知识，熟悉有关的安全生产规章制度和安全操作规程，掌握本岗位的安全操作技能，了解事故应急处理措施，知悉自身在安全生产方面的权利和义务。未经安全生产教育和培训合格的从业人员，不得上岗作业。

生产经营单位使用被派遣劳动者的，应当将被派遣劳动者纳入本单位从业人员统一管理，对被派遣劳动者进行岗位安全操作规程和安全操作技能的教育和培训。劳务派遣单位应当对被派遣劳动者进行必要的安全生产教育和培训。

生产经营单位接收中等职业学校、高等学校学生实习的，应当对实习学生进行相应的安全生产教育和培训，提供必要的劳动防护用品。学校应当协助生产经营单位对实习学生进行安全生产教育和培训。

生产经营单位应当建立安全生产教育和培训档案，如实记录安全生产教育和培训的时间、内容、参加人员以及考核结果等情况。

第二十六条　生产经营单位采用新工艺、新技术、新材料或者使用新设备，必须了解、掌握其安全技术特性，采取有效的安全防护措施，并对从业人员进行专门的安全生产教育和培训。

第二十七条　生产经营单位的特种作业人员必须按照国家有关规定经专门的安全作业培训，取得相应资格，方可上岗作业。

特种作业人员的范围由国务院安全生产监督管理部门会同国务院有关部门确定。

第二十八条　生产经营单位新建、改建、扩建工程项目（以下统称建设项目）的安全设施，必须与主体工程同时设计、同时施工、同时投入生产和使用。安全设施投资应当纳入建设项目概算。

第二十九条　矿山、金属冶炼建设项目和用于生产、储存、装卸危险物品的建设项目，应当按照国家有关规定进行安全评价。

第三十条　建设项目安全设施的设计人、设计单位应当对安全设施设计负责。

矿山、金属冶炼建设项目和用于生产、储存、装卸危险物品的建设项目的安全设施设计应当按照国家有关规定报经有关部门审查，审查部门及其负责审查的人员对审查结果负责。

第三十一条　矿山、金属冶炼建设项目和用于生产、储存、装卸危险物品的建设项目的施工单位必须按照批准的安全设施设计施工，并对安全设施的工程质量负责。

矿山、金属冶炼建设项目和用于生产、储存危险物品的建设项目竣工投入生产或者使用前，应当由建设单位负责组织对安全设施进行验收；验收合格后，方可投入生产和使用。安全生产监督管理部门应当加强对建设单位验收活动和验收结果的监督核查。

第三十二条　生产经营单位应当在有较大危险因素的生产经营场所和有关设施、设备上，设置明显的安全警示标志。

第三十三条　安全设备的设计、制造、安装、使用、检测、维修、改造和报废，应当符合国家标准或者行业标准。

生产经营单位必须对安全设备进行经常性维护、保养，并定期检测，保证正常运转。维护、保养、检测应当作好记录，并由有关人员签字。

第三十四条　生产经营单位使用的危险物品的容器、运输工具，以及涉及人身安全、危险性较大的海洋石油开采特种设备和矿山井下特种设备，必须按照国家有关规定，由专业生产单位生产，并经具有专业资质的检测、检验机构检测、检验合格，取得安全使用证或者安全标志，方可投入使用。检测、检验机构对检测、检验结果负责。

第三十五条　国家对严重危及生产安全的工艺、设备实行淘汰制度，具体目录由国务院安全生产监督管理部门会同国务院有关部门制定并公布。法律、行政法规对目录的制定另有规定的，适用其规定。

省、自治区、直辖市人民政府可以根据本地区实际情况制定并公布具体目录，对前款规定以外的危及生产安全的工艺、设备予以淘汰。

生产经营单位不得使用应当淘汰的危及生产安全的工艺、设备。

第三十六条 生产、经营、运输、储存、使用危险物品或者处置废弃危险物品的,由有关主管部门依照有关法律、法规的规定和国家标准或者行业标准审批并实施监督管理。

生产经营单位生产、经营、运输、储存、使用危险物品或者处置废弃危险物品,必须执行有关法律、法规和国家标准或者行业标准,建立专门的安全管理制度,采取可靠的安全措施,接受有关主管部门依法实施的监督管理。

第三十七条 生产经营单位对重大危险源应当登记建档,进行定期检测、评估、监控,并制定应急预案,告知从业人员和相关人员在紧急情况下应当采取的应急措施。

生产经营单位应当按照国家有关规定将本单位重大危险源及有关安全措施、应急措施报有关地方人民政府安全生产监督管理部门和有关部门备案。

第三十八条 生产经营单位应当建立健全生产安全事故隐患排查治理制度,采取技术、管理措施,及时发现并消除事故隐患。事故隐患排查治理情况应当如实记录,并向从业人员通报。

县级以上地方各级人民政府负有安全生产监督管理职责的部门应当建立健全重大事故隐患治理督办制度,督促生产经营单位消除重大事故隐患。

第三十九条 生产、经营、储存、使用危险物品的车间、商店、仓库不得与员工宿舍在同一座建筑物内,并应当与员工宿舍保持安全距离。

生产经营场所和员工宿舍应当设有符合紧急疏散要求、标志明显、保持畅通的出口。禁止锁闭、封堵生产经营场所或者员工宿舍的出口。

第四十条 生产经营单位进行爆破、吊装以及国务院安全生产监督管理部门会同国务院有关部门规定的其他危险作业,应当安排专门人员进行现场安全管理,确保操作规程的遵守和安全措施的落实。

第四十一条 生产经营单位应当教育和督促从业人员严格执行本单位的安全生产规章制度和安全操作规程;并向从业人员如实告知作业场所和工作岗位存在的危险因素、防范措施以及事故应急措施。

第四十二条 生产经营单位必须为从业人员提供符合国家标准或者行业标准的劳动防护用品,并监督、教育从业人员按照使用规则佩戴、使用。

第四十三条 生产经营单位的安全生产管理人员应当根据本单位的生产经营特点,对安全生产状况进行经常性检查;对检查中发现的安全问题,应当立即处理;不能处理的,应当及时报告本单位有关负责人,有关负责人应当及时处理。检查及处理情况应当如实记录在案。

生产经营单位的安全生产管理人员在检查中发现重大事故隐患,依照前款规定向本单位有关负责人报告,有关负责人不及时处理的,安全生产管理人员可以向主管的负有安全生产监督管理职责的部门报告,接到报告的部门应当依法及时处理。

第四十四条 生产经营单位应当安排用于配备劳动防护用品、进行安全生产培训的经费。

第四十五条 两个以上生产经营单位在同一作业区域内进行生产经营活动,可能危及对方生产安全的,应当签订安全生产管理协议,明确各自的安全生产管理职责和应当采取的安全措施,并指定专职安全生产管理人员进行安全检查与协调。

第四十六条 生产经营单位不得将生产经营项目、场所、设备发包或者出租给不具备安全生产条件或者相应资质的单位或者个人。

生产经营项目、场所发包或者出租给其他单位的,生产经营单位应当与承包单位、承租单位签订专门的安全生产管理协议,或者在承包合同、租赁合同中约定各自的安全生产管理职责;生产经营单位对承包单位、承租单位的安全生产工作统一协调、管理,定期进行安全检查,发现安全问题的,应当及时督促整改。

第四十七条 生产经营单位发生生产安全事故时,单位的主要负责人应当立即组织抢救,并不得在事故调查处理期间擅离职守。

第四十八条 生产经营单位必须依法参加工伤保险,为从业人员缴纳保险费。

国家鼓励生产经营单位投保安全生产责任保险。

第三章　从业人员的安全生产权利义务

第四十九条 生产经营单位与从业人员订立的劳动合同,应当载明有关保障从业人员劳动安全、防止职业危害的事项,以及依法为从业人员办理工伤保险的事项。

生产经营单位不得以任何形式与从业人员订立协议,免除或者减轻其对从业人员因生产安全事故伤亡依法应承担的责任。

第五十条 生产经营单位的从业人员有权了解其作业场所和工作岗位存在的危险因素、防范措施及事故应急措施,有权对本单位的安全生产工作提出建议。

第五十一条 从业人员有权对本单位安全生产工作中存在的问题提出批评、检举、控告;有权拒绝违章指挥和强令冒险作业。

生产经营单位不得因从业人员对本单位安全生产工作提出批评、检举、控告或者拒绝违章指挥、强令冒险作业而降低其工资、福利等待遇或者解除与其订立的劳动合同。

第五十二条 从业人员发现直接危及人身安全的紧急情况时,有权停止作业或者在采取可能的应急措施后撤离作业场所。

生产经营单位不得因从业人员在前款紧急情况下停止作业或者采取紧急撤离措施而降低其工资、福利等待遇或者解除与其订立的劳动合同。

第五十三条 因生产安全事故受到损害的从业人员,除依法享有工伤保险外,依照有关民事法律尚有获得赔偿的权利的,有权向本单位提出赔偿要求。

第五十四条 从业人员在作业过程中,应当严格遵守本单位的安全生产规章制度和操作规程,服从管理,正确佩戴和使用劳动防护用品。

第五十五条 从业人员应当接受安全生产教育和培训,掌握本职工作所需的安全生产知识,提高安全生产技能,增强事故预防和应急处理能力。

第五十六条 从业人员发现事故隐患或者其他不安全因素,应当立即向现场安全生产管理人员或者本单位负责人报告；接到报告的人员应当及时予以处理。

第五十七条 工会有权对建设项目的安全设施与主体工程同时设计、同时施工、同时投入生产和使用进行监督，提出意见。

工会对生产经营单位违反安全生产法律、法规，侵犯从业人员合法权益的行为，有权要求纠正；发现生产经营单位违章指挥、强令冒险作业或者发现事故隐患时，有权提出解决的建议，生产经营单位应当及时研究答复；发现危及从业人员生命安全的情况时，有权向生产经营单位建议组织从业人员撤离危险场所，生产经营单位必须立即作出处理。

工会有权依法参加事故调查，向有关部门提出处理意见，并要求追究有关人员的责任。

第五十八条 生产经营单位使用被派遣劳动者的，被派遣劳动者享有本法规定的从业人员的权利，并应当履行本法规定的从业人员的义务。

第四章　安全生产的监督管理

第五十九条 县级以上地方各级人民政府应当根据本行政区域内的安全生产状况，组织有关部门按照职责分工，对本行政区域内容易发生重大生产安全事故的生产经营单位进行严格检查。

安全生产监督管理部门应当按照分类分级监督管理的要求，制定安全生产年度监督检查计划，并按照年度监督检查计划进行监督检查，发现事故隐患，应当及时处理。

第六十条 负有安全生产监督管理职责的部门依照有关法律、法规的规定，对涉及安全生产的事项需要审查批准（包括批准、核准、许可、注册、认证、颁发证照等，下同）或者验收的，必须严格依照有关法律、法规和国家标准或者行业标准规定的安全生产条件和程序进行审查；不符合有关法律、法规和国家标准或者行业标准规定的安全生产条件的，不得批准或者验收通过。对未依法取得批准或者验收合格的单位擅自从事有关活动的，负责行政审批的部门发现或者接到举报后应当立即予以取缔，并依法予以处理。对已经依法取得批准的单位，负责行政审批的部门发现其不再具备安全生产条件的，应当撤销原批准。

第六十一条 负有安全生产监督管理职责的部门对涉及安全生产的事项进行审查、验收，不得收取费用；不得要求接受审查、验收的单位购买其指定品牌或者指定生产、销售单位的安全设备、器材或者其他产品。

第六十二条 安全生产监督管理部门和其他负有安全生产监督管理职责的部门依法开展安全生产行政执法工作，对生产经营单位执行有关安全生产的法律、法规和国家标准或者行业标准的情况进行监督检查，行使以下职权：

（一）进入生产经营单位进行检查，调阅有关资料，向有关单位和人员了解情况；

（二）对检查中发现的安全生产违法行为，当场予以纠正或者要求限期改正；对依法应当给予行政处罚的行为，依照本法和其他有关法律、行政法规的规定作出行政处罚决定；

（三）对检查中发现的事故隐患，应当责令立即排除；重大事故隐患排除前或者排除过程中无法保证安全的，应当责令从危险区域内撤出作业人员，责令暂时停产停业或者停止使用相关设施、设备；重大事故隐患排除后，经审查同意，方可恢复生产经营和使用；

（四）对有根据认为不符合保障安全生产的国家标准或者行业标准的设施、设备、器材以及违法生产、储存、使用、经营、运输的危险物品予以查封或者扣押，对违法生产、储存、使用、经营危险物品的作业场所予以查封，并依法作出处理决定。

监督检查不得影响被检查单位的正常生产经营活动。

第六十三条　生产经营单位对负有安全生产监督管理职责的部门的监督检查人员（以下统称安全生产监督检查人员）依法履行监督检查职责，应当予以配合，不得拒绝、阻挠。

第六十四条　安全生产监督检查人员应当忠于职守，坚持原则，秉公执法。

安全生产监督检查人员执行监督检查任务时，必须出示有效的监督执法证件；对涉及被检查单位的技术秘密和业务秘密，应当为其保密。

第六十五条　安全生产监督检查人员应当将检查的时间、地点、内容、发现的问题及其处理情况，作出书面记录，并由检查人员和被检查单位的负责人签字；被检查单位的负责人拒绝签字的，检查人员应当将情况记录在案，并向负有安全生产监督管理职责的部门报告。

第六十六条　负有安全生产监督管理职责的部门在监督检查中，应当互相配合，实行联合检查；确需分别进行检查的，应当互通情况，发现存在的安全问题应当由其他有关部门进行处理的，应当及时移送其他有关部门并形成记录备查，接受移送的部门应当及时进行处理。

第六十七条　负有安全生产监督管理职责的部门依法对存在重大事故隐患的生产经营单位作出停产停业、停止施工、停止使用相关设施或者设备的决定，生产经营单位应当依法执行，及时消除事故隐患。生产经营单位拒不执行，有发生生产安全事故的现实危险的，在保证安全的前提下，经本部门主要负责人批准，负有安全生产监督管理职责的部门可以采取通知有关单位停止供电、停止供应民用爆炸物品等措施，强制生产经营单位履行决定。通知应当采用书面形式，有关单位应当予以配合。

负有安全生产监督管理职责的部门依照前款规定采取停止供电措施，除有危及生产安全的紧急情形外，应当提前二十四小时通知生产经营单位。生产经营单位依法履行行政决定、采取相应措施消除事故隐患的，负有安全生产监督管理职责的部门应当及时解除前款规定的措施。

第六十八条　监察机关依照行政监察法的规定，对负有安全生产监督管理职责的部门及其工作人员履行安全生产监督管理职责实施监察。

第六十九条　承担安全评价、认证、检测、检验的机构应当具备国家规定的资质条件，并对其作出的安全评价、认证、检测、检验的结果负责。

第七十条　负有安全生产监督管理职责的部门应当建立举报制度，公开举报电话、信箱或者电子邮件地址,受理有关安全生产的举报;受理的举报事项经调查核实后,应当形成书面材料;需要落实整改措施的,报经有关负责人签字并督促落实。

第七十一条 任何单位或者个人对事故隐患或者安全生产违法行为,均有权向负有安全生产监督管理职责的部门报告或者举报。

第七十二条 居民委员会、村民委员会发现其所在区域内的生产经营单位存在事故隐患或者安全生产违法行为时,应当向当地人民政府或者有关部门报告。

第七十三条 县级以上各级人民政府及其有关部门对报告重大事故隐患或者举报安全生产违法行为的有功人员,给予奖励。具体奖励办法由国务院安全生产监督管理部门会同国务院财政部门制定。

第七十四条 新闻、出版、广播、电影、电视等单位有进行安全生产公益宣传教育的义务,有对违反安全生产法律、法规的行为进行舆论监督的权利。

第七十五条 负有安全生产监督管理职责的部门应当建立安全生产违法行为信息库,如实记录生产经营单位的安全生产违法行为信息;对违法行为情节严重的生产经营单位,应当向社会公告,并通报行业主管部门、投资主管部门、国土资源主管部门、证券监督管理机构以及有关金融机构。

第五章　生产安全事故的应急救援与调查处理

第七十六条 国家加强生产安全事故应急能力建设,在重点行业、领域建立应急救援基地和应急救援队伍,鼓励生产经营单位和其他社会力量建立应急救援队伍,配备相应的应急救援装备和物资,提高应急救援的专业化水平。

国务院安全生产监督管理部门建立全国统一的生产安全事故应急救援信息系统,国务院有关部门建立健全相关行业、领域的生产安全事故应急救援信息系统。

第七十七条 县级以上地方各级人民政府应当组织有关部门制定本行政区域内生产安全事故应急救援预案,建立应急救援体系。

第七十八条 生产经营单位应当制定本单位生产安全事故应急救援预案,与所在地县级以上地方人民政府组织制定的生产安全事故应急救援预案相衔接,并定期组织演练。

第七十九条 危险物品的生产、经营、储存单位以及矿山、金属冶炼、城市轨道交通运营、建筑施工单位应当建立应急救援组织;生产经营规模较小的,可以不建立应急救援组织,但应当指定兼职的应急救援人员。

危险物品的生产、经营、储存、运输单位以及矿山、金属冶炼、城市轨道交通运营、建筑施工单位应当配备必要的应急救援器材、设备和物资,并进行经常性维护、保养,保证正常运转。

第八十条 生产经营单位发生生产安全事故后,事故现场有关人员应当立即报告本单位负责人。

单位负责人接到事故报告后,应当迅速采取有效措施,组织抢救,防止事故扩大,减少人员伤亡和财产损失,并按照国家有关规定立即如实报告当地负有安全生产监督管理职责的部门,不得隐瞒不报、谎报或者迟报,不得故意破坏事故现场、毁灭有关证据。

第八十一条 负有安全生产监督管理职责的部门接到事故报告后,应当立即按照国家有关规定上报事故情况。负有安全生产监督管理职责的部门和有关地方人民政府对事故情况不得隐瞒不报、谎报或者迟报。

第八十二条 有关地方人民政府和负有安全生产监督管理职责的部门的负责人接到生产安全事故报告后,应当按照生产安全事故应急救援预案的要求立即赶到事故现场,组织事故抢救。

参与事故抢救的部门和单位应当服从统一指挥,加强协同联动,采取有效的应急救援措施,并根据事故救援的需要采取警戒、疏散等措施,防止事故扩大和次生灾害的发生,减少人员伤亡和财产损失。

事故抢救过程中应当采取必要措施,避免或者减少对环境造成的危害。

任何单位和个人都应当支持、配合事故抢救,并提供一切便利条件。

第八十三条 事故调查处理应当按照科学严谨、依法依规、实事求是、注重实效的原则,及时、准确地查清事故原因,查明事故性质和责任,总结事故教训,提出整改措施,并对事故责任者提出处理意见。事故调查报告应当依法及时向社会公布。事故调查和处理的具体办法由国务院制定。

事故发生单位应当及时全面落实整改措施,负有安全生产监督管理职责的部门应当加强监督检查。

第八十四条 生产经营单位发生生产安全事故,经调查确定为责任事故的,除了应当查明事故单位的责任并依法予以追究外,还应当查明对安全生产的有关事项负有审查批准和监督职责的行政部门的责任,对有失职、渎职行为的,依照本法第八十七条的规定追究法律责任。

第八十五条 任何单位和个人不得阻挠和干涉对事故的依法调查处理。

第八十六条 县级以上地方各级人民政府安全生产监督管理部门应当定期统计分析本行政区域内发生生产安全事故的情况,并定期向社会公布。

第六章 法律责任

第八十七条 负有安全生产监督管理职责的部门的工作人员,有下列行为之一的,给予降级或者撤职的处分;构成犯罪的,依照刑法有关规定追究刑事责任:

(一)对不符合法定安全生产条件的涉及安全生产的事项予以批准或者验收通过的;

(二)发现未依法取得批准、验收的单位擅自从事有关活动或者接到举报后不予取缔或者不依法予以处理的;

(三)对已经依法取得批准的单位不履行监督管理职责,发现其不再具备安全生产条件而不撤销原批准或者发现安全生产违法行为不予查处的;

(四)在监督检查中发现重大事故隐患,不依法及时处理的。

负有安全生产监督管理职责的部门的工作人员有前款规定以外的滥用职权、玩忽职守、徇私舞弊行为的，依法给予处分；构成犯罪的，依照刑法有关规定追究刑事责任。

第八十八条 负有安全生产监督管理职责的部门，要求被审查、验收的单位购买其指定的安全设备、器材或者其他产品的，在对安全生产事项的审查、验收中收取费用的，由其上级机关或者监察机关责令改正，责令退还收取的费用；情节严重的，对直接负责的主管人员和其他直接责任人员依法给予处分。

第八十九条 承担安全评价、认证、检测、检验工作的机构，出具虚假证明的，没收违法所得；违法所得在十万元以上的，并处违法所得二倍以上五倍以下的罚款；没有违法所得或者违法所得不足十万元的，单处或者并处十万元以上二十万元以下的罚款；对其直接负责的主管人员和其他直接责任人员处二万元以上五万元以下的罚款；给他人造成损害的，与生产经营单位承担连带赔偿责任；构成犯罪的，依照刑法有关规定追究刑事责任。

对有前款违法行为的机构，吊销其相应资质。

第九十条 生产经营单位的决策机构、主要负责人或者个人经营的投资人不依照本法规定保证安全生产所必需的资金投入，致使生产经营单位不具备安全生产条件的，责令限期改正，提供必需的资金；逾期未改正的，责令生产经营单位停产停业整顿。

有前款违法行为，导致发生生产安全事故的，对生产经营单位的主要负责人给予撤职处分，对个人经营的投资人处二万元以上二十万元以下的罚款；构成犯罪的，依照刑法有关规定追究刑事责任。

第九十一条 生产经营单位的主要负责人未履行本法规定的安全生产管理职责的，责令限期改正；逾期未改正的，处二万元以上五万元以下的罚款，责令生产经营单位停产停业整顿。

生产经营单位的主要负责人有前款违法行为，导致发生生产安全事故的，给予撤职处分；构成犯罪的，依照刑法有关规定追究刑事责任。

生产经营单位的主要负责人依照前款规定受刑事处罚或者撤职处分的，自刑罚执行完毕或者受处分之日起，五年内不得担任任何生产经营单位的主要负责人；对重大、特别重大生产安全事故负有责任的，终身不得担任本行业生产经营单位的主要负责人。

第九十二条 生产经营单位的主要负责人未履行本法规定的安全生产管理职责，导致发生生产安全事故的，由安全生产监督管理部门依照下列规定处以罚款：

（一）发生一般事故的，处上一年年收入百分之三十的罚款；

（二）发生较大事故的，处上一年年收入百分之四十的罚款；

（三）发生重大事故的，处上一年年收入百分之六十的罚款；

（四）发生特别重大事故的，处上一年年收入百分之八十的罚款。

第九十三条 生产经营单位的安全生产管理人员未履行本法规定的安全生产管理职责的，责令限期改正；导致发生生产安全事故的，暂停或者撤销其与安全生产有关的资格；构成犯罪的，依照刑法有关规定追究刑事责任。

第九十四条　生产经营单位有下列行为之一的,责令限期改正,可以处五万元以下的罚款;逾期未改正的,责令停产停业整顿,并处五万元以上十万元以下的罚款,对其直接负责的主管人员和其他直接责任人员处一万元以上二万元以下的罚款:

(一)未按照规定设置安全生产管理机构或者配备安全生产管理人员的;

(二)危险物品的生产、经营、储存单位以及矿山、金属冶炼、建筑施工、道路运输单位的主要负责人和安全生产管理人员未按照规定经考核合格的;

(三)未按照规定对从业人员、被派遣劳动者、实习学生进行安全生产教育和培训,或者未按照规定如实告知有关的安全生产事项的;

(四)未如实记录安全生产教育和培训情况的;

(五)未将事故隐患排查治理情况如实记录或者未向从业人员通报的;

(六)未按照规定制定生产安全事故应急救援预案或者未定期组织演练的;

(七)特种作业人员未按照规定经专门的安全作业培训并取得相应资格,上岗作业的。

第九十五条　生产经营单位有下列行为之一的,责令停止建设或者停产停业整顿,限期改正;逾期未改正的,处五十万元以上一百万元以下的罚款,对其直接负责的主管人员和其他直接责任人员处二万元以上五万元以下的罚款;构成犯罪的,依照刑法有关规定追究刑事责任:

(一)未按照规定对矿山、金属冶炼建设项目或者用于生产、储存、装卸危险物品的建设项目进行安全评价的;

(二)矿山、金属冶炼建设项目或者用于生产、储存、装卸危险物品的建设项目没有安全设施设计或者安全设施设计未按照规定报经有关部门审查同意的;

(三)矿山、金属冶炼建设项目或者用于生产、储存、装卸危险物品的建设项目的施工单位未按照批准的安全设施设计施工的;

(四)矿山、金属冶炼建设项目或者用于生产、储存危险物品的建设项目竣工投入生产或者使用前,安全设施未经验收合格的。

第九十六条　生产经营单位有下列行为之一的,责令限期改正,可以处五万元以下的罚款;逾期未改正的,处五万元以上二十万元以下的罚款,对其直接负责的主管人员和其他直接责任人员处一万元以上二万元以下的罚款;情节严重的,责令停产停业整顿;构成犯罪的,依照刑法有关规定追究刑事责任:

(一)未在有较大危险因素的生产经营场所和有关设施、设备上设置明显的安全警示标志的;

(二)安全设备的安装、使用、检测、改造和报废不符合国家标准或者行业标准的;

(三)未对安全设备进行经常性维护、保养和定期检测的;

(四)未为从业人员提供符合国家标准或者行业标准的劳动防护用品的;

(五)危险物品的容器、运输工具,以及涉及人身安全、危险性较大的海洋石油开采特种设备和矿山井下特种设备未经具有专业资质的机构检测、检验合格,取得安全使用证

或者安全标志,投入使用的;

(六)使用应当淘汰的危及生产安全的工艺、设备的。

第九十七条 未经依法批准,擅自生产、经营、运输、储存、使用危险物品或者处置废弃危险物品的,依照有关危险物品安全管理的法律、行政法规的规定予以处罚;构成犯罪的,依照刑法有关规定追究刑事责任。

第九十八条 生产经营单位有下列行为之一的,责令限期改正,可以处十万元以下的罚款;逾期未改正的,责令停产停业整顿,并处十万元以上二十万元以下的罚款,对其直接负责的主管人员和其他直接责任人员处二万元以上五万元以下的罚款;构成犯罪的,依照刑法有关规定追究刑事责任:

(一)生产、经营、运输、储存、使用危险物品或者处置废弃危险物品,未建立专门安全管理制度、未采取可靠的安全措施的;

(二)对重大危险源未登记建档,或者未进行评估、监控,或者未制定应急预案的;

(三)进行爆破、吊装以及国务院安全生产监督管理部门会同国务院有关部门规定的其他危险作业,未安排专门人员进行现场安全管理的;

(四)未建立事故隐患排查治理制度的。

第九十九条 生产经营单位未采取措施消除事故隐患的,责令立即消除或者限期消除;生产经营单位拒不执行的,责令停产停业整顿,并处十万元以上五十万元以下的罚款,对其直接负责的主管人员和其他直接责任人员处二万元以上五万元以下的罚款。

第一百条 生产经营单位将生产经营项目、场所、设备发包或者出租给不具备安全生产条件或者相应资质的单位或者个人的,责令限期改正,没收违法所得;违法所得十万元以上的,并处违法所得二倍以上五倍以下的罚款;没有违法所得或者违法所得不足十万元的,单处或者并处十万元以上二十万元以下的罚款;对其直接负责的主管人员和其他直接责任人员处一万元以上二万元以下的罚款;导致发生生产安全事故给他人造成损害的,与承包方、承租方承担连带赔偿责任。

生产经营单位未与承包单位、承租单位签订专门的安全生产管理协议或者未在承包合同、租赁合同中明确各自的安全生产管理职责,或者未对承包单位、承租单位的安全生产统一协调、管理的,责令限期改正,可以处五万元以下的罚款,对其直接负责的主管人员和其他直接责任人员可以处一万元以下的罚款;逾期未改正的,责令停产停业整顿。

第一百零一条 两个以上生产经营单位在同一作业区域内进行可能危及对方安全生产的生产经营活动,未签订安全生产管理协议或者未指定专职安全生产管理人员进行安全检查与协调的,责令限期改正,可以处五万元以下的罚款,对其直接负责的主管人员和其他直接责任人员可以处一万元以下的罚款;逾期未改正的,责令停产停业。

第一百零二条 生产经营单位有下列行为之一的,责令限期改正,可以处五万元以下的罚款,对其直接负责的主管人员和其他直接责任人员可以处一万元以下的罚款;逾期未改正的,责令停产停业整顿;构成犯罪的,依照刑法有关规定追究刑事责任:

(一)生产、经营、储存、使用危险物品的车间、商店、仓库与员工宿舍在同一座建筑

内,或者与员工宿舍的距离不符合安全要求的;

(二)生产经营场所和员工宿舍未设有符合紧急疏散需要、标志明显、保持畅通的出口,或者锁闭、封堵生产经营场所或者员工宿舍出口的。

第一百零三条 生产经营单位与从业人员订立协议,免除或者减轻其对从业人员因生产安全事故伤亡依法应承担的责任的,该协议无效;对生产经营单位的主要负责人、个人经营的投资人处二万元以上十万元以下的罚款。

第一百零四条 生产经营单位的从业人员不服从管理,违反安全生产规章制度或者操作规程的,由生产经营单位给予批评教育,依照有关规章制度给予处分;构成犯罪的,依照刑法有关规定追究刑事责任。

第一百零五条 违反本法规定,生产经营单位拒绝、阻碍负有安全生产监督管理职责的部门依法实施监督检查的,责令改正;拒不改正的,处二万元以上二十万元以下的罚款;对其直接负责的主管人员和其他直接责任人员处一万元以上二万元以下的罚款;构成犯罪的,依照刑法有关规定追究刑事责任。

第一百零六条 生产经营单位的主要负责人在本单位发生生产安全事故时,不立即组织抢救或者在事故调查处理期间擅离职守或者逃匿的,给予降级、撤职的处分,并由安全生产监督管理部门处上一年年收入百分之六十至百分之一百的罚款;对逃匿的处十五日以下拘留;构成犯罪的,依照刑法有关规定追究刑事责任。

生产经营单位的主要负责人对生产安全事故隐瞒不报、谎报或者迟报的,依照前款规定处罚。

第一百零七条 有关地方人民政府、负有安全生产监督管理职责的部门,对生产安全事故隐瞒不报、谎报或者迟报的,对直接负责的主管人员和其他直接责任人员依法给予处分;构成犯罪的,依照刑法有关规定追究刑事责任。

第一百零八条 生产经营单位不具备本法和其他有关法律、行政法规和国家标准或者行业标准规定的安全生产条件,经停产停业整顿仍不具备安全生产条件的,予以关闭;有关部门应当依法吊销其有关证照。

第一百零九条 发生生产安全事故,对负有责任的生产经营单位除要求其依法承担相应的赔偿等责任外,由安全生产监督管理部门依照下列规定处以罚款:

(一)发生一般事故的,处二十万元以上五十万元以下的罚款;

(二)发生较大事故的,处五十万元以上一百万元以下的罚款;

(三)发生重大事故的,处一百万元以上五百万元以下的罚款;

(四)发生特别重大事故的,处五百万元以上一千万元以下的罚款;情节特别严重的,处一千万元以上二千万元以下的罚款。

第一百一十条 本法规定的行政处罚,由安全生产监督管理部门和其他负有安全生产监督管理职责的部门按照职责分工决定。予以关闭的行政处罚由负有安全生产监督管理职责的部门报请县级以上人民政府按照国务院规定的权限决定;给予拘留的行政处罚由公安机关依照治安管理处罚法的规定决定。

第一百一十一条 生产经营单位发生生产安全事故造成人员伤亡、他人财产损失的,应当依法承担赔偿责任;拒不承担或者其负责人逃匿的,由人民法院依法强制执行。

生产安全事故的责任人未依法承担赔偿责任,经人民法院依法采取执行措施后,仍不能对受害人给予足额赔偿的,应当继续履行赔偿义务;受害人发现责任人有其他财产的,可以随时请求人民法院执行。

第七章 附 则

第一百一十二条 本法下列用语的含义:

危险物品,是指易燃易爆物品、危险化学品、放射性物品等能够危及人身安全和财产安全的物品。

重大危险源,是指长期地或者临时地生产、搬运、使用或者储存危险物品,且危险物品的数量等于或者超过临界量的单元(包括场所和设施)。

第一百一十三条 本法规定的生产安全一般事故、较大事故、重大事故、特别重大事故的划分标准由国务院规定。

国务院安全生产监督管理部门和其他负有安全生产监督管理职责的部门应当根据各自的职责分工,制定相关行业、领域重大事故隐患的判定标准。

第一百一十四条 本法自 2002 年 11 月 1 日起施行。

中华人民共和国环境保护法

（1989年12月26日第七届全国人大常委会
第十一次会议通过
2014年4月24日第十二届全国人大常委会
第八次会议修订）

目录
第一章　总则
第二章　监督管理
第三章　保护和改善环境
第四章　防治污染和其他公害
第五章　信息公开和公众参与
第六章　法律责任
第七章　附则

第一章　总　则

第一条　为保护和改善环境，防治污染和其他公害，保障公众健康，推进生态文明建设，促进经济社会可持续发展，制定本法。

第二条　本法所称环境，是指影响人类生存和发展的各种天然的和经过人工改造的自然因素的总体，包括大气、水、海洋、土地、矿藏、森林、草原、湿地、野生生物、自然遗迹、人文遗迹、自然保护区、风景名胜区、城市和乡村等。

第三条　本法适用于中华人民共和国领域和中华人民共和国管辖的其他海域。

第四条　保护环境是国家的基本国策。

国家采取有利于节约和循环利用资源、保护和改善环境、促进人与自然和谐的经济、技术政策和措施，使经济社会发展与环境保护相协调。

第五条　环境保护坚持保护优先、预防为主、综合治理、公众参与、损害担责的原则。

第六条　一切单位和个人都有保护环境的义务。

地方各级人民政府应当对本行政区域的环境质量负责。

企业事业单位和其他生产经营者应当防止、减少环境污染和生态破坏，对所造成的损害依法承担责任。

公民应当增强环境保护意识，采取低碳、节俭的生活方式，自觉履行环境保护义务。

第七条　国家支持环境保护科学技术研究、开发和应用，鼓励环境保护产业发展，促进环境保护信息化建设,提高环境保护科学技术水平。

第八条 各级人民政府应当加大保护和改善环境、防治污染和其他公害的财政投入,提高财政资金的使用效益。

第九条 各级人民政府应当加强环境保护宣传和普及工作,鼓励基层群众性自治组织、社会组织、环境保护志愿者开展环境保护法律法规和环境保护知识的宣传,营造保护环境的良好风气。

教育行政部门、学校应当将环境保护知识纳入学校教育内容,培养学生的环境保护意识。

新闻媒体应当开展环境保护法律法规和环境保护知识的宣传,对环境违法行为进行舆论监督。

第十条 国务院环境保护主管部门,对全国环境保护工作实施统一监督管理;县级以上地方人民政府环境保护主管部门,对本行政区域环境保护工作实施统一监督管理。

县级以上人民政府有关部门和军队环境保护部门,依照有关法律的规定对资源保护和污染防治等环境保护工作实施监督管理。

第十一条 对保护和改善环境有显著成绩的单位和个人,由人民政府给予奖励。

第十二条 每年 6 月 5 日为环境日。

第二章 监督管理

第十三条 县级以上人民政府应当将环境保护工作纳入国民经济和社会发展规划。

国务院环境保护主管部门会同有关部门,根据国民经济和社会发展规划编制国家环境保护规划,报国务院批准并公布实施。

县级以上地方人民政府环境保护主管部门会同有关部门,根据国家环境保护规划的要求,编制本行政区域的环境保护规划,报同级人民政府批准并公布实施。

环境保护规划的内容应当包括生态保护和污染防治的目标、任务、保障措施等,并与主体功能区规划、土地利用总体规划和城乡规划等相衔接。

第十四条 国务院有关部门和省、自治区、直辖市人民政府组织制定经济、技术政策,应当充分考虑对环境的影响,听取有关方面和专家的意见。

第十五条 国务院环境保护主管部门制定国家环境质量标准。

省、自治区、直辖市人民政府对国家环境质量标准中未作规定的项目,可以制定地方环境质量标准;对国家环境质量标准中已作规定的项目,可以制定严于国家环境质量标准的地方环境质量标准。地方环境质量标准应当报国务院环境保护主管部门备案。

国家鼓励开展环境基准研究。

第十六条 国务院环境保护主管部门根据国家环境质量标准和国家经济、技术条件,制定国家污染物排放标准。

省、自治区、直辖市人民政府对国家污染物排放标准中未作规定的项目,可以制定地方污染物排放标准;对国家污染物排放标准中已作规定的项目,可以制定严于国家污染物排放标准的地方污染物排放标准。地方污染物排放标准应当报国务院环境保护主管部门备案。

第十七条 国家建立、健全环境监测制度。国务院环境保护主管部门制定监测规范,会同有关部门组织监测网络,统一规划国家环境质量监测站(点)的设置,建立监测数据共享机制,加强对环境监测的管理。

有关行业、专业等各类环境质量监测站(点)的设置应当符合法律法规规定和监测规范的要求。

监测机构应当使用符合国家标准的监测设备,遵守监测规范。监测机构及其负责人对监测数据的真实性和准确性负责。

第十八条 省级以上人民政府应当组织有关部门或者委托专业机构,对环境状况进行调查、评价,建立环境资源承载能力监测预警机制。

第十九条 编制有关开发利用规划,建设对环境有影响的项目,应当依法进行环境影响评价。

未依法进行环境影响评价的开发利用规划,不得组织实施;未依法进行环境影响评价的建设项目,不得开工建设。

第二十条 国家建立跨行政区域的重点区域、流域环境污染和生态破坏联合防治协调机制,实行统一规划、统一标准、统一监测、统一的防治措施。

前款规定以外的跨行政区域的环境污染和生态破坏的防治,由上级人民政府协调解决,或者由有关地方人民政府协商解决。

第二十一条 国家采取财政、税收、价格、政府采购等方面的政策和措施,鼓励和支持环境保护技术装备、资源综合利用和环境服务等环境保护产业的发展。

第二十二条 企业事业单位和其他生产经营者,在污染物排放符合法定要求的基础上,进一步减少污染物排放的,人民政府应当依法采取财政、税收、价格、政府采购等方面的政策和措施予以鼓励和支持。

第二十三条 企业事业单位和其他生产经营者,为改善环境,依照有关规定转产、搬迁、关闭的,人民政府应当予以支持。

第二十四条 县级以上人民政府环境保护主管部门及其委托的环境监察机构和其他负有环境保护监督管理职责的部门,有权对排放污染物的企业事业单位和其他生产经营者进行现场检查。被检查者应当如实反映情况,提供必要的资料。实施现场检查的部门、机构及其工作人员应当为被检查者保守商业秘密。

第二十五条 企业事业单位和其他生产经营者违反法律法规规定排放污染物,造成或者可能造成严重污染的,县级以上人民政府环境保护主管部门和其他负有环境保护监督管理职责的部门,可以查封、扣押造成污染物排放的设施、设备。

第二十六条 国家实行环境保护目标责任制和考核评价制度。县级以上人民政府应当将环境保护目标完成情况纳入对本级人民政府负有环境保护监督管理职责的部门及其负责人和下级人民政府及其负责人的考核内容,作为对其考核评价的重要依据。考核结果应当向社会公开。

第二十七条 县级以上人民政府应当每年向本级人民代表大会或者人民代表大会常务委员会报告环境状况和环境保护目标完成情况,对发生的重大环境事件应当及时向本级人民代表大会常务委员会报告,依法接受监督。

第三章 保护和改善环境

第二十八条 地方各级人民政府应当根据环境保护目标和治理任务,采取有效措施,改善环境质量。

未达到国家环境质量标准的重点区域、流域的有关地方人民政府,应当制定限期达标规划,并采取措施按期达标。

第二十九条 国家在重点生态功能区、生态环境敏感区和脆弱区等区域划定生态保护红线,实行严格保护。

各级人民政府对具有代表性的各种类型的自然生态系统区域,珍稀、濒危的野生动植物自然分布区域,重要的水源涵养区域,具有重大科学文化价值的地质构造、著名溶洞和化石分布区、冰川、火山、温泉等自然遗迹,以及人文遗迹、古树名木,应当采取措施予以保护,严禁破坏。

第三十条 开发利用自然资源,应当合理开发,保护生物多样性,保障生态安全,依法制定有关生态保护和恢复治理方案并予以实施。

引进外来物种以及研究、开发和利用生物技术,应当采取措施,防止对生物多样性的破坏。

第三十一条 国家建立、健全生态保护补偿制度。

国家加大对生态保护地区的财政转移支付力度。有关地方人民政府应当落实生态保护补偿资金,确保其用于生态保护补偿。

国家指导受益地区和生态保护地区人民政府通过协商或者按照市场规则进行生态保护补偿。

第三十二条 国家加强对大气、水、土壤等的保护,建立和完善相应的调查、监测、评估和修复制度。

第三十三条 各级人民政府应当加强对农业环境的保护,促进农业环境保护新技术的使用,加强对农业污染源的监测预警,统筹有关部门采取措施,防治土壤污染和土地沙化、盐渍化、贫瘠化、石漠化、地面沉降以及防治植被破坏、水土流失、水体富营养化、水源枯竭、种源灭绝等生态失调现象,推广植物病虫害的综合防治。

县级、乡级人民政府应当提高农村环境保护公共服务水平,推动农村环境综合整治。

第三十四条 国务院和沿海地方各级人民政府应当加强对海洋环境的保护。向海洋排放污染物、倾倒废弃物,进行海岸工程和海洋工程建设,应当符合法律法规规定和有关标准,防止和减少对海洋环境的污染损害。

第三十五条 城乡建设应当结合当地自然环境的特点,保护植被、水域和自然景观,加强城市园林、绿地和风景名胜区的建设与管理。

第三十六条 国家鼓励和引导公民、法人和其他组织使用有利于保护环境的产品和再生产品,减少废弃物的产生。

国家机关和使用财政资金的其他组织应当优先采购和使用节能、节水、节材等有利于保护环境的产品、设备和设施。

第三十七条 地方各级人民政府应当采取措施,组织对生活废弃物的分类处置、回收利用。

第三十八条 公民应当遵守环境保护法律法规,配合实施环境保护措施,按照规定对生活废弃物进行分类放置,减少日常生活对环境造成的损害。

第三十九条 国家建立、健全环境与健康监测、调查和风险评估制度;鼓励和组织开展环境质量对公众健康影响的研究,采取措施预防和控制与环境污染有关的疾病。

第四章　防治污染和其他公害

第四十条 国家促进清洁生产和资源循环利用。

国务院有关部门和地方各级人民政府应当采取措施,推广清洁能源的生产和使用。

企业应当优先使用清洁能源,采用资源利用率高、污染物排放量少的工艺、设备以及废弃物综合利用技术和污染物无害化处理技术,减少污染物的产生。

第四十一条 建设项目中防治污染的设施,应当与主体工程同时设计、同时施工、同时投产使用。防治污染的设施应当符合经批准的环境影响评价文件的要求,不得擅自拆除或者闲置。

第四十二条 排放污染物的企业事业单位和其他生产经营者,应当采取措施,防治在生产建设或者其他活动中产生的废气、废水、废渣、医疗废物、粉尘、恶臭气体、放射性物质以及噪声、振动、光辐射、电磁辐射等对环境的污染和危害。

排放污染物的企业事业单位,应当建立环境保护责任制度,明确单位负责人和相关人员的责任。

重点排污单位应当按照国家有关规定和监测规范安装使用监测设备,保证监测设备正常运行,保存原始监测记录。

严禁通过暗管、渗井、渗坑、灌注或者篡改、伪造监测数据,或者不正常运行防治污染设施等逃避监管的方式违法排放污染物。

第四十三条 排放污染物的企业事业单位和其他生产经营者,应当按照国家有关规定缴纳排污费。排污费应当全部专项用于环境污染防治,任何单位和个人不得截留、挤占或者挪作他用。

依照法律规定征收环境保护税的,不再征收排污费。

第四十四条 国家实行重点污染物排放总量控制制度。重点污染物排放总量控制指标由国务院下达,省、自治区、直辖市人民政府分解落实。企业事业单位在执行国家和地方污染物排放标准的同时,应当遵守分解落实到本单位的重点污染物排放总量控制指标。

对超过国家重点污染物排放总量控制指标或者未完成国家确定的环境质量目标的地区，省级以上人民政府环境保护主管部门应当暂停审批其新增重点污染物排放总量的建设项目环境影响评价文件。

第四十五条　国家依照法律规定实行排污许可管理制度。

实行排污许可管理的企业事业单位和其他生产经营者应当按照排污许可证的要求排放污染物；未取得排污许可证的，不得排放污染物。

第四十六条　国家对严重污染环境的工艺、设备和产品实行淘汰制度。任何单位和个人不得生产、销售或者转移、使用严重污染环境的工艺、设备和产品。

禁止引进不符合我国环境保护规定的技术、设备、材料和产品。

第四十七条　各级人民政府及其有关部门和企业事业单位，应当依照《中华人民共和国突发事件应对法》的规定，做好突发环境事件的风险控制、应急准备、应急处置和事后恢复等工作。

县级以上人民政府应当建立环境污染公共监测预警机制，组织制定预警方案；环境受到污染，可能影响公众健康和环境安全时，依法及时公布预警信息，启动应急措施。

企业事业单位应当按照国家有关规定制定突发环境事件应急预案，报环境保护主管部门和有关部门备案。在发生或者可能发生突发环境事件时，企业事业单位应当立即采取措施处理，及时通报可能受到危害的单位和居民，并向环境保护主管部门和有关部门报告。

突发环境事件应急处置工作结束后，有关人民政府应当立即组织评估事件造成的环境影响和损失，并及时将评估结果向社会公布。

第四十八条　生产、储存、运输、销售、使用、处置化学物品和含有放射性物质的物品，应当遵守国家有关规定，防止污染环境。

第四十九条　各级人民政府及其农业等有关部门和机构应当指导农业生产经营者科学种植和养殖，科学合理施用农药、化肥等农业投入品，科学处置农用薄膜、农作物秸秆等农业废弃物，防止农业面源污染。

禁止将不符合农用标准和环境保护标准的固体废物、废水施入农田。施用农药、化肥等农业投入品及进行灌溉，应当采取措施，防止重金属和其他有毒有害物质污染环境。

畜禽养殖场、养殖小区、定点屠宰企业等的选址、建设和管理应当符合有关法律法规规定。从事畜禽养殖和屠宰的单位和个人应当采取措施，对畜禽粪便、尸体和污水等废弃物进行科学处置，防止污染环境。

县级人民政府负责组织农村生活废弃物的处置工作。

第五十条　各级人民政府应当在财政预算中安排资金，支持农村饮用水水源地保护、生活污水和其他废弃物处理、畜禽养殖和屠宰污染防治、土壤污染防治和农村工矿污染治理等环境保护工作。

第五十一条　各级人民政府应当统筹城乡建设污水处理设施及配套管网，固体废物的收集、运输和处置等环境卫生设施,危险废物集中处置设施、场所以及其他环境保护公共设施,并保障其正常运行。

第五十二条 国家鼓励投保环境污染责任保险。

第五章　信息公开和公众参与

第五十三条 公民、法人和其他组织依法享有获取环境信息、参与和监督环境保护的权利。

各级人民政府环境保护主管部门和其他负有环境保护监督管理职责的部门,应当依法公开环境信息、完善公众参与程序,为公民、法人和其他组织参与和监督环境保护提供便利。

第五十四条 国务院环境保护主管部门统一发布国家环境质量、重点污染源监测信息及其他重大环境信息。省级以上人民政府环境保护主管部门定期发布环境状况公报。

县级以上人民政府环境保护主管部门和其他负有环境保护监督管理职责的部门,应当依法公开环境质量、环境监测、突发环境事件以及环境行政许可、行政处罚、排污费的征收和使用情况等信息。

县级以上地方人民政府环境保护主管部门和其他负有环境保护监督管理职责的部门,应当将企业事业单位和其他生产经营者的环境违法信息记入社会诚信档案,及时向社会公布违法者名单。

第五十五条 重点排污单位应当如实向社会公开其主要污染物的名称、排放方式、排放浓度和总量、超标排放情况,以及防治污染设施的建设和运行情况,接受社会监督。

第五十六条 对依法应当编制环境影响报告书的建设项目,建设单位应当在编制时向可能受影响的公众说明情况,充分征求意见。

负责审批建设项目环境影响评价文件的部门在收到建设项目环境影响报告书后,除涉及国家秘密和商业秘密的事项外,应当全文公开;发现建设项目未充分征求公众意见的,应当责成建设单位征求公众意见。

第五十七条 公民、法人和其他组织发现任何单位和个人有污染环境和破坏生态行为的,有权向环境保护主管部门或者其他负有环境保护监督管理职责的部门举报。

公民、法人和其他组织发现地方各级人民政府、县级以上人民政府环境保护主管部门和其他负有环境保护监督管理职责的部门不依法履行职责的,有权向其上级机关或者监察机关举报。

接受举报的机关应当对举报人的相关信息予以保密,保护举报人的合法权益。

第五十八条 对污染环境、破坏生态,损害社会公共利益的行为,符合下列条件的社会组织可以向人民法院提起诉讼:

(一)依法在设区的市级以上人民政府民政部门登记;

(二)专门从事环境保护公益活动连续五年以上且无违法记录。

符合前款规定的社会组织向人民法院提起诉讼,人民法院应当依法受理。

提起诉讼的社会组织不得通过诉讼牟取经济利益。

第六章 法律责任

第五十九条 企业事业单位和其他生产经营者违法排放污染物,受到罚款处罚,被责令改正,拒不改正的,依法作出处罚决定的行政机关可以自责令改正之日的次日起,按照原处罚数额按日连续处罚。

前款规定的罚款处罚,依照有关法律法规按照防治污染设施的运行成本、违法行为造成的直接损失或者违法所得等因素确定的规定执行。

地方性法规可以根据环境保护的实际需要,增加第一款规定的按日连续处罚的违法行为的种类。

第六十条 企业事业单位和其他生产经营者超过污染物排放标准或者超过重点污染物排放总量控制指标排放污染物的,县级以上人民政府环境保护主管部门可以责令其采取限制生产、停产整治等措施;情节严重的,报经有批准权的人民政府批准,责令停业、关闭。

第六十一条 建设单位未依法提交建设项目环境影响评价文件或者环境影响评价文件未经批准,擅自开工建设的,由负有环境保护监督管理职责的部门责令停止建设,处以罚款,并可以责令恢复原状。

第六十二条 违反本法规定,重点排污单位不公开或者不如实公开环境信息的,由县级以上地方人民政府环境保护主管部门责令公开,处以罚款,并予以公告。

第六十三条 企业事业单位和其他生产经营者有下列行为之一,尚不构成犯罪的,除依照有关法律法规规定予以处罚外,由县级以上人民政府环境保护主管部门或者其他有关部门将案件移送公安机关,对其直接负责的主管人员和其他直接责任人员,处十日以上十五日以下拘留;情节较轻的,处五日以上十日以下拘留:

(一)建设项目未依法进行环境影响评价,被责令停止建设,拒不执行的;

(二)违反法律规定,未取得排污许可证排放污染物,被责令停止排污,拒不执行的;

(三)通过暗管、渗井、渗坑、灌注或者篡改、伪造监测数据,或者不正常运行防治污染设施等逃避监管的方式违法排放污染物的;

(四)生产、使用国家明令禁止生产、使用的农药,被责令改正,拒不改正的。

第六十四条 因污染环境和破坏生态造成损害的,应当依照《中华人民共和国侵权责任法》的有关规定承担侵权责任。

第六十五条 环境影响评价机构、环境监测机构以及从事环境监测设备和防治污染设施维护、运营的机构,在有关环境服务活动中弄虚作假,对造成的环境污染和生态破坏负有责任的,除依照有关法律法规规定予以处罚外,还应当与造成环境污染和生态破坏的其他责任者承担连带责任。

第六十六条 提起环境损害赔偿诉讼的时效期间为三年,从当事人知道或者应当知道其受到损害时起计算。

第六十七条 上级人民政府及其环境保护主管部门应当加强对下级人民政府及其有关部门环境保护工作的监督。发现有关工作人员有违法行为,依法应当给予处分的,应当向其任免机关或者监察机关提出处分建议。

依法应当给予行政处罚,而有关环境保护主管部门不给予行政处罚的,上级人民政府环境保护主管部门可以直接作出行政处罚的决定。

第六十八条 地方各级人民政府、县级以上人民政府环境保护主管部门和其他负有环境保护监督管理职责的部门有下列行为之一的,对直接负责的主管人员和其他直接责任人员给予记过、记大过或者降级处分;造成严重后果的,给予撤职或者开除处分,其主要负责人应当引咎辞职:

(一)不符合行政许可条件准予行政许可的;

(二)对环境违法行为进行包庇的;

(三)依法应当作出责令停业、关闭的决定而未作出的;

(四)对超标排放污染物、采用逃避监管的方式排放污染物、造成环境事故以及不落实生态保护措施造成生态破坏等行为,发现或者接到举报未及时查处的;

(五)违反本法规定,查封、扣押企业事业单位和其他生产经营者的设施、设备的;

(六)篡改、伪造或者指使篡改、伪造监测数据的;

(七)应当依法公开环境信息而未公开的;

(八)将征收的排污费截留、挤占或者挪作他用的;

(九)法律法规规定的其他违法行为。

第六十九条 违反本法规定,构成犯罪的,依法追究刑事责任。

第七章 附 则

第七十条 本法自 2015 年 1 月 1 日起施行。

233

中华人民共和国突发事件应对法

（2007 年 8 月 30 日第十届全国人大
常委会第二十九次会议通过）

目录
第一章　总则
第二章　预防与应急准备
第三章　监测与预警
第四章　应急处置与救援
第五章　事后恢复与重建
第六章　法律责任

第一章　总　则

第一条　为了预防和减少突发事件的发生，控制、减轻和消除突发事件引起的严重社会危害，规范突发事件应对活动，保护人民生命财产安全，维护国家安全、公共安全、环境安全和社会秩序，制定本法。

第二条　突发事件的预防与应急准备、监测与预警、应急处置与救援、事后恢复与重建等应对活动，适用本法。

第三条　本法所称突发事件，是指突然发生，造成或者可能造成严重社会危害，需要采取应急处置措施予以应对的自然灾害、事故灾难、公共卫生事件和社会安全事件。

按照社会危害程度、影响范围等因素，自然灾害、事故灾难、公共卫生事件分为特别重大、重大、较大和一般四级。法律、行政法规或者国务院另有规定的，从其规定。

突发事件的分级标准由国务院或者国务院确定的部门制定。

第四条　国家建立统一领导、综合协调、分类管理、分级负责、属地管理为主的应急管理体制。

第五条　突发事件应对工作实行预防为主、预防与应急相结合的原则。国家建立重大突发事件风险评估体系，对可能发生的突发事件进行综合性评估，减少重大突发事件的发生，最大限度地减轻重大突发事件的影响。

第六条　国家建立有效的社会动员机制，增强全民的公共安全和防范风险的意识，提高全社会的避险救助能力。

第七条　县级人民政府对本行政区域内突发事件的应对工作负责；涉及两个以上行

政区域的,由有关行政区域共同的上一级人民政府负责,或者由各有关行政区域的上一级人民政府共同负责。

突发事件发生后,发生地县级人民政府应当立即采取措施控制事态发展,组织开展应急救援和处置工作,并立即向上一级人民政府报告,必要时可以越级上报。

突发事件发生地县级人民政府不能消除或者不能有效控制突发事件引起的严重社会危害的,应当及时向上级人民政府报告。上级人民政府应当及时采取措施,统一领导应急处置工作。

法律、行政法规规定由国务院有关部门对突发事件的应对工作负责的,从其规定;地方人民政府应当积极配合并提供必要的支持。

第八条 国务院在总理领导下研究、决定和部署特别重大突发事件的应对工作;根据实际需要,设立国家突发事件应急指挥机构,负责突发事件应对工作;必要时,国务院可以派出工作组指导有关工作。

县级以上地方各级人民政府设立由本级人民政府主要负责人、相关部门负责人、驻当地中国人民解放军和中国人民武装警察部队有关负责人组成的突发事件应急指挥机构,统一领导、协调本级人民政府各有关部门和下级人民政府开展突发事件应对工作;根据实际需要,设立相关类别突发事件应急指挥机构,组织、协调、指挥突发事件应对工作。

上级人民政府主管部门应当在各自职责范围内,指导、协助下级人民政府及其相应部门做好有关突发事件的应对工作。

第九条 国务院和县级以上地方各级人民政府是突发事件应对工作的行政领导机关,其办事机构及具体职责由国务院规定。

第十条 有关人民政府及其部门作出的应对突发事件的决定、命令,应当及时公布。

第十一条 有关人民政府及其部门采取的应对突发事件的措施,应当与突发事件可能造成的社会危害的性质、程度和范围相适应;有多种措施可供选择的,应当选择有利于最大程度地保护公民、法人和其他组织权益的措施。

公民、法人和其他组织有义务参与突发事件应对工作。

第十二条 有关人民政府及其部门为应对突发事件,可以征用单位和个人的财产。被征用的财产在使用完毕或者突发事件应急处置工作结束后,应当及时返还。财产被征用或者征用后毁损、灭失的,应当给予补偿。

第十三条 因采取突发事件应对措施,诉讼、行政复议、仲裁活动不能正常进行的,适用有关时效中止和程序中止的规定,但法律另有规定的除外。

第十四条 中国人民解放军、中国人民武装警察部队和民兵组织依照本法和其他有关法律、行政法规、军事法规的规定以及国务院、中央军事委员会的命令,参加突发事件的应急救援和处置工作。

第十五条 中华人民共和国政府在突发事件的预防、监测与预警、应急处置与救援、事后恢复与重建等方面,同外国政府和有关国际组织开展合作与交流。

第二章　预防与应急准备

第十六条　县级以上人民政府作出应对突发事件的决定、命令,应当报本级人民代表大会常务委员会备案;突发事件应急处置工作结束后,应当向本级人民代表大会常务委员会作出专项工作报告。

第十七条　国家建立健全突发事件应急预案体系。

国务院制定国家突发事件总体应急预案,组织制定国家突发事件专项应急预案;国务院有关部门根据各自的职责和国务院相关应急预案,制定国家突发事件部门应急预案。

地方各级人民政府和县级以上地方各级人民政府有关部门根据有关法律、法规、规章、上级人民政府及其有关部门的应急预案以及本地区的实际情况,制定相应的突发事件应急预案。

应急预案制定机关应当根据实际需要和情势变化,适时修订应急预案。应急预案的制定、修订程序由国务院规定。

第十八条　应急预案应当根据本法和其他有关法律、法规的规定,针对突发事件的性质、特点和可能造成的社会危害,具体规定突发事件应急管理工作的组织指挥体系与职责和突发事件的预防与预警机制、处置程序、应急保障措施以及事后恢复与重建措施等内容。

第十九条　城乡规划应当符合预防、处置突发事件的需要,统筹安排应对突发事件所必需的设备和基础设施建设,合理确定应急避难场所。

第二十条　县级人民政府应当对本行政区域内容易引发自然灾害、事故灾难和公共卫生事件的危险源、危险区域进行调查、登记、风险评估,定期进行检查、监控,并责令有关单位采取安全防范措施。

省级和设区的市级人民政府应当对本行政区域内容易引发特别重大、重大突发事件的危险源、危险区域进行调查、登记、风险评估,组织进行检查、监控,并责令有关单位采取安全防范措施。

县级以上地方各级人民政府按照本法规定登记的危险源、危险区域,应当按照国家规定及时向社会公布。

第二十一条　县级人民政府及其有关部门、乡级人民政府、街道办事处、居民委员会、村民委员会应当及时调解处理可能引发社会安全事件的矛盾纠纷。

第二十二条　所有单位应当建立健全安全管理制度,定期检查本单位各项安全防范措施的落实情况,及时消除事故隐患;掌握并及时处理本单位存在的可能引发社会安全事件的问题,防止矛盾激化和事态扩大;对本单位可能发生的突发事件和采取安全防范措施的情况,应当按照规定及时向所在地人民政府或者人民政府有关部门报告。

第二十三条　矿山、建筑施工单位和易燃易爆物品、危险化学品、放射性物品等危险物品的生产、经营、储运、使用单位,应当制定具体应急预案,并对生产经营场所、有危险物品的建筑物、构筑物及周边环境开展隐患排查,及时采取措施消除隐患,防止发生突发事件。

第二十四条 公共交通工具、公共场所和其他人员密集场所的经营单位或者管理单位应当制定具体应急预案,为交通工具和有关场所配备报警装置和必要的应急救援设备、设施,注明其使用方法,并显著标明安全撤离的通道、路线,保证安全通道、出口的畅通。

有关单位应当定期检测、维护其报警装置和应急救援设备、设施,使其处于良好状态,确保正常使用。

第二十五条 县级以上人民政府应当建立健全突发事件应急管理培训制度,对人民政府及其有关部门负有处置突发事件职责的工作人员定期进行培训。

第二十六条 县级以上人民政府应当整合应急资源,建立或者确定综合性应急救援队伍。人民政府有关部门可以根据实际需要设立专业应急救援队伍。

县级以上人民政府及其有关部门可以建立由成年志愿者组成的应急救援队伍。单位应当建立由本单位职工组成的专职或者兼职应急救援队伍。

县级以上人民政府应当加强专业应急救援队伍与非专业应急救援队伍的合作,联合培训、联合演练,提高合成应急、协同应急的能力。

第二十七条 国务院有关部门、县级以上地方各级人民政府及其有关部门、有关单位应当为专业应急救援人员购买人身意外伤害保险,配备必要的防护装备和器材,减少应急救援人员的人身风险。

第二十八条 中国人民解放军、中国人民武装警察部队和民兵组织应当有计划地组织开展应急救援的专门训练。

第二十九条 县级人民政府及其有关部门、乡级人民政府、街道办事处应当组织开展应急知识的宣传普及活动和必要的应急演练。

居民委员会、村民委员会、企业事业单位应当根据所在地人民政府的要求,结合各自的实际情况,开展有关突发事件应急知识的宣传普及活动和必要的应急演练。

新闻媒体应当无偿开展突发事件预防与应急、自救与互救知识的公益宣传。

第三十条 各级各类学校应当把应急知识教育纳入教学内容,对学生进行应急知识教育,培养学生的安全意识和自救与互救能力。

教育主管部门应当对学校开展应急知识教育进行指导和监督。

第三十一条 国务院和县级以上地方各级人民政府应当采取财政措施,保障突发事件应对工作所需经费。

第三十二条 国家建立健全应急物资储备保障制度,完善重要应急物资的监管、生产、储备、调拨和紧急配送体系。

设区的市级以上人民政府和突发事件易发、多发地区的县级人民政府应当建立应急救援物资、生活必需品和应急处置装备的储备制度。

县级以上地方各级人民政府应当根据本地区的实际情况,与有关企业签订协议,保障应急救援物资、生活必需品和应急处置装备的生产、供给。

第三十三条　国家建立健全应急通信保障体系,完善公用通信网,建立有线与无线相结合、基础电信网络与机动通信系统相配套的应急通信系统,确保突发事件应对工作的通信畅通。

第三十四条　国家鼓励公民、法人和其他组织为人民政府应对突发事件工作提供物资、资金、技术支持和捐赠。

第三十五条　国家发展保险事业,建立国家财政支持的巨灾风险保险体系,并鼓励单位和公民参加保险。

第三章　监测与预警

第三十六条　国家鼓励、扶持具备相应条件的教学科研机构培养应急管理专门人才,鼓励、扶持教学科研机构和有关企业研究开发用于突发事件预防、监测、预警、应急处置与救援的新技术、新设备和新工具。

第三十七条　国务院建立全国统一的突发事件信息系统。

县级以上地方各级人民政府应当建立或者确定本地区统一的突发事件信息系统,汇集、储存、分析、传输有关突发事件的信息,并与上级人民政府及其有关部门、下级人民政府及其有关部门、专业机构和监测网点的突发事件信息系统实现互联互通,加强跨部门、跨地区的信息交流与情报合作。

第三十八条　县级以上人民政府及其有关部门、专业机构应当通过多种途径收集突发事件信息。

县级人民政府应当在居民委员会、村民委员会和有关单位建立专职或者兼职信息报告员制度。

获悉突发事件信息的公民、法人或者其他组织,应当立即向所在地人民政府、有关主管部门或者指定的专业机构报告。

第三十九条　地方各级人民政府应当按照国家有关规定向上级人民政府报送突发事件信息。县级以上人民政府有关主管部门应当向本级人民政府相关部门通报突发事件信息。专业机构、监测网点和信息报告员应当及时向所在地人民政府及其有关主管部门报告突发事件信息。

有关单位和人员报送、报告突发事件信息,应当做到及时、客观、真实,不得迟报、谎报、瞒报、漏报。

第四十条　县级以上地方各级人民政府应当及时汇总分析突发事件隐患和预警信息,必要时组织相关部门、专业技术人员、专家学者进行会商,对发生突发事件的可能性及其可能造成的影响进行评估;认为可能发生重大或者特别重大突发事件的,应当立即向上级人民政府报告,并向上级人民政府有关部门、当地驻军和可能受到危害的毗邻或者相关地区的人民政府通报。

第四十一条　国家建立健全突发事件监测制度。

县级以上人民政府及其有关部门应当根据自然灾害、事故灾难和公共卫生事件的种类和特点,建立健全基础信息数据库,完善监测网络,划分监测区域,确定监测点,明确监测项目,提供必要的设备、设施,配备专职或者兼职人员,对可能发生的突发事件进行监测。

第四十二条 国家建立健全突发事件预警制度。

可以预警的自然灾害、事故灾难和公共卫生事件的预警级别,按照突发事件发生的紧急程度、发展势态和可能造成的危害程度分为一级、二级、三级和四级,分别用红色、橙色、黄色和蓝色标示,一级为最高级别。

预警级别的划分标准由国务院或者国务院确定的部门制定。

第四十三条 可以预警的自然灾害、事故灾难或者公共卫生事件即将发生或者发生的可能性增大时,县级以上地方各级人民政府应当根据有关法律、行政法规和国务院规定的权限和程序,发布相应级别的警报,决定并宣布有关地区进入预警期,同时向上一级人民政府报告,必要时可以越级上报,并向当地驻军和可能受到危害的毗邻或者相关地区的人民政府通报。

第四十四条 发布三级、四级警报,宣布进入预警期后,县级以上地方各级人民政府应当根据即将发生的突发事件的特点和可能造成的危害,采取下列措施:

(一)启动应急预案;

(二)责令有关部门、专业机构、监测网点和负有特定职责的人员及时收集、报告有关信息,向社会公布反映突发事件信息的渠道,加强对突发事件发生、发展情况的监测、预报和预警工作;

(三)组织有关部门和机构、专业技术人员、有关专家学者,随时对突发事件信息进行分析评估,预测发生突发事件可能性的大小、影响范围和强度以及可能发生的突发事件的级别;

(四)定时向社会发布与公众有关的突发事件预测信息和分析评估结果,并对相关信息的报道工作进行管理;

(五)及时按照有关规定向社会发布可能受到突发事件危害的警告,宣传避免、减轻危害的常识,公布咨询电话。

第四十五条 发布一级、二级警报,宣布进入预警期后,县级以上地方各级人民政府除采取本法第四十四条规定的措施外,还应当针对即将发生的突发事件的特点和可能造成的危害,采取下列一项或者多项措施:

(一)责令应急救援队伍、负有特定职责的人员进入待命状态,并动员后备人员做好参加应急救援和处置工作的准备;

(二)调集应急救援所需物资、设备、工具,准备应急设施和避难场所,并确保其处于良好状态、随时可以投入正常使用;

(三)加强对重点单位、重要部位和重要基础设施的安全保卫,维护社会治安秩序;

(四)采取必要措施,确保交通、通信、供水、排水、供电、供气、供热等公共设施的安全和正常运行；

（五）及时向社会发布有关采取特定措施避免或者减轻危害的建议、劝告；

（六）转移、疏散或者撤离易受突发事件危害的人员并予以妥善安置，转移重要财产；

（七）关闭或者限制使用易受突发事件危害的场所，控制或者限制容易导致危害扩大的公共场所的活动；

（八）法律、法规、规章规定的其他必要的防范性、保护性措施。

第四十六条 对即将发生或者已经发生的社会安全事件，县级以上地方各级人民政府及其有关主管部门应当按照规定向上一级人民政府及其有关主管部门报告，必要时可以越级上报。

第四十七条 发布突发事件警报的人民政府应当根据事态的发展，按照有关规定适时调整预警级别并重新发布。

第四章　应急处置与救援

第四十八条 突发事件发生后，履行统一领导职责或者组织处置突发事件的人民政府应当针对其性质、特点和危害程度，立即组织有关部门，调动应急救援队伍和社会力量，依照本章的规定和有关法律、法规、规章的规定采取应急处置措施。

第四十九条 自然灾害、事故灾难或者公共卫生事件发生后，履行统一领导职责的人民政府可以采取下列一项或者多项应急处置措施：

（一）组织营救和救治受害人员，疏散、撤离并妥善安置受到威胁的人员以及采取其他救助措施；

（二）迅速控制危险源，标明危险区域，封锁危险场所，划定警戒区，实行交通管制以及其他控制措施；

（三）立即抢修被损坏的交通、通信、供水、排水、供电、供气、供热等公共设施，向受到危害的人员提供避难场所和生活必需品，实施医疗救护和卫生防疫以及其他保障措施；

（四）禁止或者限制使用有关设备、设施，关闭或者限制使用有关场所，中止人员密集的活动或者可能导致危害扩大的生产经营活动以及采取其他保护措施；

（五）启用本级人民政府设置的财政预备费和储备的应急救援物资，必要时调用其他急需物资、设备、设施、工具；

（六）组织公民参加应急救援和处置工作，要求具有特定专长的人员提供服务；

（七）保障食品、饮用水、燃料等基本生活必需品的供应；

（八）依法从严惩处囤积居奇、哄抬物价、制假售假等扰乱市场秩序的行为，稳定市场价格，维护市场秩序；

（九）依法从严惩处哄抢财物、干扰破坏应急处置工作等扰乱社会秩序的行为，维护社会治安；

（十）采取防止发生次生、衍生事件的必要措施。

第五十条 社会安全事件发生后，组织处置工作的人民政府应当立即组织有关部门

并由公安机关针对事件的性质和特点,依照有关法律、行政法规和国家其他有关规定,采取下列一项或者多项应急处置措施:

(一)强制隔离使用器械相互对抗或者以暴力行为参与冲突的当事人,妥善解决现场纠纷和争端,控制事态发展;

(二)对特定区域内的建筑物、交通工具、设备、设施以及燃料、燃气、电力、水的供应进行控制;

(三)封锁有关场所、道路,查验现场人员的身份证件,限制有关公共场所内的活动;

(四)加强对易受冲击的核心机关和单位的警卫,在国家机关、军事机关、国家通讯社、广播电台、电视台、外国驻华使领馆等单位附近设置临时警戒线;

(五)法律、行政法规和国务院规定的其他必要措施。

严重危害社会治安秩序的事件发生时,公安机关应当立即依法出动警力,根据现场情况依法采取相应的强制性措施,尽快使社会秩序恢复正常。

第五十一条 发生突发事件,严重影响国民经济正常运行时,国务院或者国务院授权的有关主管部门可以采取保障、控制等必要的应急措施,保障人民群众的基本生活需要,最大限度地减轻突发事件的影响。

第五十二条 履行统一领导职责或者组织处置突发事件的人民政府,必要时可以向单位和个人征用应急救援所需设备、设施、场地、交通工具和其他物资,请求其他地方人民政府提供人力、物力、财力或者技术支援,要求生产、供应生活必需品和应急救援物资的企业组织生产、保证供给,要求提供医疗、交通等公共服务的组织提供相应的服务。

履行统一领导职责或者组织处置突发事件的人民政府,应当组织协调运输经营单位,优先运送处置突发事件所需物资、设备、工具、应急救援人员和受到突发事件危害的人员。

第五十三条 履行统一领导职责或者组织处置突发事件的人民政府,应当按照有关规定统一、准确、及时发布有关突发事件事态发展和应急处置工作的信息。

第五十四条 任何单位和个人不得编造、传播有关突发事件事态发展或者应急处置工作的虚假信息。

第五十五条 突发事件发生地的居民委员会、村民委员会和其他组织应当按照当地人民政府的决定、命令,进行宣传动员,组织群众开展自救和互救,协助维护社会秩序。

第五十六条 受到自然灾害危害或者发生事故灾难、公共卫生事件的单位,应当立即组织本单位应急救援队伍和工作人员营救受害人员,疏散、撤离、安置受到威胁的人员,控制危险源,标明危险区域,封锁危险场所,并采取其他防止危害扩大的必要措施,同时向所在地县级人民政府报告;对因本单位的问题引发的或者主体是本单位人员的社会安全事件,有关单位应当按照规定上报情况,并迅速派出负责人赶赴现场开展劝解、疏导工作。

突发事件发生地的其他单位应当服从人民政府发布的决定、命令,配合人民政府采取的应急处置措施,做好本单位的应急救援工作,并积极组织人员参加所在地的应急救援和处置工作。

第五章　事后恢复与重建

第五十七条　突发事件发生地的公民应当服从人民政府、居民委员会、村民委员会或者所属单位的指挥和安排,配合人民政府采取的应急处置措施,积极参加应急救援工作,协助维护社会秩序。

第五十八条　突发事件的威胁和危害得到控制或者消除后,履行统一领导职责或者组织处置突发事件的人民政府应当停止执行依照本法规定采取的应急处置措施,同时采取或者继续实施必要措施,防止发生自然灾害、事故灾难、公共卫生事件的次生、衍生事件或者重新引发社会安全事件。

第五十九条　突发事件应急处置工作结束后,履行统一领导职责的人民政府应当立即组织对突发事件造成的损失进行评估,组织受影响地区尽快恢复生产、生活、工作和社会秩序,制定恢复重建计划,并向上一级人民政府报告。

受突发事件影响地区的人民政府应当及时组织和协调公安、交通、铁路、民航、邮电、建设等有关部门恢复社会治安秩序,尽快修复被损坏的交通、通信、供水、排水、供电、供气、供热等公共设施。

第六十条　受突发事件影响地区的人民政府开展恢复重建工作需要上一级人民政府支持的,可以向上一级人民政府提出请求。上一级人民政府应当根据受影响地区遭受的损失和实际情况,提供资金、物资支持和技术指导,组织其他地区提供资金、物资和人力支援。

第六十一条　国务院根据受突发事件影响地区遭受损失的情况,制定扶持该地区有关行业发展的优惠政策。

受突发事件影响地区的人民政府应当根据本地区遭受损失的情况,制定救助、补偿、抚慰、抚恤、安置等善后工作计划并组织实施,妥善解决因处置突发事件引发的矛盾和纠纷。

公民参加应急救援工作或者协助维护社会秩序期间,其在本单位的工资待遇和福利不变;表现突出、成绩显著的,由县级以上人民政府给予表彰或者奖励。

县级以上人民政府对在应急救援工作中伤亡的人员依法给予抚恤。

第六章　法律责任

第六十二条　履行统一领导职责的人民政府应当及时查明突发事件的发生经过和原因,总结突发事件应急处置工作的经验教训,制定改进措施,并向上一级人民政府提出报告。

第六十三条　地方各级人民政府和县级以上各级人民政府有关部门违反本法规定,不履行法定职责的,由其上级行政机关或者监察机关责令改正;有下列情形之一的,根据情节对直接负责的主管人员和其他直接责任人员依法给予处分:

（一）未按规定采取预防措施，导致发生突发事件，或者未采取必要的防范措施，导致发生次生、衍生事件的；

（二）迟报、谎报、瞒报、漏报有关突发事件的信息，或者通报、报送、公布虚假信息，造成后果的；

（三）未按规定及时发布突发事件警报、采取预警期的措施，导致损害发生的；

（四）未按规定及时采取措施处置突发事件或者处置不当，造成后果的；

（五）不服从上级人民政府对突发事件应急处置工作的统一领导、指挥和协调的；

（六）未及时组织开展生产自救、恢复重建等善后工作的；

（七）截留、挪用、私分或者变相私分应急救援资金、物资的；

（八）不及时归还征用的单位和个人的财产，或者对被征用财产的单位和个人不按规定给予补偿的。

第六十四条 有关单位有下列情形之一的，由所在地履行统一领导职责的人民政府责令停产停业，暂扣或者吊销许可证或者营业执照，并处五万元以上二十万元以下的罚款；构成违反治安管理行为的，由公安机关依法给予处罚：

（一）未按规定采取预防措施，导致发生严重突发事件的；

（二）未及时消除已发现的可能引发突发事件的隐患，导致发生严重突发事件的；

（三）未做好应急设备、设施日常维护、检测工作，导致发生严重突发事件或者突发事件危害扩大的；

（四）突发事件发生后，不及时组织开展应急救援工作，造成严重后果的。

前款规定的行为，其他法律、行政法规规定由人民政府有关部门依法决定处罚的，从其规定。

第六十五条 违反本法规定，编造并传播有关突发事件事态发展或者应急处置工作的虚假信息，或者明知是有关突发事件事态发展或者应急处置工作的虚假信息而进行传播的，责令改正，给予警告；造成严重后果的，依法暂停其业务活动或者吊销其执业许可证；负有直接责任的人员是国家工作人员的，还应当对其依法给予处分；构成违反治安管理行为的，由公安机关依法给予处罚。

第六十六条 单位或者个人违反本法规定，不服从所在地人民政府及其有关部门发布的决定、命令或者不配合其依法采取的措施，构成违反治安管理行为的，由公安机关依法给予处罚。

第六十七条 单位或者个人违反本法规定，导致突发事件发生或者危害扩大，给他人人身、财产造成损害的，应当依法承担民事责任。

第六十八条 违反本法规定，构成犯罪的，依法追究刑事责任。

第七章 附 则

第六十九条 发生特别重大突发事件，对人民生命财产安全、国家安全、公共安全、环境安全或者社会秩序构成重大威胁，采取本法和其他有关法律、法规、规章 规定的应急处置措施不能消除或者有效控制、减轻其严重社会危害,需要进入紧急状态的,由全国人民代表大会常务委员会或者国务院依照宪法和其他有关法律规定的权限和程序决定。

紧急状态期间采取的非常措施,依照有关法律规定执行或者由全国人民代表大会常务委员会另行规定。

第七十条 本法自 2007 年 11 月 1 日起施行。

危险化学品安全管理条例

(2002 年 1 月 26 日中华人民共和国国务院令第 344 号公布
2011 年 2 月 16 日国务院第 144 次常务会议修订通过
根据 2013 年 12 月 7 日《国务院关于修改部分行政法规的决定》修正)

第一章 总 则

第一条 为了加强危险化学品的安全管理,预防和减少危险化学品事故,保障人民群众生命财产安全,保护环境,制定本条例。

第二条 危险化学品生产、储存、使用、经营和运输的安全管理,适用本条例。

废弃危险化学品的处置,依照有关环境保护的法律、行政法规和国家有关规定执行。

第三条 本条例所称危险化学品,是指具有毒害、腐蚀、爆炸、燃烧、助燃等性质,对人体、设施、环境具有危害的剧毒化学品和其他化学品。

危险化学品目录,由国务院安全生产监督管理部门会同国务院工业和信息化、公安、环境保护、卫生、质量监督检验检疫、交通运输、铁路、民用航空、农业主管部门,根据化学品危险特性的鉴别和分类标准确定、公布,并适时调整。

第四条 危险化学品安全管理,应当坚持安全第一、预防为主、综合治理的方针,强化和落实企业的主体责任。

生产、储存、使用、经营、运输危险化学品的单位(以下统称危险化学品单位)的主要负责人对本单位的危险化学品安全管理工作全面负责。

危险化学品单位应当具备法律、行政法规规定和国家标准、行业标准要求的安全条件,建立、健全安全管理规章制度和岗位安全责任制度,对从业人员进行安全教育、法制教育和岗位技术培训。从业人员应当接受教育和培训,考核合格后上岗作业;对有资格要求的岗位,应当配备依法取得相应资格的人员。

第五条 任何单位和个人不得生产、经营、使用国家禁止生产、经营、使用的危险化学品。

国家对危险化学品的使用有限制性规定的,任何单位和个人不得违反限制性规定使用危险化学品。

第六条 对危险化学品的生产、储存、使用、经营、运输实施安全监督管理的有关部

门(以下统称负有危险化学品安全监督管理职责的部门),依照下列规定履行职责:

(一)安全生产监督管理部门负责危险化学品安全监督管理综合工作,组织确定、公布、调整危险化学品目录,对新建、改建、扩建生产、储存危险化学品(包括使用长输管道输送危险化学品,下同)的建设项目进行安全条件审查,核发危险化学品安全生产许可证、危险化学品安全使用许可证和危险化学品经营许可证,并负责危险化学品登记工作。

(二)公安机关负责危险化学品的公共安全管理,核发剧毒化学品购买许可证、剧毒化学品道路运输通行证,并负责危险化学品运输车辆的道路交通安全管理。

(三)质量监督检验检疫部门负责核发危险化学品及其包装物、容器(不包括储存危险化学品的固定式大型储罐,下同)生产企业的工业产品生产许可证,并依法对其产品质量实施监督,负责对进出口危险化学品及其包装实施检验。

(四)环境保护主管部门负责废弃危险化学品处置的监督管理,组织危险化学品的环境危害性鉴定和环境风险程度评估,确定实施重点环境管理的危险化学品,负责危险化学品环境管理登记和新化学物质环境管理登记;依照职责分工调查相关危险化学品环境污染事故和生态破坏事件,负责危险化学品事故现场的应急环境监测。

(五)交通运输主管部门负责危险化学品道路运输、水路运输的许可以及运输工具的安全管理,对危险化学品水路运输安全实施监督,负责危险化学品道路运输企业、水路运输企业驾驶人员、船员、装卸管理人员、押运人员、申报人员、集装箱装箱现场检查员的资格认定。铁路监管部门负责危险化学品铁路运输及其运输工具的安全管理。民用航空主管部门负责危险化学品航空运输以及航空运输企业及其运输工具的安全管理。

(六)卫生主管部门负责危险化学品毒性鉴定的管理,负责组织、协调危险化学品事故受伤人员的医疗卫生救援工作。

(七)工商行政管理部门依据有关部门的许可证件,核发危险化学品生产、储存、经营、运输企业营业执照,查处危险化学品经营企业违法采购危险化学品的行为。

(八)邮政管理部门负责依法查处寄递危险化学品的行为。

第七条 负有危险化学品安全监督管理职责的部门依法进行监督检查,可以采取下列措施:

(一)进入危险化学品作业场所实施现场检查,向有关单位和人员了解情况,查阅、复制有关文件、资料;

(二)发现危险化学品事故隐患,责令立即消除或者限期消除;

(三)对不符合法律、行政法规、规章规定或者国家标准、行业标准要求的设施、设备、装置、器材、运输工具,责令立即停止使用;

(四)经本部门主要负责人批准,查封违法生产、储存、使用、经营危险化学品的场所,扣押违法生产、储存、使用、经营、运输的危险化学品以及用于违法生产、使用、运输危险化学品的原材料、设备、运输工具;

(五)发现影响危险化学品安全的违法行为,当场予以纠正或者责令限期改正。

负有危险化学品安全监督管理职责的部门依法进行监督检查,监督检查人员不得少于 2 人,并应当出示执法证件;有关单位和个人对依法进行的监督检查应当予以配合,不得拒绝、阻碍。

第八条 县级以上人民政府应当建立危险化学品安全监督管理工作协调机制,支持、督促负有危险化学品安全监督管理职责的部门依法履行职责,协调、解决危险化学品安全监督管理工作中的重大问题。

负有危险化学品安全监督管理职责的部门应当相互配合、密切协作,依法加强对危险化学品的安全监督管理。

第九条 任何单位和个人对违反本条例规定的行为,有权向负有危险化学品安全监督管理职责的部门举报。负有危险化学品安全监督管理职责的部门接到举报,应当及时依法处理;对不属于本部门职责的,应当及时移送有关部门处理。

第十条 国家鼓励危险化学品生产企业和使用危险化学品从事生产的企业采用有利于提高安全保障水平的先进技术、工艺、设备以及自动控制系统,鼓励对危险化学品实行专门储存、统一配送、集中销售。

第二章　生产、储存安全

第十一条 国家对危险化学品的生产、储存实行统筹规划、合理布局。

国务院工业和信息化主管部门以及国务院其他有关部门依据各自职责,负责危险化学品生产、储存的行业规划和布局。

地方人民政府组织编制城乡规划,应当根据本地区的实际情况,按照确保安全的原则,规划适当区域专门用于危险化学品的生产、储存。

第十二条 新建、改建、扩建生产、储存危险化学品的建设项目(以下简称建设项目),应当由安全生产监督管理部门进行安全条件审查。

建设单位应当对建设项目进行安全条件论证,委托具备国家规定的资质条件的机构对建设项目进行安全评价,并将安全条件论证和安全评价的情况报告报建设项目所在地设区的市级以上人民政府安全生产监督管理部门;安全生产监督管理部门应当自收到报告之日起 45 日内作出审查决定,并书面通知建设单位。具体办法由国务院安全生产监督管理部门制定。

新建、改建、扩建储存、装卸危险化学品的港口建设项目,由港口行政管理部门按照国务院交通运输主管部门的规定进行安全条件审查。

第十三条 生产、储存危险化学品的单位,应当对其铺设的危险化学品管道设置明显标志,并对危险化学品管道定期检查、检测。

进行可能危及危险化学品管道安全的施工作业,施工单位应当在开工的 7 日前书面通知管道所属单位,并与管道所属单位共同制定应急预案,采取相应的安全防护措施。管道所属单位应当指派专门人员到现场进行管道安全保护指导。

第十四条 危险化学品生产企业进行生产前,应当依照《安全生产许可证条例》的规定,取得危险化学品安全生产许可证。

生产列入国家实行生产许可证制度的工业产品目录的危险化学品的企业，应当依照《中华人民共和国工业产品生产许可证管理条例》的规定，取得工业产品生产许可证。

负责颁发危险化学品安全生产许可证、工业产品生产许可证的部门，应当将其颁发许可证的情况及时向同级工业和信息化主管部门、环境保护主管部门和公安机关通报。

第十五条 危险化学品生产企业应当提供与其生产的危险化学品相符的化学品安全技术说明书，并在危险化学品包装（包括外包装件）上粘贴或者拴挂与包装内危险化学品相符的化学品安全标签。化学品安全技术说明书和化学品安全标签所载明的内容应当符合国家标准的要求。

危险化学品生产企业发现其生产的危险化学品有新的危险特性的，应当立即公告，并及时修订其化学品安全技术说明书和化学品安全标签。

第十六条 生产实施重点环境管理的危险化学品的企业，应当按照国务院环境保护主管部门的规定，将该危险化学品向环境中释放等相关信息向环境保护主管部门报告。环境保护主管部门可以根据情况采取相应的环境风险控制措施。

第十七条 危险化学品的包装应当符合法律、行政法规、规章的规定以及国家标准、行业标准的要求。

危险化学品包装物、容器的材质以及危险化学品包装的型式、规格、方法和单件质量（重量），应当与所包装的危险化学品的性质和用途相适应。

第十八条 生产列入国家实行生产许可证制度的工业产品目录的危险化学品包装物、容器的企业，应当依照《中华人民共和国工业产品生产许可证管理条例》的规定，取得工业产品生产许可证；其生产的危险化学品包装物、容器经国务院质量监督检验检疫部门认定的检验机构检验合格，方可出厂销售。

运输危险化学品的船舶及其配载的容器，应当按照国家船舶检验规范进行生产，并经海事管理机构认定的船舶检验机构检验合格，方可投入使用。

对重复使用的危险化学品包装物、容器，使用单位在重复使用前应当进行检查；发现存在安全隐患的，应当维修或者更换。使用单位应当对检查情况作出记录，记录的保存期限不得少于 2 年。

第十九条 危险化学品生产装置或者储存数量构成重大危险源的危险化学品储存设施（运输工具加油站、加气站除外），与下列场所、设施、区域的距离应当符合国家有关规定：

（一）居住区以及商业中心、公园等人员密集场所；

（二）学校、医院、影剧院、体育场（馆）等公共设施；

（三）饮用水源、水厂以及水源保护区；

（四）车站、码头（依法经许可从事危险化学品装卸作业的除外）、机场以及通信干线、通信枢纽、铁路线路、道路交通干线、水路交通干线、地铁风亭以及地铁站出入口；

（五）基本农田保护区、基本草原、畜禽遗传资源保护区、畜禽规模化养殖场（养殖小区）、渔业水域以及种子、种畜禽、水产苗种生产基地；

（六）河流、湖泊、风景名胜区、自然保护区；

（七）军事禁区、军事管理区；

（八）法律、行政法规规定的其他场所、设施、区域。

已建的危险化学品生产装置或者储存数量构成重大危险源的危险化学品储存设施不符合前款规定的，由所在地设区的市级人民政府安全生产监督管理部门会同有关部门监督其所属单位在规定期限内进行整改；需要转产、停产、搬迁、关闭的，由本级人民政府决定并组织实施。

储存数量构成重大危险源的危险化学品储存设施的选址，应当避开地震活动断层和容易发生洪灾、地质灾害的区域。

本条例所称重大危险源，是指生产、储存、使用或者搬运危险化学品，且危险化学品的数量等于或者超过临界量的单元（包括场所和设施）。

第二十条 生产、储存危险化学品的单位，应当根据其生产、储存的危险化学品的种类和危险特性，在作业场所设置相应的监测、监控、通风、防晒、调温、防火、灭火、防爆、泄压、防毒、中和、防潮、防雷、防静电、防腐、防泄漏以及防护围堤或者隔离操作等安全设施、设备，并按照国家标准、行业标准或者国家有关规定对安全设施、设备进行经常性维护、保养，保证安全设施、设备的正常使用。

生产、储存危险化学品的单位，应当在其作业场所和安全设施、设备上设置明显的安全警示标志。

第二十一条 生产、储存危险化学品的单位，应当在其作业场所设置通信、报警装置，并保证处于适用状态。

第二十二条 生产、储存危险化学品的企业，应当委托具备国家规定的资质条件的机构，对本企业的安全生产条件每3年进行一次安全评价，提出安全评价报告。安全评价报告的内容应当包括对安全生产条件存在的问题进行整改的方案。

生产、储存危险化学品的企业，应当将安全评价报告以及整改方案的落实情况报所在地县级人民政府安全生产监督管理部门备案。在港区内储存危险化学品的企业，应当将安全评价报告以及整改方案的落实情况报港口行政管理部门备案。

第二十三条 生产、储存剧毒化学品或者国务院公安部门规定的可用于制造爆炸物品的危险化学品（以下简称易制爆危险化学品）的单位，应当如实记录其生产、储存的剧毒化学品、易制爆危险化学品的数量、流向，并采取必要的安全防范措施，防止剧毒化学品、易制爆危险化学品丢失或者被盗；发现剧毒化学品、易制爆危险化学品丢失或者被盗的，应当立即向当地公安机关报告。

生产、储存剧毒化学品、易制爆危险化学品的单位，应当设置治安保卫机构，配备专职治安保卫人员。

第二十四条 危险化学品应当储存在专用仓库、专用场地或者专用储存室（以下统称专用仓库）内，并由专人负责管理；剧毒化学品以及储存数量构成重大危险源的其他危险化学品，应当在专用仓库内单独存放，并实行双人收发、双人保管制度。

危险化学品的储存方式、方法以及储存数量应当符合国家标准或者国家有关规定。

第二十五条 储存危险化学品的单位应当建立危险化学品出入库核查、登记制度。

对剧毒化学品以及储存数量构成重大危险源的其他危险化学品,储存单位应当将其储存数量、储存地点以及管理人员的情况,报所在地县级人民政府安全生产监督管理部门(在港区内储存的,报港口行政管理部门)和公安机关备案。

第二十六条 危险化学品专用仓库应当符合国家标准、行业标准的要求,并设置明显的标志。储存剧毒化学品、易制爆危险化学品的专用仓库,应当按照国家有关规定设置相应的技术防范设施。

储存危险化学品的单位应当对其危险化学品专用仓库的安全设施、设备定期进行检测、检验。

第二十七条 生产、储存危险化学品的单位转产、停产、停业或者解散的,应当采取有效措施,及时、妥善处置其危险化学品生产装置、储存设施以及库存的危险化学品,不得丢弃危险化学品;处置方案应当报所在地县级人民政府安全生产监督管理部门、工业和信息化主管部门、环境保护主管部门和公安机关备案。安全生产监督管理部门应当会同环境保护主管部门和公安机关对处置情况进行监督检查,发现未依照规定处置的,应当责令其立即处置。

第三章　使用安全

第二十八条 使用危险化学品的单位,其使用条件(包括工艺)应当符合法律、行政法规的规定和国家标准、行业标准的要求,并根据所使用的危险化学品的种类、危险特性以及使用量和使用方式,建立、健全使用危险化学品的安全管理规章制度和安全操作规程,保证危险化学品的安全使用。

第二十九条 使用危险化学品从事生产并且使用量达到规定数量的化工企业(属于危险化学品生产企业的除外,下同),应当依照本条例的规定取得危险化学品安全使用许可证。

前款规定的危险化学品使用量的数量标准,由国务院安全生产监督管理部门会同国务院公安部门、农业主管部门确定并公布。

第三十条 申请危险化学品安全使用许可证的化工企业,除应当符合本条例第二十八条的规定外,还应当具备下列条件:

(一)有与所使用的危险化学品相适应的专业技术人员;

(二)有安全管理机构和专职安全管理人员;

(三)有符合国家规定的危险化学品事故应急预案和必要的应急救援器材、设备;

(四)依法进行了安全评价。

第三十一条 申请危险化学品安全使用许可证的化工企业,应当向所在地设区的市级人民政府安全生产监督管理部门提出申请,并提交其符合本条例第三十条规定条件的证明材料。设区的市级人民政府安全生产监督管理部门应当依法进行审查,自收到证明材料之日起45日内作出批准或者不予批准的决定。予以批准的,颁发危险化学品安全使用许可证;不予批准的,书面通知申请人并说明理由。

安全生产监督管理部门应当将其颁发危险化学品安全使用许可证的情况及时向同级环境保护主管部门和公安机关通报。

第三十二条 本条例第十六条关于生产实施重点环境管理的危险化学品的企业的规定,适用于使用实施重点环境管理的危险化学品从事生产的企业;第二十条、第二十一条、第二十三条第一款、第二十七条关于生产、储存危险化学品的单位的规定,适用于使用危险化学品的单位;第二十二条关于生产、储存危险化学品的企业的规定,适用于使用危险化学品从事生产的企业。

第四章 经营安全

第三十三条 国家对危险化学品经营(包括仓储经营,下同)实行许可制度。未经许可,任何单位和个人不得经营危险化学品。

依法设立的危险化学品生产企业在其厂区范围内销售本企业生产的危险化学品,不需要取得危险化学品经营许可。

依照《中华人民共和国港口法》的规定取得港口经营许可证的港口经营人,在港区内从事危险化学品仓储经营,不需要取得危险化学品经营许可。

第三十四条 从事危险化学品经营的企业应当具备下列条件:

(一) 有符合国家标准、行业标准的经营场所,储存危险化学品的,还应当有符合国家标准、行业标准的储存设施;

(二) 从业人员经过专业技术培训并经考核合格;

(三) 有健全的安全管理规章制度;

(四) 有专职安全管理人员;

(五) 有符合国家规定的危险化学品事故应急预案和必要的应急救援器材、设备;

(六) 法律、法规规定的其他条件。

第三十五条 从事剧毒化学品、易制爆危险化学品经营的企业,应当向所在地设区的市级人民政府安全生产监督管理部门提出申请,从事其他危险化学品经营的企业,应当向所在地县级人民政府安全生产监督管理部门提出申请(有储存设施的,应当向所在地设区的市级人民政府安全生产监督管理部门提出申请)。申请人应当提交其符合本条例第三十四条规定条件的证明材料。设区的市级人民政府安全生产监督管理部门或者县级人民政府安全生产监督管理部门应当依法进行审查,并对申请人的经营场所、储存设施进行现场核查,自收到证明材料之日起30日内作出批准或者不予批准的决定。予以批准的,颁发危险化学品经营许可证;不予批准的,书面通知申请人并说明理由。

设区的市级人民政府安全生产监督管理部门和县级人民政府安全生产监督管理部门应当将其颁发危险化学品经营许可证的情况及时向同级环境保护主管部门和公安机关通报。

申请人持危险化学品经营许可证向工商行政管理部门办理登记手续后,方可从事危险化学品经营活动。法律、行政法规或者国务院规定经营危险化学品还需要经其他有关部门许可的,申请人向工商行政管理部门办理登记手续时还应当持相应的许可证件。

第三十六条 危险化学品经营企业储存危险化学品的,应当遵守本条例第二章关于储存危险化学品的规定。危险化学品商店内只能存放民用小包装的危险化学品。

第三十七条 危险化学品经营企业不得向未经许可从事危险化学品生产、经营活动的企业采购危险化学品,不得经营没有化学品安全技术说明书或者化学品安全标签的危险化学品。

第三十八条 依法取得危险化学品安全生产许可证、危险化学品安全使用许可证、危险化学品经营许可证的企业,凭相应的许可证件购买剧毒化学品、易制爆危险化学品。民用爆炸物品生产企业凭民用爆炸物品生产许可证购买易制爆危险化学品。

前款规定以外的单位购买剧毒化学品的,应当向所在地县级人民政府公安机关申请取得剧毒化学品购买许可证;购买易制爆危险化学品的,应当持本单位出具的合法用途说明。

个人不得购买剧毒化学品(属于剧毒化学品的农药除外)和易制爆危险化学品。

第三十九条 申请取得剧毒化学品购买许可证,申请人应当向所在地县级人民政府公安机关提交下列材料:

(一)营业执照或者法人证书(登记证书)的复印件;

(二)拟购买的剧毒化学品品种、数量的说明;

(三)购买剧毒化学品用途的说明;

(四)经办人的身份证明。

县级人民政府公安机关应当自收到前款规定的材料之日起 3 日内,作出批准或者不予批准的决定。予以批准的,颁发剧毒化学品购买许可证;不予批准的,书面通知申请人并说明理由。

剧毒化学品购买许可证管理办法由国务院公安部门制定。

第四十条 危险化学品生产企业、经营企业销售剧毒化学品、易制爆危险化学品,应当查验本条例第三十八条第一款、第二款规定的相关许可证件或者证明文件,不得向不具有相关许可证件或者证明文件的单位销售剧毒化学品、易制爆危险化学品。对持剧毒化学品购买许可证购买剧毒化学品的,应当按照许可证载明的品种、数量销售。

禁止向个人销售剧毒化学品(属于剧毒化学品的农药除外)和易制爆危险化学品。

第四十一条 危险化学品生产企业、经营企业销售剧毒化学品、易制爆危险化学品,应当如实记录购买单位的名称、地址、经办人的姓名、身份证号码以及所购买的剧毒化学品、易制爆危险化学品的品种、数量、用途。销售记录以及经办人的身份证明复印件、相关许可证件复印件或者证明文件的保存期限不得少于 1 年。

剧毒化学品、易制爆危险化学品的销售企业、购买单位应当在销售、购买后 5 日内,将所销售、购买的剧毒化学品、易制爆危险化学品的品种、数量以及流向信息报所在地县级人民政府公安机关备案,并输入计算机系统。

第四十二条 使用剧毒化学品、易制爆危险化学品的单位不得出借、转让其购买的剧毒化学品、易制爆危险化学品;因转产、停产、搬迁、关闭等确需转让的,应当向具有本条例第三十八条第一款、第二款规定的相关许可证件或者证明文件的单位转让,并在转让后将有关情况及时向所在地县级人民政府公安机关报告。

第五章　运输安全

第四十三条 从事危险化学品道路运输、水路运输的,应当分别依照有关道路运输、水路运输的法律、行政法规的规定,取得危险货物道路运输许可、危险货物水路运输许可,并向工商行政管理部门办理登记手续。

危险化学品道路运输企业、水路运输企业应当配备专职安全管理人员。

第四十四条 危险化学品道路运输企业、水路运输企业的驾驶人员、船员、装卸管理人员、押运人员、申报人员、集装箱装箱现场检查员应当经交通运输主管部门考核合格,取得从业资格。具体办法由国务院交通运输主管部门制定。

危险化学品的装卸作业应当遵守安全作业标准、规程和制度,并在装卸管理人员的现场指挥或者监控下进行。水路运输危险化学品的集装箱装箱作业应当在集装箱装箱现场检查员的指挥或者监控下进行,并符合积载、隔离的规范和要求;装箱作业完毕后,集装箱装箱现场检查员应当签署装箱证明书。

第四十五条 运输危险化学品,应当根据危险化学品的危险特性采取相应的安全防护措施,并配备必要的防护用品和应急救援器材。

用于运输危险化学品的槽罐以及其他容器应当封口严密,能够防止危险化学品在运输过程中因温度、湿度或者压力的变化发生渗漏、洒漏;槽罐以及其他容器的溢流和泄压装置应当设置准确、起闭灵活。

运输危险化学品的驾驶人员、船员、装卸管理人员、押运人员、申报人员、集装箱装箱现场检查员,应当了解所运输的危险化学品的危险特性及其包装物、容器的使用要求和出现危险情况时的应急处置方法。

第四十六条 通过道路运输危险化学品的,托运人应当委托依法取得危险货物道路运输许可的企业承运。

第四十七条 通过道路运输危险化学品的,应当按照运输车辆的核定载质量装载危险化学品,不得超载。

危险化学品运输车辆应当符合国家标准要求的安全技术条件,并按照国家有关规定定期进行安全技术检验。

危险化学品运输车辆应当悬挂或者喷涂符合国家标准要求的警示标志。

第四十八条 通过道路运输危险化学品的,应当配备押运人员,并保证所运输的危险化学品处于押运人员的监控之下。

运输危险化学品途中因住宿或者发生影响正常运输的情况,需要较长时间停车的,驾驶人员、押运人员应当采取相应的安全防范措施;运输剧毒化学品或者易制爆危险化学品的,还应当向当地公安机关报告。

第四十九条 未经公安机关批准,运输危险化学品的车辆不得进入危险化学品运输车辆限制通行的区域。危险化学品运输车辆限制通行的区域由县级人民政府公安机关划定,并设置明显的标志。

第五十条 通过道路运输剧毒化学品的,托运人应当向运输始发地或者目的地县级人民政府公安机关申请剧毒化学品道路运输通行证。

申请剧毒化学品道路运输通行证,托运人应当向县级人民政府公安机关提交下列材料:

(一)拟运输的剧毒化学品品种、数量的说明;

(二)运输始发地、目的地、运输时间和运输路线的说明;

(三)承运人取得危险货物道路运输许可、运输车辆取得营运证以及驾驶人员、押运人员取得上岗资格的证明文件;

(四)本条例第三十八条第一款、第二款规定的购买剧毒化学品的相关许可证件,或者海关出具的进出口证明文件。

县级人民政府公安机关应当自收到前款规定的材料之日起 7 日内,作出批准或者不予批准的决定。予以批准的,颁发剧毒化学品道路运输通行证;不予批准的,书面通知申请人并说明理由。

剧毒化学品道路运输通行证管理办法由国务院公安部门制定。

第五十一条 剧毒化学品、易制爆危险化学品在道路运输途中丢失、被盗、被抢或者出现流散、泄漏等情况的,驾驶人员、押运人员应当立即采取相应的警示措施和安全措施,并向当地公安机关报告。公安机关接到报告后,应当根据实际情况立即向安全生产监督管理部门、环境保护主管部门、卫生主管部门通报。有关部门应当采取必要的应急处置措施。

第五十二条 通过水路运输危险化学品的,应当遵守法律、行政法规以及国务院交通运输主管部门关于危险货物水路运输安全的规定。

第五十三条 海事管理机构应当根据危险化学品的种类和危险特性,确定船舶运输危险化学品的相关安全运输条件。

拟交付船舶运输的化学品的相关安全运输条件不明确的,货物所有人或者代理人应当委托相关技术机构进行评估,明确相关安全运输条件并经海事管理机构确认后,方可交付船舶运输。

第五十四条 禁止通过内河封闭水域运输剧毒化学品以及国家规定禁止通过内河运输的其他危险化学品。

前款规定以外的内河水域,禁止运输国家规定禁止通过内河运输的剧毒化学品以及其他危险化学品。

禁止通过内河运输的剧毒化学品以及其他危险化学品的范围,由国务院交通运输主管部门会同国务院环境保护主管部门、工业和信息化主管部门、安全生产监督管理部门,根据危险化学品的危险特性、危险化学品对人体和水环境的危害程度以及消除危害后果的难易程度等因素规定并公布。

第五十五条　国务院交通运输主管部门应当根据危险化学品的危险特性,对通过内河运输本条例第五十四条规定以外的危险化学品(以下简称通过内河运输危险化学品)实行分类管理,对各类危险化学品的运输方式、包装规范和安全防护措施等分别作出规定并监督实施。

第五十六条　通过内河运输危险化学品,应当由依法取得危险货物水路运输许可的水路运输企业承运,其他单位和个人不得承运。托运人应当委托依法取得危险货物水路运输许可的水路运输企业承运,不得委托其他单位和个人承运。

第五十七条　通过内河运输危险化学品,应当使用依法取得危险货物适装证书的运输船舶。水路运输企业应当针对所运输的危险化学品的危险特性,制定运输船舶危险化学品事故应急救援预案,并为运输船舶配备充足、有效的应急救援器材和设备。

通过内河运输危险化学品的船舶,其所有人或者经营人应当取得船舶污染损害责任保险证书或者财务担保证明。船舶污染损害责任保险证书或者财务担保证明的副本应当随船携带。

第五十八条　通过内河运输危险化学品,危险化学品包装物的材质、型式、强度以及包装方法应当符合水路运输危险化学品包装规范的要求。国务院交通运输主管部门对单船运输的危险化学品数量有限制性规定的,承运人应当按照规定安排运输数量。

第五十九条　用于危险化学品运输作业的内河码头、泊位应当符合国家有关安全规范,与饮用水取水口保持国家规定的距离。有关管理单位应当制定码头、泊位危险化学品事故应急预案,并为码头、泊位配备充足、有效的应急救援器材和设备。

用于危险化学品运输作业的内河码头、泊位,经交通运输主管部门按照国家有关规定验收合格后方可投入使用。

第六十条　船舶载运危险化学品进出内河港口,应当将危险化学品的名称、危险特性、包装以及进出港时间等事项,事先报告海事管理机构。海事管理机构接到报告后,应当在国务院交通运输主管部门规定的时间内作出是否同意的决定,通知报告人,同时通报港口行政管理部门。定船舶、定航线、定货种的船舶可以定期报告。

在内河港口内进行危险化学品的装卸、过驳作业,应当将危险化学品的名称、危险特性、包装和作业的时间、地点等事项报告港口行政管理部门。港口行政管理部门接到报告后,应当在国务院交通运输主管部门规定的时间内作出是否同意的决定,通知报告人,同时通报海事管理机构。

载运危险化学品的船舶在内河航行,通过过船建筑物的,应当提前向交通运输主管部门申报,并接受交通运输主管部门的管理。

第六十一条　载运危险化学品的船舶在内河航行、装卸或者停泊,应当悬挂专用的警示标志,按照规定显示专用信号。

载运危险化学品的船舶在内河航行,按照国务院交通运输主管部门的规定需要引航的,应当申请引航。

第六十二条 载运危险化学品的船舶在内河航行,应当遵守法律、行政法规和国家其他有关饮用水水源保护的规定。内河航道发展规划应当与依法经批准的饮用水水源保护区划定方案相协调。

第六十三条 托运危险化学品的,托运人应当向承运人说明所托运的危险化学品的种类、数量、危险特性以及发生危险情况的应急处置措施,并按照国家有关规定对所托运的危险化学品妥善包装,在外包装上设置相应的标志。

运输危险化学品需要添加抑制剂或者稳定剂的,托运人应当添加,并将有关情况告知承运人。

第六十四条 托运人不得在托运的普通货物中夹带危险化学品,不得将危险化学品匿报或者谎报为普通货物托运。

任何单位和个人不得交寄危险化学品或者在邮件、快件内夹带危险化学品,不得将危险化学品匿报或者谎报为普通物品交寄。邮政企业、快递企业不得收寄危险化学品。

对涉嫌违反本条第一款、第二款规定的,交通运输主管部门、邮政管理部门可以依法开拆查验。

第六十五条 通过铁路、航空运输危险化学品的安全管理,依照有关铁路、航空运输的法律、行政法规、规章的规定执行。

第六章　危险化学品登记与事故应急救援

第六十六条 国家实行危险化学品登记制度,为危险化学品安全管理以及危险化学品事故预防和应急救援提供技术、信息支持。

第六十七条 危险化学品生产企业、进口企业,应当向国务院安全生产监督管理部门负责危险化学品登记的机构(以下简称危险化学品登记机构)办理危险化学品登记。

危险化学品登记包括下列内容:

(一) 分类和标签信息;

(二) 物理、化学性质;

(三) 主要用途;

(四) 危险特性;

(五) 储存、使用、运输的安全要求;

(六) 出现危险情况的应急处置措施。

对同一企业生产、进口的同一品种的危险化学品,不进行重复登记。危险化学品生产企业、进口企业发现其生产、进口的危险化学品有新的危险特性的,应当及时向危险化学品登记机构办理登记内容变更手续。

危险化学品登记的具体办法由国务院安全生产监督管理部门制定。

第六十八条 危险化学品登记机构应当定期向工业和信息化、环境保护、公安、卫生、交通运输、铁路、质量监督检验检疫等部门提供危险化学品登记的有关信息和资料。

第六十九条 县级以上地方人民政府安全生产监督管理部门应当会同工业和信息化、环境保护、公安、卫生、交通运输、铁路、质量监督检验检疫等部门，根据本地区实际情况，制定危险化学品事故应急预案，报本级人民政府批准。

第七十条 危险化学品单位应当制定本单位危险化学品事故应急预案，配备应急救援人员和必要的应急救援器材、设备，并定期组织应急救援演练。

危险化学品单位应当将其危险化学品事故应急预案报所在地设区的市级人民政府安全生产监督管理部门备案。

第七十一条 发生危险化学品事故，事故单位主要负责人应当立即按照本单位危险化学品应急预案组织救援，并向当地安全生产监督管理部门和环境保护、公安、卫生主管部门报告；道路运输、水路运输过程中发生危险化学品事故的，驾驶人员、船员或者押运人员还应当向事故发生地交通运输主管部门报告。

第七十二条 发生危险化学品事故，有关地方人民政府应当立即组织安全生产监督管理、环境保护、公安、卫生、交通运输等有关部门，按照本地区危险化学品事故应急预案组织实施救援，不得拖延、推诿。

有关地方人民政府及其有关部门应当按照下列规定，采取必要的应急处置措施，减少事故损失，防止事故蔓延、扩大：

（一）立即组织营救和救治受害人员，疏散、撤离或者采取其他措施保护危害区域内的其他人员；

（二）迅速控制危害源，测定危险化学品的性质、事故的危害区域及危害程度；

（三）针对事故对人体、动植物、土壤、水源、大气造成的现实危害和可能产生的危害，迅速采取封闭、隔离、洗消等措施；

（四）对危险化学品事故造成的环境污染和生态破坏状况进行监测、评估，并采取相应的环境污染治理和生态修复措施。

第七十三条 有关危险化学品单位应当为危险化学品事故应急救援提供技术指导和必要的协助。

第七十四条 危险化学品事故造成环境污染的，由设区的市级以上人民政府环境保护主管部门统一发布有关信息。

第七章 法律责任

第七十五条 生产、经营、使用国家禁止生产、经营、使用的危险化学品的，由安全生产监督管理部门责令停止生产、经营、使用活动，处 20 万元以上 50 万元以下的罚款，有违法所得的，没收违法所得；构成犯罪的，依法追究刑事责任。

有前款规定行为的，安全生产监督管理部门还应当责令其对所生产、经营、使用的危险化学品进行无害化处理。

违反国家关于危险化学品使用的限制性规定使用危险化学品的，依照本条第一款的规定处理。

第七十六条 未经安全条件审查,新建、改建、扩建生产、储存危险化学品的建设项目的,由安全生产监督管理部门责令停止建设,限期改正;逾期不改正的,处 50 万元以上 100 万元以下的罚款;构成犯罪的,依法追究刑事责任。

未经安全条件审查,新建、改建、扩建储存、装卸危险化学品的港口建设项目的,由港口行政管理部门依照前款规定予以处罚。

第七十七条 未依法取得危险化学品安全生产许可证从事危险化学品生产,或者未依法取得工业产品生产许可证从事危险化学品及其包装物、容器生产的,分别依照《安全生产许可证条例》、《中华人民共和国工业产品生产许可证管理条例》的规定处罚。

违反本条例规定,化工企业未取得危险化学品安全使用许可证,使用危险化学品从事生产的,由安全生产监督管理部门责令限期改正,处 10 万元以上 20 万元以下的罚款;逾期不改正的,责令停产整顿。

违反本条例规定,未取得危险化学品经营许可证从事危险化学品经营的,由安全生产监督管理部门责令停止经营活动,没收违法经营的危险化学品以及违法所得,并处 10 万元以上 20 万元以下的罚款;构成犯罪的,依法追究刑事责任。

第七十八条 有下列情形之一的,由安全生产监督管理部门责令改正,可以处 5 万元以下的罚款;拒不改正的,处 5 万元以上 10 万元以下的罚款;情节严重的,责令停产停业整顿:

(一)生产、储存危险化学品的单位未对其铺设的危险化学品管道设置明显的标志,或者未对危险化学品管道定期检查、检测的;

(二)进行可能危及危险化学品管道安全的施工作业,施工单位未按照规定书面通知管道所属单位,或者未与管道所属单位共同制定应急预案、采取相应的安全防护措施,或者管道所属单位未指派专门人员到现场进行管道安全保护指导的;

(三)危险化学品生产企业未提供化学品安全技术说明书,或者未在包装(包括外包装件)上粘贴、拴挂化学品安全标签的;

(四)危险化学品生产企业提供的化学品安全技术说明书与其生产的危险化学品不相符,或者在包装(包括外包装件)粘贴、拴挂的化学品安全标签与包装内危险化学品不相符,或者化学品安全技术说明书、化学品安全标签所载明的内容不符合国家标准要求的;

(五)危险化学品生产企业发现其生产的危险化学品有新的危险特性不立即公告,或者不及时修订其化学品安全技术说明书和化学品安全标签的;

(六)危险化学品经营企业经营没有化学品安全技术说明书和化学品安全标签的危险化学品的;

(七)危险化学品包装物、容器的材质以及包装的型式、规格、方法和单件质量(重量)与所包装的危险化学品的性质和用途不相适应的;

(八)生产、储存危险化学品的单位未在作业场所和安全设施、设备上设置明显的安全警示标志,或者未在作业场所设置通信、报警装置的;

（九）危险化学品专用仓库未设专人负责管理，或者对储存的剧毒化学品以及储存数量构成重大危险源的其他危险化学品未实行双人收发、双人保管制度的；

（十）储存危险化学品的单位未建立危险化学品出入库核查、登记制度的；

（十一）危险化学品专用仓库未设置明显标志的；

（十二）危险化学品生产企业、进口企业不办理危险化学品登记，或者发现其生产、进口的危险化学品有新的危险特性不办理危险化学品登记内容变更手续的。

从事危险化学品仓储经营的港口经营人有前款规定情形的，由港口行政管理部门依照前款规定予以处罚。储存剧毒化学品、易制爆危险化学品的专用仓库未按照国家有关规定设置相应的技术防范设施的，由公安机关依照前款规定予以处罚。

生产、储存剧毒化学品、易制爆危险化学品的单位未设置治安保卫机构、配备专职治安保卫人员的，依照《企业事业单位内部治安保卫条例》的规定处罚。

第七十九条　危险化学品包装物、容器生产企业销售未经检验或者经检验不合格的危险化学品包装物、容器的，由质量监督检验检疫部门责令改正，处10万元以上20万元以下的罚款，有违法所得的，没收违法所得；拒不改正的，责令停产停业整顿；构成犯罪的，依法追究刑事责任。

将未经检验合格的运输危险化学品的船舶及其配载的容器投入使用的，由海事管理机构依照前款规定予以处罚。

第八十条　生产、储存、使用危险化学品的单位有下列情形之一的，由安全生产监督管理部门责令改正，处5万元以上10万元以下的罚款；拒不改正的，责令停产停业整顿直至由原发证机关吊销其相关许可证件，并由工商行政管理部门责令其办理经营范围变更登记或者吊销其营业执照；有关责任人员构成犯罪的，依法追究刑事责任：

（一）对重复使用的危险化学品包装物、容器，在重复使用前不进行检查的；

（二）未根据其生产、储存的危险化学品的种类和危险特性，在作业场所设置相关安全设施、设备，或者未按照国家标准、行业标准或者国家有关规定对安全设施、设备进行经常性维护、保养的；

（三）未依照本条例规定对其安全生产条件定期进行安全评价的；

（四）未将危险化学品储存在专用仓库内，或者未将剧毒化学品以及储存数量构成重大危险源的其他危险化学品在专用仓库内单独存放的；

（五）危险化学品的储存方式、方法或者储存数量不符合国家标准或者国家有关规定的；

（六）危险化学品专用仓库不符合国家标准、行业标准的要求的；

（七）未对危险化学品专用仓库的安全设施、设备定期进行检测、检验的。

从事危险化学品仓储经营的港口经营人有前款规定情形的，由港口行政管理部门依照前款规定予以处罚。

第八十一条　有下列情形之一的，由公安机关责令改正，可以处1万元以下的罚款；拒不改正的，处1万元以上5万元以下的罚款：

（一）生产、储存、使用剧毒化学品、易制爆危险化学品的单位不如实记录生产、储存、使用的剧毒化学品、易制爆危险化学品的数量、流向的；

（二）生产、储存、使用剧毒化学品、易制爆危险化学品的单位发现剧毒化学品、易制爆危险化学品丢失或者被盗，不立即向公安机关报告的；

（三）储存剧毒化学品的单位未将剧毒化学品的储存数量、储存地点以及管理人员的情况报所在地县级人民政府公安机关备案的；

（四）危险化学品生产企业、经营企业不如实记录剧毒化学品、易制爆危险化学品购买单位的名称、地址、经办人的姓名、身份证号码以及所购买的剧毒化学品、易制爆危险化学品的品种、数量、用途，或者保存销售记录和相关材料的时间少于 1 年的；

（五）剧毒化学品、易制爆危险化学品的销售企业、购买单位未在规定的时限内将所销售、购买的剧毒化学品、易制爆危险化学品的品种、数量以及流向信息报所在地县级人民政府公安机关备案的；

（六）使用剧毒化学品、易制爆危险化学品的单位依照本条例规定转让其购买的剧毒化学品、易制爆危险化学品，未将有关情况向所在地县级人民政府公安机关报告的。

生产、储存危险化学品的企业或者使用危险化学品从事生产的企业未按照本条例规定将安全评价报告以及整改方案的落实情况报安全生产监督管理部门或者港口行政管理部门备案，或者储存危险化学品的单位未将其剧毒化学品以及储存数量构成重大危险源的其他危险化学品的储存数量、储存地点以及管理人员的情况报安全生产监督管理部门或者港口行政管理部门备案的，分别由安全生产监督管理部门或者港口行政管理部门依照前款规定予以处罚。

生产实施重点环境管理的危险化学品的企业或者使用实施重点环境管理的危险化学品从事生产的企业未按规定将相关信息向环境保护主管部门报告的，由环境保护主管部门依照本条第一款的规定予以处罚。

第八十二条　生产、储存、使用危险化学品的单位转产、停产、停业或者解散，未采取有效措施及时、妥善处置其危险化学品生产装置、储存设施以及库存的危险化学品，或者丢弃危险化学品的，由安全生产监督管理部门责令改正，处 5 万元以上 10 万元以下的罚款；构成犯罪的，依法追究刑事责任。

生产、储存、使用危险化学品的单位转产、停产、停业或者解散，未依照本条例规定将其危险化学品生产装置、储存设施以及库存危险化学品的处置方案报有关部门备案的，分别由有关部门责令改正，可以处 1 万元以下的罚款；拒不改正的，处 1 万元以上 5 万元以下的罚款。

第八十三条　危险化学品经营企业向未经许可违法从事危险化学品生产、经营活动的企业采购危险化学品的，由工商行政管理部门责令改正，处 10 万元以上 20 万元以下的罚款；拒不改正的，责令停业整顿直至由原发证机关吊销其危险化学品经营许可证，并由工商行政管理部门责令其办理经营范围变更登记或者吊销其营业执照。

第八十四条　危险化学品生产企业、经营企业有下列情形之一的，由安全生产监督管理部门责令改正,没收违法所得,并处 10 万元以上 20 万元以下的罚款;拒不改正的,责令停产停业整顿直至吊销其危险化学品安全生产许可证、危险化学品经营许可证,并由工商行政管理部门责令其办理经营范围变更登记或者吊销其营业执照:

(一)向不具有本条例第三十八条第一款、第二款规定的相关许可证件或者证明文件的单位销售剧毒化学品、易制爆危险化学品的;

(二)不按照剧毒化学品购买许可证载明的品种、数量销售剧毒化学品的;

(三)向个人销售剧毒化学品(属于剧毒化学品的农药除外)、易制爆危险化学品的。

不具有本条例第三十八条第一款、第二款规定的相关许可证件或者证明文件的单位购买剧毒化学品、易制爆危险化学品,或者个人购买剧毒化学品(属于剧毒化学品的农药除外)、易制爆危险化学品的,由公安机关没收所购买的剧毒化学品、易制爆危险化学品,可以并处 5 000 元以下的罚款。

使用剧毒化学品、易制爆危险化学品的单位出借或者向不具有本条例第三十八条第一款、第二款规定的相关许可证件的单位转让其购买的剧毒化学品、易制爆危险化学品,或者向个人转让其购买的剧毒化学品(属于剧毒化学品的农药除外)、易制爆危险化学品的,由公安机关责令改正,处 10 万元以上 20 万元以下的罚款;拒不改正的,责令停产停业整顿。

第八十五条 未依法取得危险货物道路运输许可、危险货物水路运输许可,从事危险化学品道路运输、水路运输的,分别依照有关道路运输、水路运输的法律、行政法规的规定处罚。

第八十六条 有下列情形之一的,由交通运输主管部门责令改正,处 5 万元以上 10 万元以下的罚款;拒不改正的,责令停产停业整顿;构成犯罪的,依法追究刑事责任:

(一)危险化学品道路运输企业、水路运输企业的驾驶人员、船员、装卸管理人员、押运人员、申报人员、集装箱装箱现场检查员未取得从业资格上岗作业的;

(二)运输危险化学品,未根据危险化学品的危险特性采取相应的安全防护措施,或者未配备必要的防护用品和应急救援器材的;

(三)使用未依法取得危险货物适装证书的船舶,通过内河运输危险化学品的;

(四)通过内河运输危险化学品的承运人违反国务院交通运输主管部门对单船运输的危险化学品数量的限制性规定运输危险化学品的;

(五)用于危险化学品运输作业的内河码头、泊位不符合国家有关安全规范,或者未与饮用水取水口保持国家规定的安全距离,或者未经交通运输主管部门验收合格投入使用的;

(六)托运人不向承运人说明所托运的危险化学品的种类、数量、危险特性以及发生危险情况的应急处置措施,或者未按照国家有关规定对所托运的危险化学品妥善包装并在外包装上设置相应标志的;

(七)运输危险化学品需要添加抑制剂或者稳定剂,托运人未添加或者未将有关情况告知承运人的。

第八十七条 有下列情形之一的,由交通运输主管部门责令改正,处 10 万元以上 20 万元以下的罚款,有违法所得的,没收违法所得;拒不改正的,责令停产停业整顿;构成犯罪的,依法追究刑事责任:

(一)委托未依法取得危险货物道路运输许可、危险货物水路运输许可的企业承运危险化学品的;

(二)通过内河封闭水域运输剧毒化学品以及国家规定禁止通过内河运输的其他危险化学品的;

(三)通过内河运输国家规定禁止通过内河运输的剧毒化学品以及其他危险化学品的;

(四)在托运的普通货物中夹带危险化学品,或者将危险化学品谎报或者匿报为普通货物托运的。

在邮件、快件内夹带危险化学品,或者将危险化学品谎报为普通物品交寄的,依法给予治安管理处罚;构成犯罪的,依法追究刑事责任。

邮政企业、快递企业收寄危险化学品的,依照《中华人民共和国邮政法》的规定处罚。

第八十八条 有下列情形之一的,由公安机关责令改正,处 5 万元以上 10 万元以下的罚款;构成违反治安管理行为的,依法给予治安管理处罚;构成犯罪的,依法追究刑事责任:

(一)超过运输车辆的核定载质量装载危险化学品的;

(二)使用安全技术条件不符合国家标准要求的车辆运输危险化学品的;

(三)运输危险化学品的车辆未经公安机关批准进入危险化学品运输车辆限制通行的区域的;

(四)未取得剧毒化学品道路运输通行证,通过道路运输剧毒化学品的。

第八十九条 有下列情形之一的,由公安机关责令改正,处 1 万元以上 5 万元以下的罚款;构成违反治安管理行为的,依法给予治安管理处罚:

(一)危险化学品运输车辆未悬挂或者喷涂警示标志,或者悬挂或者喷涂的警示标志不符合国家标准要求的;

(二)通过道路运输危险化学品,不配备押运人员的;

(三)运输剧毒化学品或者易制爆危险化学品途中需要较长时间停车,驾驶人员、押运人员不向当地公安机关报告的;

(四)剧毒化学品、易制爆危险化学品在道路运输途中丢失、被盗、被抢或者发生流散、泄露等情况,驾驶人员、押运人员不采取必要的警示措施和安全措施,或者不向当地公安机关报告的。

第九十条 对发生交通事故负有全部责任或者主要责任的危险化学品道路运输企业,由公安机关责令消除安全隐患,未消除安全隐患的危险化学品运输车辆,禁止上道路行驶。

第九十一条 有下列情形之一的,由交通运输主管部门责令改正,可以处 1 万元以下

的罚款;拒不改正的,处1万元以上5万元以下的罚款:

(一)危险化学品道路运输企业、水路运输企业未配备专职安全管理人员的;

(二)用于危险化学品运输作业的内河码头、泊位的管理单位未制定码头、泊位危险化学品事故应急救援预案,或者未为码头、泊位配备充足、有效的应急救援器材和设备的。

第九十二条 有下列情形之一的,依照《中华人民共和国内河交通安全管理条例》的规定处罚:

(一)通过内河运输危险化学品的水路运输企业未制定运输船舶危险化学品事故应急救援预案,或者未为运输船舶配备充足、有效的应急救援器材和设备的;

(二)通过内河运输危险化学品的船舶的所有人或者经营人未取得船舶污染损害责任保险证书或者财务担保证明的;

(三)船舶载运危险化学品进出内河港口,未将有关事项事先报告海事管理机构并经其同意的;

(四)载运危险化学品的船舶在内河航行、装卸或者停泊,未悬挂专用的警示标志,或者未按照规定显示专用信号,或者未按照规定申请引航的。

未向港口行政管理部门报告并经其同意,在港口内进行危险化学品的装卸、过驳作业的,依照《中华人民共和国港口法》的规定处罚。

第九十三条 伪造、变造或者出租、出借、转让危险化学品安全生产许可证、工业产品生产许可证,或者使用伪造、变造的危险化学品安全生产许可证、工业产品生产许可证的,分别依照《安全生产许可证条例》、《中华人民共和国工业产品生产许可证管理条例》的规定处罚。

伪造、变造或者出租、出借、转让本条例规定的其他许可证,或者使用伪造、变造的本条例规定的其他许可证的,分别由相关许可证的颁发管理机关处10万元以上20万元以下的罚款,有违法所得的,没收违法所得;构成违反治安管理行为的,依法给予治安管理处罚;构成犯罪的,依法追究刑事责任。

第九十四条 危险化学品单位发生危险化学品事故,其主要负责人不立即组织救援或者不立即向有关部门报告的,依照《生产安全事故报告和调查处理条例》的规定处罚。

危险化学品单位发生危险化学品事故,造成他人人身伤害或者财产损失的,依法承担赔偿责任。

第九十五条 发生危险化学品事故,有关地方人民政府及其有关部门不立即组织实施救援,或者不采取必要的应急处置措施减少事故损失,防止事故蔓延、扩大的,对直接负责的主管人员和其他直接责任人员依法给予处分;构成犯罪的,依法追究刑事责任。

第九十六条 负有危险化学品安全监督管理职责的部门的工作人员,在危险化学品安全监督管理工作中滥用职权、玩忽职守、徇私舞弊,构成犯罪的,依法追究刑事责任;尚不构成犯罪的,依法给予处分。

第八章　附　则

第九十七条　监控化学品、属于危险化学品的药品和农药的安全管理，依照本条例的规定执行；法律、行政法规另有规定的，依照其规定。

民用爆炸物品、烟花爆竹、放射性物品、核能物质以及用于国防科研生产的危险化学品的安全管理，不适用本条例。

法律、行政法规对燃气的安全管理另有规定的，依照其规定。

危险化学品容器属于特种设备的，其安全管理依照有关特种设备安全的法律、行政法规的规定执行。

第九十八条　危险化学品的进出口管理，依照有关对外贸易的法律、行政法规、规章的规定执行；进口的危险化学品的储存、使用、经营、运输的安全管理，依照本条例的规定执行。

危险化学品环境管理登记和新化学物质环境管理登记，依照有关环境保护的法律、行政法规、规章的规定执行。危险化学品环境管理登记，按照国家有关规定收取费用。

第九十九条　公众发现、捡拾的无主危险化学品，由公安机关接收。公安机关接收或者有关部门依法没收的危险化学品，需要进行无害化处理的，交由环境保护主管部门组织其认定的专业单位进行处理，或者交由有关危险化学品生产企业进行处理。处理所需费用由国家财政负担。

第一百条　化学品的危险特性尚未确定的，由国务院安全生产监督管理部门、国务院环境保护主管部门、国务院卫生主管部门分别负责组织对该化学品的物理危险性、环境危害性、毒理特性进行鉴定。根据鉴定结果，需要调整危险化学品目录的，依照本条例第三条第二款的规定办理。

第一百零一条　本条例施行前已经使用危险化学品从事生产的化工企业，依照本条例规定需要取得危险化学品安全使用许可证的，应当在国务院安全生产监督管理部门规定的期限内，申请取得危险化学品安全使用许可证。

第一百零二条　本条例自 2011 年 12 月 1 日起施行。

后　记

　　捧着即出版的书稿，不免几多欣喜，几分忧虑。欣喜的是，多年来对基层管理中的健康、安全和环境（HSE）法治问题的探索和思考，终于有了新的进展与收获。忧虑的是，HSE是一项实践性和综合性很强的工作，在这一相对独特的新领域的艰苦探索，能否得到读者和业内同仁的认可与共鸣。

　　本书基于中国经济进入新常态特别是当前全面建成小康社会、全面深化改革、全面依法治国、全面从严治党即"四个全面"战略布局的大背景，着眼于基层管理者特别是基层公务人员和企业、社区基层管理人员实践中遇到亟待解决的现实问题，秉承以人为本、预防为主的HSE的宗旨和无伤害、无事故、无污染的HSE的目标，充分借鉴、吸收国内外先进的HSE理论和实践，特别是当前中国基层管理中HSE实践工作的法治热点问题，并结合大量的典型案例，经过反复修正，不断锤炼，最终完稿。

　　本书的问世，既是对多年以来中国基层管理中HSE法治实践工作的一个深度总结，也是对多年以来中国基层管理中HSE研究工作成果的一个高度肯定。

　　本书由孙秀强、蔡东升和吴荣良同志共同策划，南剑飞、张锋同志负责第一、二、三章，吴荣良、万美、杜梦同志负责第四、五、六、七、十一章，沈勇强、吴稚君、东跃明、陈光普负责第八、九、十章，全书由吴荣良同志统稿。

　　在本书编撰的过程中，我们一开始就得到了中共上海市金山区委党校、上海市HSE研究会、上海律师协会能源资源与环境业务研究委员会。知名环境法学者、上海交通大学法学院环境资源法研究所所长，上海市人民政府参事、第九至十一届全国政协委员王曦教授百忙之中也欣然为本书作序。在此，我们深表谢意！

　　衷心感谢上海交通大学出版社张善涛编辑在本书出版过程中给与的大力支持和协助。

　　由于水平有限，错误之处，在所难免，欢迎读者批评指正！

编委会

2015年12月15日